# Revista Ibero-Americana de Sistemas, Cibernética e Informática

Número Especial sobre

INNOVACIÓN TECNOLÓGICA Y EDUCACIÓN PARA EL DESARROLLO

Volumen 15 ♦ Número 3 ♦ 2018

Patrocinada por
The International Institute of Informatics and Systemics

Publicación de
The International Institute of Informatics and Cybernetics

Copyright © 2018 por el International Institute of Informatics and Cybernetics. Estos derechos de publicación fueron transferidos del International Institute of Informatics and Systemics (IIIS), el cual tiene las respectivas transferencias de derecho de copia (Copyright) de los autores quienes otorgaron el respectivo derecho de copia de los artículos (publicadas en las respectivas memorias de las conferencias organizadas por la IIIS en el año 2017) los cuales sirvieron de base para los artículos de este número especial. Estos artículos originales tuvieron una mejor edición en la forma y el contenido de los mismos.

Todos los derechos reservados. Ninguna parte de esta publicación podrá ser reproducida, guardada en un sistema automatizado de base de datos o transmitida en forma alguna ni a través de ningún medio, electrónico o mecánico, incluyendo fotocopias, grabaciones o de cualquier otra manera, sin permiso explícito y por escrito por parte del ente editor.

Se permite usar y publicar los resúmenes siempre y cuando se referencie a la publicación original. Las bibliotecas pueden hacer copias, de artículos individuales, para los efectos de uso privado y no-comercial. Profesores, instructores y maestros tienen permiso para usar artículos individuales en sus clases siempre y cuando sus estudiantes no tengan ningún tipo de pago, ni el asociado al costo de fotocopiado y/o impresión. Para cualquier otro uso, copia, reimpresión, archivo, o replicación, es necesario contactar, por escrito, para el respectivo permiso, al gerente de derecho a copia (Copyright) del IIIC a la dirección postal: 13750 West Colonial Dr, Suite 350-408, Winter Garden, FL 34787, U.S.A.

A los instructores se les permite fotocopiar artículos específicos, sin cargo alguno, si es para uso privado y no comercial. Para cualquier otro permiso de copiado, reimpresión o republicación, escriba al IIIC Copyright Manager, 13750 West Colonial Dr, Suite 350-408, Winter Garden, FL 34787, U.S.A.

ISSN: 1690-8619

pp200402CS1685

Editor en Jefe

Dr. Nagib C. Callaos
Ex Decano de Investigación y Desarrollo de la Universidad Simón Bolívar, Venezuela
Ex-Presidente de la IEEE/Venezuela, Presidente Fundador del IIIS y IIIC, EE.UU.
Ex-Director at Large de la International Society of Systems Sciences, EE.UU.

Consejo Editorial Consultivo

Presidente
Dr. Jeremy Horne
Presidente-Emeritus, Southwest Area Division, American Association for the Advancement of Science (AAAS), EE.UU./México

Profesor Jorge Baralt
Universidad Simón Bolívar, Venezuela, Ex—Decano de Post-Grado, Fundador y Primer Coordinador de la Primera Carrera de Ingeniería de Computación

Profesor Julian Araoz
Universitat Politécnica de Catalunya, España, Ex-Coordinador de la Carrera de Ingeniería de Computación de la Universidad Simón Bolívar, Venezuela

Dr. Felipe Lara-Rosano
Universidad Nacional Autónoma de México (UNAM), México
Centro de Ciencias de la Complejidad (C3), Centro de Ciencias Aplicadas y Desarrollo Tecnológico (CCADET)

Profesor Friedrich Welsh
Universidad Simón Bolívar, Venezuela
Ex Jefe del Departamento de Ciencias Políticas.

Profesor Thierry Lefevre
Centre for Energy Environment Resources and Development: CEERD, Tailandia
Director

Dra. Ma. Dolores García Perea
Instituto Superior de Ciencias de la Educación del Estado de México, Investigadora en Educación

Profesor Ángel Oropeza
Universidad Simón Bolívar, Venezuela
Ex-Director de Recursos Humanos

Profesor Pedro Medina-Martins
Universidad Técnica de Lisboa, Portugal, Profesor Honorario, Presidente de la Sociedad Portuguesa de Cibernética

Dr. Agustín Gutiérrez Tornés
Tecnológico de Monterrey, México.
Instituto Politécnico Nacional, México, Jefe del Laboratorio de Tecnología de Software

Profesor Mario Norbis
Quinnipiac University, EE.UU.
School of Business

Profesor Carlos Seaton
Director General de Global Metanoia, España
Ex-Presidente de la Fundación de Investigación y Desarrollo de la Universidad Simón Bolívar

Profesor Fabrizio M. Almeida
Universidad Federal de Rondônia, Brasil
Researcher and Professor in the Doctoral Program in Regional Development and Environment (PGDRA)

Profesor José Vicente Carrasquero
Universidad Simón Bolívar, Venezuela
Ex-Director del Núcleo del Litoral, Ex-Director de Estudios, Ex-Candidato a Rector de la USB, Socio DataMining C.A., España

Profesora Ángeles Saura
Universidad Autónoma de Madrid, España
Fundadora de la Primera Biblioteca Virtual de Enseñanza Artística en Español., Coordinadora del Proyecto de Investigación "Recursos Digitales para la Educación Artística"

Profesor Leobardo López Román
Universidad de Sonora, México
Ingeniería Industrial y de Sistemas, Autor de siete sibros en el área de Ingeniería de Software

Profesor José Ferrer
Universidad Simón Bolívar, Venezuela
Ex-Vice Rector Administrativo
Ex-Director de Estudios Profesionales

Profesor Juan Gómez Ortega
Universidad de Jaén, España
Ingeniería de Sistemas y Automática, responsable del Grupo de Robótica, Automática y Visión por Computador

Profesor Andres Tremante
Florida International University, EE.UU. The Mechanical & Materials Engineering Department

Profesor Rodolfo Hernández
Universidad de Valencia, España
Departamento de Economía Aplicada

Dr. Abdul Khalil Gardezi
Chapingo Autonomous University, Mexico, Colegio de Postgraduados, Investigador Titular

Profesora Gabriela Vilanova
Universidad Nacional de la Patagonia Austral, Argentina
Directora de Proyectos de Investigación en el área Ingeniería de Software

Profesor Jorge Varas
Universidad Nacional de la Patagonia Austral, Argentina
Co-Director de Proyectos de Investigación en el área Ergonomía Organizacional aplicada a las Pymes regionales

Dra. Fátima Dolz De Moreno
Universidad Mayor de San Andrés, Bolivia
Decana Facultad de Ciencias Puras y Naturales, Directora del Instituto de Investigaciones en Informática, Fundadora de la Unidad de Postgrado de la Carrera de Informática

Dra. Alezandra Torres
Universidad de La Laguna, España
Economía y Dirección de Empresas

Dra. Vilma P. Gonzalez Ferro
Universidad de Cartagena, Colombia
Fundación Universitaria, Tecnológico Comfenalco, Colombia

Dra. Magali Maria de Araújo Barroso
Centro Universitario de Belo Horizonte, Brasil
Miembro del Consejo Editorial de la Revista e-xacta y del Consejo Científico de la Revista Petra

Dr. Álvaro Turriago Hoyos
Universidad de la Sabana, Colombia

Doctora Patricia San Martín
CONICET- Universidad Nacional de Rosario, Argentina, Vicedirectora del Instituto Rosario de Investigaciones en Ciencias de la Educación [IRICE]

Dra. Elena Fabiola Ruiz Ledesma
Insituto Politécnio Nacional, México
Escuela Superior de Cómputo

Dra. María Teresa García-Álvarez
Universidad A Coruña, España
Facultad de Economía y Empresa
Departamento Análisis Económico y Administración de Empresas

Profesor Juan Miguel Tejedor Estupiñán
Universidad Católica de Colombia
Ciencias Económicas y Administrativas
Editor de la Revista Finanzas y Política

Dr. Jesús Salvador Vivanco Florido
Universidad Autónoma de Aguascalientes, México
Miembro del Cuerpo Académico Consolidado "Gestión de la Pequeña y Mediana Empresa"

Profesor Edgar Serna M.
Universidad Autónoma Latinoamericana, Colombia
Instituto Antioqueño de Investigación

Dra. Mayanyn Larrañaga
Universidad Politécnica del Estado de Morelos, México
Administración y Gestión e Ingeniería Financiera

Dra. María Lourdes López López
Universidad Autónoma de Sinaloa, México
Facultad de Contaduría y Administración
Escuela de Ciencias Económicas y Administrativas

Ing. Camilo Gómez Rodríguez
Escuela Colombiana de Ingeniería "Julio Garavito", Colombia
Ingeniería de Sistemas

Ing. Camilo Gómez Rodríguez
Escuela Colombiana de Ingeniería "Julio Garavito", Colombia
Ingeniería de Sistemas

Dr. José María Lavin De La Cavada
CESINE University, España
Director Académico del Grado de Publicidad, Relaciones Públicas y Marketing

Profesora Gloria Patricia Marciales
Pontificia Universidad Javeriana, Colombia
Facultad de Psicología, Ex-Directora del Doctorado en Ciencias Sociales y Humanas

Dr. Wolney Candido de Melo
Universidade de São Paulo, Brasil
Faculdade de Educação
Professor de Física há mais de trinta anos. Membro do GEPAVE (Grupo de Estudos e Pesquisa em Avaliação Educacional)

Érica Maria Toledo Catalani
Educação da cidade de São Paulo, Brasil
Graduada em Matemática e Mestre em Educação Matemática (Unicamp)
Assessora editoras e secretarias de educação, no Brasil.

Profesor Julio César González Mariño
Universidad Autónoma de Tamaulipas, México.
Facultad de Medicina e Ingeniería en Sistemas Computacionales de Matamoros.

Dr. Emilio J. Martínez López
Universidad de Jaén, España
Dpto. de Didáctica de la Expresión Musical, Plástica y Corporal, Director del Máster Oficial en Investigación y Docencia en Ciencias de la Actividad Física y Salud

Dr. Luis Velázquez-Araque
Universidad de Guayaquil, Ecuador
Facultad de Ingeniería Química
Fundador del Laboratorio de Aerodinámica
en la Universidad Nacional del Táchira, Venezuela
Profesor visitante en la Universidad Técnica Checa en Praga, República Checa

Dra. Natalia Monjelat
Instituto Rosario de Investigaciones en Ciencias de la Educación
(IRICE. CONICET-UNR)
Argentina.

Número Especial
INNOVACIÓN TECNOLÓGICA Y EDUCACIÓN PARA EL DESARROLLO

Editores

Dr. Jeremy Horne
Presidente-Emeritus, Southwest Area Division, American Association for the Advancement of Science (AAAS), EE.UU./México.

Profesor José Jesús Ferrer
Universidad Simón Bolívar (USB), Venezuela. Ex-Vicerrector Administrativo, ex-candidato a Rector, Ex-Director de la División de Física y Matemática, y Ex-Coordinador del Postgrado en Ingeniería de Sistemas.

Profesor José Vicente Carrasquero
Universidad Simón Bolivar (USB) y Universidad Católica Andrés Bello, Venezuela. Ex-Director del Núcleo del Litoral, Ex-Director de Control de Estudios y ex-candidato a Rector de la USB. Socio de DataMining C.A., España.

Consejo Editorial de este Número Especial

Dra. Patricia Silvana San Martín
CONICET- Universidad Nacional de Rosario, Argentina. Vicedirectora del Instituto Rosario de Investigaciones en Ciencias de la Educación [IRICE].

Profesor Edgar Serna M.
Instituto Antioqueño de Investigación, Director Científico, Corporación Universitaria Remington, Colombia. Universidad Autónoma Latinoamericana, Colombia.

Dr. Ing. Guillermo Luján Rodríguez
Instituto Rosario de Investigaciones en Ciencias de la Educación [IRICE], Universidad Nacional de Rosario, Argentina.

Dra. Ma. Dolores García Perea
Instituto Superior de Ciencias de la Educación del Estado de México, México.

Dra. Natalia Monjelat
Instituto Rosario de Investigaciones en Ciencias de la Educación [IRICE], Argentina, Consejo Nacional de Investigaciones Científicas y Técnicas [CONICET], Argentina.

Profesor Jesús Salvador Vivanco Florido
Universidad A. de Aguascalientes, México.

Dr. Álvaro Turriago Hoyos
Universidad de la Sabana, Colombia.

Profesora Micaela Sánchez Martin
Universidad de Murcia, España.

Dr. Enrique Canessa
Universidad Adolfo Ibáñez, Chile. Miembro del Alfred P. Sloan Foundation Industry Center.

Dra. Josefina Guzmán Acuña
Universidad Autónoma de Tamaulipas, México. Investigadora Nacional Nivel 1.

Dr. Álvaro Jiménez Sánchez
Universidad Técnica de Ambato, Ecuador.

Prof. Edmundo Tovar Caro
Universidad Politécnica de Madrid, Facultad de Informática, Grupo de Validación y Aplicaciones Industriales, España.

Profesora Laura Fabiana Piccone
Universidad Nacional de Lomas de Zamora, Argentina.

Ing. Luciana Terreni
Instituto Sede Sapientiae, Argentina.

Profesora Claudia Cecilia Castro Cortés
Universidad Distrital Francisco José de Caldas, Colombia. Docente e Investigadora, Formadora de profesores en el Ministerio de Educación Nacional de Colombia.

Dr. Marcelo Soares
Universidad de Pernambuco, Brasil.

Dr. Juan Manuel López Oglesby
Universidad Popular Autónoma del Estado de Puebla, México.

Dra. Blanca Estela Bernal Escoto
Universidad Autónoma de Baja California, Facultad de Contaduría y Administración, Coordinadora del Área Mercadotecnia, México.

Dr. Francisco Fialho
Universidade Federal de Santa Catarina, Departamento de Engenharia do Conhecimento, Brasil.

Dra. Marilsa Sá Rodrigues
Universidade de Taubaté, Departamento de Psicología, Brasil.

Profesora Ing. Marta Graciela Lasso
Universidad Nacional de la Patagonia Austral, Argentina. Directora de Sistemas e Informática, UACO (Unidad Académica Caleta Olivia)

Dr. Wolney Cándido de Melo
Coordenador Pedagógico Geral no Colégio Liceu de, Artes e Ofícios de São Paulo, Brasil. Durante mais de trinta anos atuou como professor de coordenador de Física em grandes escolas de São Paulo.

TABLA DE CONTENIDOS

Educación para el Trabajo: Condición Necesaria para el Desarrollo — 1
Callaos, Nagib; Sánchez, Belkis (Venezuela)

Tecnología Educativa para el Desarrollo del Pensamiento Computacional — 25
Vilanova, Gabriela E. (Argentina)

Prácticas Innovadoras de Aprendizaje Emergentes en el Siglo XXI — 33
González Mariño, Julio César; Cantú Gallegos, Ma. De Lourdes; Camacho Cruz, Hugo Eduardo; Maldonado Mancillas, Jesús Adrián (Méjico)

Conexões Senac: Una Herramienta para la Enseñanza del Espíritu Empresarial — 42
Costa Pereira, Ubiratam de Nazareth (Brasil)

Educacion Superior Virtual Basada en Competencias — 52
Dolz, Fátima Consuelo; Mosquera, Ximena Diana; Pacheco, Dennis Dylan (Bolivia)

Estrategias para la Gestión del Conocimiento en Ambientes Mediados: Caso de Aplicación en la Industria Petrolera — 59
Varas, Jorge R. (Argentina)

Teste Adaptativo Informatizado como Recurso Tecnológico para Alfabetização Inicial — 68
Alavarse, Ocimar M.; Catalani, Érica M. T.; Meneghetti, Douglas de R.; Travitzki, Rodrigo (Brasil)

SEGIC: Un Sistema Electrónico para Mejorar la Calidad en las Universidades Ecuatorianas — 79
Lavín, José M.; Manzano-Martínez, Cristina; López-Zurita, Santiago; Calle-Gómez, Adolfo (Ecuador)

Experiencias de 23 años de Educación en Innovación Tecnológica en Chile — 89
Maldifassi, José O. (Chile)

Tecnologías Complementarias y Necesarias: Las Máquinas y El Cerebro — 98
Rodera, Flabiana D.; Gandolfi, Adriana M. (Argentina)

Fabricación y Venta de Productos Hechos con Material de Reciclaje, una Propuesta para La Creación de Planes de Negocio — 104
Castro Cortés, Nancy E. (Colombia)

Innovación Tecnológica y Educación para el Desarrollo de Personas con Discapacidades — 112
Bäuml, Deisy Mohr (Brasil)

Estudio del Tipo y Grado de Compromiso Organizacional y su Relación con la Percepción de Apoyo Organizacional en la Industria Hotelera en la Ciudad de Tijuana, Mexico — 118
Ojeda, María E.; Talavera, Raquel; Berrelleza, Marianna (Méjico)

Innovación Frente al Nuevo Paradigma en las Universidades Ecuatorianas: La Experiencia de la Universidad Técnica de Ambato — 131
Lavin, José M.; Balarezo-López, Julio E.; Naranjo-López, Galo; Molina-Dueñas, Victor H. (Ecuador)

Modelo Estratégico de Innovación para Medir la Colaboración entre las Instituciones de Educación Superior en el Clúster de Educación de Puebla
Pérez Milicua Mendoza, Susana; Urcid Puga, Rodrigo; Nuño de la Parra, José P.
(Méjico)

Educación para el Trabajo: Condición Necesaria para el Desarrollo

Nagib CALLAOS* y Belkis SÁNCHEZ
Universidad Simón Bolívar (Venezuela) y el
International Institute of Informatics and Systemics (EE.UU.)
*ncallaos@att.net

RESUMEN

El presente trabajo tiene por objeto mostrar las razones que nos llevan a asegurar que una "educación para el trabajo" es condición necesaria tanto para el desarrollo personal, como organizacional, nacional e incluso de la misma especie humana. Es por ello que la "educación para el trabajo" es también requisito indispensable para el desarrollo científico, tecnológico, social y ético. Nuestra intención es aportar un granito de arena en cuanto a reflexiones que puedan tomarse como punto de partida para procesos de educación para el trabajo y para una mayor comunicación escrita y verbal respecto a este tópico que consideramos de magna importancia para el desarrollo en sus diferentes dimensiones y niveles. Nuestro objetivo utópico (inalcanzable, pero orientador) es el de contribuir a desarrollar una plataforma comunicacional que le dé soporte a una educación para el desarrollo. Nuestra perspectiva es que educación y desarrollo mantienen relaciones cibernéticas tanto de: 1) *corregulación* (mediante *feedback* negativo y *feed-forward*) como de 2) coamplificación (mediante *feedback* positivo). En otras palabras, pensamos que la "educación para el desarrollo" requiere de "desarrollo de la educación" y, viceversa, en un todo que requiere de trabajo y metatrabajo.

En las primeras tres secciones daremos una muy breve descripción de las nociones de trabajo y metatrabajo e intentaremos esbozar una definición preliminar. En las secciones siguientes haremos un breve recuento histórico de las diversas e importantes concepciones de la noción de trabajo. Esas descripciones servirán de base para 1) validar y completar nuestra definición preliminar, 2) argumentar la importancia de la educación para el trabajo en cuanto al desarrollo a) en sus diversos niveles (personal, organizacional, social, científico, humanístico, nacional y global) y b) en sus diversas dimensiones, especialmente la material y espiritual, y 3) iremos incluyendo preguntas, que no sean meros medios retóricos sino que más bien representen problemas que, en nuestra opinión, requieren de la debida investigación reflexiva, al menos por parte del mundo académico. Nuestra aspiración es que algunas de estas preguntas sirvan para profundizar en el tema, tanto individual como colectivamente.

Palabras Claves: Educación, Trabajo, Metatrabajo, Desarrollo, Academia.

LAS NOCIONES DE TRABAJO Y METATRABAJO

Este trabajo está basado en una combinación de 1) Investigación-Acción aplicada a mejorar la efectividad de la Educación Superior y diferenciarla de la mera Instrucción Superior[1], 2) Investigación Reflexiva (véase por ejemplo, Etherington, 2004 [2]), 3) Práctica Reflexiva (Shön, 1983 [3]) y 4) Metodología Reflexiva (Alvesson y Sköldberg, 2000, [4]).

Estamos usando el término "reflexión" en los dos sentidos que tiene en inglés "reflect" (hacerse preguntas sobre algo que se quiere entender, uso de herramientas mentales) y "reflexivity" (preguntas sobre uno mismo con las cuales uno cambia). En otras palabras, y a *grosso* modo, "reflexivity" es "reflect", acompañado de un proceso de cambio de uno mismo mediante la introspección y la "metaobservación", es decir, "observar al

---

[1] Para mayores detalles al respecto vea nuestro trabajo en la referencia [1]

observador"[2], en este caso, autoobservarse mientras uno observa y piensa. Eso lo va cambiando a uno a través de lo que podemos denominar una forma de la autoeducación.

Dado que nuestra investigación-reflexión está basada en la noción de trabajo, empezaremos por describir esa noción.[3]

Existe una significativa relación sinérgica entre el trabajo y la persona que lo realiza. La persona va determinando el trabajo que lleva a cabo, y este trabajo va determinando a la persona que lo realiza, ya que el desarrollo de una persona, incluyendo su autodesarrollo, es consecuencia de, y lo define, el trabajo realizado. No existe desarrollo humano sin trabajo, y no hay trabajo que no influya en el proceso de desarrollo del ser humano que lo lleva a cabo. Al mismo tiempo, el ser humano actúa e influye en su medio ambiente a través del trabajo, y su medio ambiente lo afecta recíprocamente, también, a través de su trabajo. Esta inevitable relación sinérgica y de retroalimentación positiva entre trabajo y desarrollo personal, y esta recíproca coproducción entre el ser humano y su medio ambiente, en la que *cada persona es producto y productor de su medio ambiente a través del trabajo,* pone de manifiesto la importancia de hacer *bien* dicho trabajo *y de la actitud que uno pueda tener en cuanto a hacer un buen trabajo.*

Algunas personas realizan su trabajo con la adecuada experiencia y aptitud, pero con poca o ninguna responsabilidad. Otros hacen su trabajo *bien,* es decir responsablemente. La aptitud requerida en la realización de un trabajo es *condición necesaria* para que el mismo se haga bien, *pero no es suficiente.* Para que el trabajo realizado sea un *buen trabajo,* requiere de otros ingredientes, tan necesarios como la *aptitud,* como lo serían la *actitud y la responsabilidad.* Quienes hacen un buen trabajo no buscan solo el dinero o la fama, no lo hacen rigiéndose por el camino del menor esfuerzo, o de la menor resistencia en caso de conflictos, sino que se orientan por sus responsabilidades y por el *impacto* que pueda tener el producto de su trabajo en su medio ambiente. Quien desee hacer un buen trabajo no puede orientarse únicamente por la calidad técnica del mismo, debe también considerar las variables éticas que puedan estar relacionadas con este. Por ello es que ***ética*** y ***excelencia*** son condiciones necesarias para el buen trabajo (Gardner, et. al. 2001 [6]). Y es por ello también que uno se *siente* tan bien cuando hace un buen trabajo. Razón tiene Csikszentmihalyi [7,8] al afirmar que el trabajo puede generar más experiencias de gozo y se puede disfrutar más a través de él, que a través del mismo ocio y del descanso, independientemente de que lo primero requiera de esfuerzo, y lo segundo no. Razón también tenía Freud cuando, ante la pregunta de cuál era su recomendación para obtener la felicidad, respondía en forma muy suave, pero firme: "trabajo y amor". (cfr. [7]). [Énfasis agregado].

Por supuesto que no todo esfuerzo emprendido para llevar a cabo las actividades requeridas por un empleo es, o puede ser, de gozo o de estado de disfrute, por lo mismo que no todo descanso o período de vacaciones genera necesariamente satisfacción o sensación de disfrute. El esfuerzo bien orientado puede producir satisfacción o disfrute superior a lo que pueda generar una situación de inactividad. Es más, el disfrute que pueda obtenerse a través del descanso es, muchas veces, generado por el mismo esfuerzo hecho previamente, y si dicho esfuerzo ha sido *constructivo, creativo y ético,* la sensación de bienestar será mucho más intensa. Por otra parte, el descanso que fue precedido por un trabajo mal hecho, o que no haya atendido el impacto ético del mismo, muy probablemente producirá una sensación de malestar, de la cual difícilmente un ser humano pueda disfrutar. Satisfacción, disfrute y gozo no van necesariamente acompañados de inactividad, sino que más bien se presentan muchas veces a través del esfuerzo, incluso cuando el mismo pueda ser doloroso. El trotador, por ejemplo, lo hace con gran satisfacción a pesar de tener los dolores típicos de quien ha estado trotando por más de una o dos horas. El parto de una mujer embarazada usualmente genera gozo y dolor simultáneamente. *Así, pues, el gozo, la satisfacción y el disfrute no excluyen necesariamente el esfuerzo o el dolor que lo puedan acompañar, y no requieren necesariamente del placer.* A medida que

---

[2] Esto concuerda con la interpretación de Copenhaguen de la Teoría Cuántica, es decir que el observador debe observarse a sí mismo también. Esta interpretación está basada en la Cibernética de Segundo Orden.

[3] Estamos usando el término "noción" para designar un conjunto nebuloso (fuzzy set) de conceptos relacionados, o relacionables entre sí. Es por eso que un concepto se *define* o puede tener varias definiciones, mientras que una noción se *describe*. Para más detalles al respecto, vea Callaos, 2013 [5]

desarrollemos este pequeño trabajo, saldrán a la luz de forma cada vez más explícita y clara las razones de lo que acabamos de afirmar, por lo que ello es uno de nuestros principales propósitos aquí.

Es de hacer notar que no todo trabajo bien hecho produce satisfacción y gozo a lo largo del esfuerzo que pueda requerir, aunque sí pueda producirlo *después* de logrado el mismo. Por otro lado, el esfuerzo continuo y sostenido, y a veces doloroso, no excluye necesariamente el disfrute y el gozo a lo largo del mismo, más bien puede ir acompañado de los mismos. La confusión que pueda haber a veces al respecto se debe usualmente a un manejo inadecuado de los conceptos involucrados. En consecuencia, resulta bueno aclarar algunos conceptos y el significado de algunos términos. En función de ello, intentaremos primero aclarar brevemente la noción de trabajo, estableciendo los sentidos de su significados y sus tipos.

DIVERSIDAD DE PERSPECTIVAS EN LA NOCIÓN DE TRABAJO

La noción de trabajo encierra una diversidad de significados que configuran un amplio espectro, el cual va de lo más aborrecible a lo más añorado, de lo más penoso a lo más placentero, de lo más evadido a lo más buscado. Un antiguo proverbio italiano refleja esta característica del trabajo: *"Il lavoro nobilita l'uomo, e lo rende simile alle bestie"*, es decir, que "el trabajo ennoblece al hombre, y lo transforma en un animal".

La gran satisfacción que puede encontrar un neurocirujano en su trabajo contrasta con la penosa labor de un esclavo obligado a hacer un rutinario esfuerzo en una mina de carbón. Ambos trabajan. El placer que debe sentir Bill Gates en su trabajo contrasta con la tediosa e, incluso, penosa labor, que lleva a cabo un programador de COBOL, quien viene manteniendo el mismo sistema por más de 10 años. Ambos trabajan. Los sentimientos que experimentaba la madre Teresa cuando limpiaba las letrinas de los leprosos contrastan profundamente con el que siente un presidiario limpiando las letrinas de la cárcel. Ambos trabajan. El trabajo que hace el neurocirujano es fuente de satisfacción a causa de haber salvado una vida humana y es fuente de adquisición de nuevos conocimientos, de aprendizaje y, como consecuencia, de su autorrealización como cirujano y como ser humano.

Mientras que, por otra parte, lo único que aprende el esclavo en su trabajo es que no hay nada que aprender y que lo único que consigue a través del mismo es su desrealización como ser humano. Podemos apreciar una situación similar, aunque menos dramática, entre el trabajo que hace Bill Gates y el del programador de COBOL. El contraste entre el trabajo de la madre Teresa y el del presidiario se produce por razones diferentes, ya que se trata del mismo tipo de trabajo en ambos casos. *En el caso de la madre Teresa, ella escogió libremente el trabajo de limpiar letrinas, mientras que en el caso del presidiario, el mismo es impuesto coercitivamente.* El presidiario no escogió limpiar letrinas, dicha labor le fue impuesta. La madre Teresa ejerció su libertad al escoger su tarea, mientras que el presidiario no la ejerció. La madre Teresa ejerció su libertad y decidió limpiar letrinas en el contexto de los objetivos que en forma libre escogió para su vida. No así el caso del presidiario, en cuyos objetivos no estaba el ser preso y, mucho menos, el tener que limpiar letrinas.

De lo anterior, podemos inferir algunas conclusiones preliminares. El grado de satisfacción, o insatisfacción, que una persona pueda encontrar en su trabajo depende, al menos, de dos factores:

1. El grado en que el trabajo promueve la realización de la persona como ser humano.
2. El grado con el que la persona siente que está logrando los objetivos que libremente escogió para su vida.

En consecuencia, tanto el *tipo* de trabajo, como el de la adecuación del mismo a los *objetivos* establecidos por la persona trabajadora, determinan el nivel de satisfacción o de insatisfacción con el mismo. La mayor satisfacción se consigue cuando ambas variables coexisten en un determinado trabajo; por lo tanto, la menor satisfacción se siente cuando ambas variables se encuentran reducidas a su mínima expresión, y se obtiene una mezcla de sensaciones opuestas cuando una variable está en un nivel adecuado y la otra se encuentra en un nivel inadecuado.

¿Estamos educando en nuestras universidades para el trabajo entendido como elección libre que se hace en función de los objetivos del estudiante y del futuro profesional? ¿Es la mera instrucción, educación superior? ¿Ayudan a nuestra educación los políticos que ofrecen más con menos esfuerzo? ¿Qué tanto estamos contribuyendo a motivar al estudiante en cuanto a su realización como ser humano? ¿Qué tanta oportunidad de desarrollo personal estamos ofreciendo en las organizaciones donde los seres humanos trabajan? ¿Es posible promover el desarrollo del ser humano, de una organización o de un país sin seres humanos motivados a escoger sus objetivos en la vida y a hacer los esfuerzos necesarios para lograrlos? ¿Estamos educando para el trabajo humano? Si no es así, entonces, ¿estamos educando para el desarrollo con mera instrucción y exámenes? ¿Es posible educar sin motivar? ¿Es posible el *Logos* académico sin *Ethos* y *Pathos*? ¿Por qué no aplicamos lo que los griegos ya nos enseñaron en cuanto a la coexistencia que debe haber entre *Ethos*, *Pathos* y *Logos* para persuadir? ¿Es posible la educación sin la persuasión requerida por *Ethos*, *Pathos* y *Logos*, así como por sus intrincadas relaciones?

DEFINICIÓN INICIAL DE "TRABAJO"

Si el aprendizaje y la autorrealización que una persona pueda obtener a través de su trabajo están determinados por los objetivos que todo ser humano se ha establecido como meta en la vida, concluiremos entonces que la satisfacción en el trabajo podría explicarse por el nivel con que la persona siente que está logrando sus objetivos en la vida. Con dicha conclusión en mente, podríamos intentar asomar una definición preliminar del concepto de "trabajo satisfactorio", entendiéndolo como aquel *esfuerzo realizado por una persona para lograr sus objetivos en la vida*. En este caso, sería bueno distinguir entre objetivos explícitos e implícitos, u objetivos que la persona decide tener en su vida en forma consciente y libre, y aquellos que tiene todo ser humano debido a su propia condición humana. Este segundo tipo de objetivos no han sido escogidos por la persona, sino que le son dados, incluso impuestos, podríamos decir, debido a su condición humana. Estos objetivos "impuestos" por la propia condición humana son *necesidades*, las cuales pueden ser *materiales* (comida, techo, seguridad, etc.) y *espirituales* (autorrealización, amor, afecto, etc.).

Podríamos, en consecuencia, intentar definir *"trabajo" como el esfuerzo que realiza una persona para obtener los objetivos que libremente escogió para su vida y/o para satisfacer sus necesidades materiales y espirituales*. En la medida que logra satisfacer sus necesidades, logra un primer nivel de satisfacción, y en la medida que va obteniendo o acercándose al logro de los objetivos que libre y conscientemente ha escogido para su vida, pasa a un segundo nivel superior de satisfacción y gozo. Esta visión del concepto de trabajo se corresponde perfectamente con la conocida teoría de la pirámide de Maslow (1962) [9], aunque en forma mucho menos analítica y detallada.

En consecuencia, es menester concluir que para obtener una verdadera satisfacción y gozo en el trabajo, el mismo debe ser no solo suficiente para satisfacer las necesidades de la persona trabajadora, sino que debe también posibilitar el logro de los objetivos que esta se estableció libremente. Es decir, que *la satisfacción de necesidades básicas (materiales y espirituales) es condición necesaria pero no suficiente*. ¿Estamos atendiendo en las universidades las condiciones de suficiencia o solo las de necesidad, en el mejor de los casos? ¿Puede una persona desarrollarse en la dirección libremente escogida por él (o ella) sin que su educación incluya ese componente del trabajo humano? ¿Puede haber desarrollo científico, tecnológico, social o económico sin el desarrollo personal de cada quien? ¿Puede lograrse esto sin una educación para el trabajo que incluya el esfuerzo para lograr los objetivos que libérrimamente escoja la persona humana? ¿Estamos realmente brindando una Educación Superior en nuestras universidades, o mera instrucción superior, la cual en el mejor de los casos permitiría satisfacer las necesidades materiales? ¿Puede haber desarrollo con este tipo de educación superior que se reduce a mera instrucción superior? ¿Puede haber innovación tecnológica y/o capacidad emprendedora? ¿Por qué los académicos no tratamos de contestar dichas preguntas? *¿Es ético que ni siquiera se haga el esfuerzo para, al menos tratar, contestarlas?*

Sin una preparación académica y/o una cultura adecuadamente orientada al componente autotélico del trabajo, no es tan fácil encontrar en la vida una forma de vivir que permita tanto la satisfacción de necesidades como el logro de los objetivos que una persona libremente escoge para su vida. Como esto último no es fácil, requerirá de esfuerzos para lograrlo, es decir, requerirá de trabajo o, para mejor decir, requerirá de *metatrabajo*. En otras palabras, es necesario trabajar para ir identificando vías conducentes a mayores niveles de satisfacción y de disfrute con el trabajo. *El trabajo puede ser animal o humano (*de ahí el refrán italiano mencionado con anterioridad*, "Il lavoro nobilita l'uomo, e lo rende simile alle bestie"), pero el metatrabajo es siempre humano*, ya que el ser humano se distingue de los animales por su libre albedrío, por su libertad para decidir y forjar la existencia que haya escogido para sí mismo. En consecuencia, *el trabajo puede ser satisfactorio o no para una persona, pero su metatrabajo es siempre satisfactorio, por definición.* Es por ello que toda persona trabajadora a la cual le pese su trabajo, debe hacer esfuerzos en el nivel de su metatrabajo para ir disminuyendo paulatinamente lo penoso que pueda resultarle su trabajo e ir creando las oportunidades que le permitan acceder a uno que le permita disfrutarlo. *¿Puede haber desarrollo científico, artístico, humanístico, tecnológico, etc., sin metatrabajo?* ¿Qué estamos haciendo en las universidades a este respecto? ¿Qué están haciendo nuestros políticos, periodistas, gobernantes, empresarios en cuanto a preparar o educar a la persona humana en el metatrabajo? Suena arrogante esta pregunta, pero me veo obligado a hacerla: ¿Cuántos están claros acerca de la importancia del metatrabajo para el desarrollo en cualquiera de sus niveles o dimensiones?

Para los lectores de este artículo ya estaban conscientes de la importancia del metatrabajo, y que no se hayan preocupado aún por ello como educadores, la lectura del mismo no tendrá valor, al menos no en, la dimensión pragmática. Pero para los lectores que no hayan pensado o reflexionado aún sobre la importancia del metatrabajo y de su inclusión en los procesos educativos, este trabajo podría tener un valor intelectual, ético y/o pragmático; lo cual sería producto de la investigación reflexiva o de la reflexión investigadora que pudiera generar.

Como conclusiones previas, basadas en la definición inicial que hemos dado, el metatrabajo consiste en realizar uno de los siguientes esfuerzos, o en una combinación adecuada de los mismos:

1. Identificar un trabajo, dentro de la misma organización, o fuera de la misma, que brinde mayor nivel de satisfacción.

2. Sacrificar parte del tiempo libre de uno para adquirir nuevas aptitudes y prepararse para otro tipo de trabajo.

3. Cambiar de actitud frente al mismo trabajo, identificando nuevos objetivos, o subobjetivos más coherentes con la propia existencia.

4. Sacrificar parte del tiempo libre de uno durante el período necesario para asegurar la satisfacción de las necesidades futuras, abriendo la posibilidad de lograr un trabajo que se disfrute en el futuro con algún sacrificio del presente. Este sacrificio no produciría insatisfacción debido a que estaría a tono con los objetivos que uno ha escogido en forma consciente y libre.

5. Tratar de adaptar el trabajo insatisfactorio de manera que pueda ser menos penoso, y posiblemente gratificante. Ello puede requerir de acciones adecuadas y eficaces sobre el medio ambiente del trabajo en cuestión o de un rediseño del mismo de manera que haya mayores niveles de sinergia entre la persona trabajadora y la organización en la que se realiza dicho trabajo.

6. Todos los puntos anteriores aplican por igual al trabajo de cualquier estudiante en cualquier carrera o nivel educativo, es decir, a cualquier trabajo que este haga en función de su educación. *En ese caso, agregaría autoeducación a la que le están dando y, lo más importante, corregiría las enormes deficiencias educativas de los sistemas, a veces mal llamados, educativos.* Personalmente, prefiero una clase, una materia, o cadena de materias conversacionales y participativas sobre la noción de trabajo y metatrabajo, a cualquiera de las materias que he dictado durante más de 30 años.

OTROS SIGNIFICADOS Y CONCEPCIONES DEL TRABAJO

En las secciones siguientes trataremos de 1) revisar brevemente algunas definiciones, significados y concepciones representativas de la noción de trabajo, 2) evaluar nuestra definición (dada arriba) a la luz de dicha revisión, y 3) hacer las precisiones, modificaciones o extensiones que el caso amerite.

El sociólogo Keith Grint (1991, [10]) sugiere que no hay una definición objetiva de "trabajo". Plantea que es "un fenómeno construido socialmente sin un significado universal y permanente a través del tiempo y del espacio, sino que sus significados están delimitados por las formas culturales en la que es practicado." Pero, el hecho de que su significado esté delimitado por las formas culturales, no quiere decir que no sea un concepto que pueda ser definido objetivamente. Todo depende de lo que entendamos por "definición objetiva". Si por ello se entiende "un significado permanente en el tiempo y espacio", como parece indicarlo el mismo Grint, el hecho de que el trabajo tenga diversos sentidos, dependiendo de las culturas en la que se practique, no significa que no podamos extraer un sentido común a esta diversidad, con lo que lograríamos identificar una definición invariable a pesar de la diversidad cultural. De hecho, esta es precisamente la forma de hacer definiciones conceptuales en la ciencia, de acuerdo a Ackoff (1962 [11]). En otro trabajo, (Callaos, 1995, [12]) hemos tratado extensamente la noción de definición, a partir de la cual concluimos que una de las características de una definición sistémica es que está basada en el *conjunto intersección* de los diversos sentidos que ha tenido el término, lo cual indicaría el sentido que ha tenido permanencia en el tiempo, y el *conjunto unión* señalaría los diferentes tipos de significado que ha tenido el término en diversas épocas, en diversas culturas y/o de acuerdo a diversas filosofías o religiones. Así, la intersección de los significados indicaría el *género* al que pertenece el término, mientras que la unión de los mismos indicaría sus posibles *especies*. De acuerdo a ello, se posibilitarían definiciones basadas en el género próximo y la diferencia específica, en las que se apoya la Lógica Aristotélica y más específicamente, la Lógica de Predicados. El conjunto unión representaría la *noción* asociada, mientras que la intersección de los conjuntos representaría el *concepto*.

En consecuencia, consideramos que es posible que la argumentación de Grint pudiera no ser válida. Veamos si esto es cierto. Exploremos esa posibilidad

CONCEPCIONES ANTIGUAS DEL TRABAJO EN OCCIDENTE

Para algunos autores (por ejemplo, Csikszentmihalyi [7]) la frase bíblica de "ganarás el pan con el sudor de tu frente" es la causante de la concepción de trabajo como algo penoso que hay que evitar en lo posible. Pero, ello no tiene por qué ser necesariamente así, ya que sudor también se genera en momentos de placer. El sudor que produce el esfuerzo, no es necesariamente producto de una situación penosa, insatisfactoria. Puede ser el resultado de un esfuerzo que produce mucha gratificación, satisfacción y disfrute. El profuso sudor que genera la actividad de trote de una persona que ama este deporte y que lo ha estado practicando por años, es acompañado usualmente por una sensación de gozo y disfrute. Con razón se habla de la "nota" y el "éxtasis" que se puede alcanzar con el trote (especialmente después de una hora), y la circunstancia de que el trote sea considerado por algunos autores como una *adicción positiva,* por el hecho de ser una adicción que construye y realiza al sujeto trotador, a diferencia de las adicciones negativas, como las del alcohol, cigarrillo o las drogas, que van mermando y destruyendo paulatinamente a la persona adicta. En consecuencia, no vemos la razón por la que el "sudor" que señala la Biblia deba ser interpretado como algo penoso. Puede ir acompañado de satisfacción o insatisfacción, dependiendo del tipo de trabajo que lo produce y de si acerca o aleja a la persona "sudorosa" de los objetivos que esta se haya propuesto para su vida.

La afirmación bíblica ha generado múltiples concepciones de la noción del trabajo. Pero, en la mayoría de los casos, cuando se examina detenidamente esta diversidad, se llega a la conclusión de que las mismas están basadas en diversos tipos de trabajo, lo cual también se observa fuera del ámbito bíblico. Ferrater Mora [13], por ejemplo, escribe que: "Es usual contraponer la filosofía del trabajo sustentada durante la Antigüedad Clásica, y en parte durante la Edad Media, con la que ha ido predominando poco a poco en los tiempos modernos". (Vol. II, p. 819). En esta contraposición, los antiguos y aun muchos medievales consideraban el trabajo como algo degradante del ser humano; mientras que los modernos han llegado inclusive a divinizar el trabajo, y *en algunos pueblos se ha llegado a considerar el trabajo como fin en sí mismo*, como una manía de trabajar por trabajar, sin tomar en cuenta los resultados y fines del mismo. Pero los antiguos se referían al trabajo *manual*, cuando consideraban el mismo como inferior al *ocio*, el cual era valioso en la medida que permitía la reflexión y la contemplación, es decir, en la medida que posibilitaba el trabajo *mental*. El trabajo manual era también considerado inferior a las actividades militares. En consecuencia, en la Antigüedad se le restaba valor no al trabajo en sí, sino al trabajo manual en relación con el trabajo mental y el militar. Ello es probablemente consecuencia de algunos valores culturales de la Antigüedad, en la que muchos trabajos manuales, por no decir todos, eran llevados a cabo por los esclavos, y estos eran mal vistos por las sociedades donde se desempeñaban. Ferrater Mora [13] añade otro argumento. "Una de las razones del menosprecio de la actividad manual – escribe – y más específicamente de la actividad manual que se sirve de utensilios, puede haber sido que durante ciertas épocas el uso de utensilios produjo ciertas deformaciones somáticas y psíquicas…las manos grandes y callosas; la estatura pequeña y encorvada, etc.…Para Platón, el "mecánico", especialmente el herrero, era "calvo y enano". Así, el trabajador manual, el "operario", el "mecánico" aparecían como seres "deformes". (Vol. II, p. 820).

Platón, en *La República*, examinando cómo se puede construir y mantener una ciudad, identifica la necesidad de producción de bienes materiales que permita la generación de bienes no materiales, y plantea que una persona no puede satisfacer por sí misma todas sus necesidades materiales y, al mismo tiempo, dedicarse a la vida contemplativa que requiere a su cultivo intelectual o espiritual. Con ello, concluye Platón, se requiere que unas personas se distribuyan entre sí lo primero para que otras hagan lo segundo. Es por ello que a Platón se le considera como el artífice de una inicial teoría rudimentaria de la división del trabajo manual; es decir, la labor (Schaff, 2001 [14]). En el contexto de su concepción jerárquica de la sociedad, el trabajo manual, o la labor necesaria para la satisfacción de las necesidades materiales de dicha sociedad recae en los niveles más bajos de la sociedad.

Aristóteles, en *La Política*, distinguió entre el modo de vivir que requiere de trabajo manual y el de "*arete*" o modo excelente de vida. Un ciudadano que busca la excelencia, plantea Aristóteles, no puede hacer trabajos manuales como los que realizan los artesanos, agricultores, comerciantes, mercaderes, etc., debido a que la vida de excelencia requiere de ocio (*The Politics*, 1328b-1329 [15]). Planteamientos similares se hicieron en las escuelas filosóficas de los estoicos, epicúreos, escépticos y cínicos (Nussbaum, M., 1994, [16]). Filósofos de estas escuelas examinaron la buena vida humana, la cual asociaron a la forma de dedicarse a los valores eternos y de evitar la producción de bienes materiales y las contingencias de los mismos. Los estoicos y epicúreos planteaban, por ejemplo, la necesidad de alejarse de los bienes materiales y de los deseos de su acumulación como la vía apropiada para acceder a la verdadera vida humana de contemplación y búsqueda de los valores eternos. El trabajo manual y la vida mundana eran considerados como calles ciegas que obstaculizaban la promoción de los bienes eternos, la paz y la paz mental (*ataraxia*). Con la expansión del Imperio romano, y su asociado proceso de corrupción, se fortaleció este tipo de planteamiento. Cicerón, por ejemplo, exclama "¡Cuánta cantidad de problemas se evita quien rechaza tener que ver nada con la manada común! No tener empleo para dedicar el tiempo de uno a la literatura, es la cosa más maravillosa del mundo". [17]

Pero cabe destacar que no en todas las culturas antiguas, se menospreciaba todo tipo de trabajo manual. En algunas culturas, como en la hebrea por ejemplo, se valoraba la labor pastoril, aunque no la agrícola. El mismo Aristóteles, quien se refirió al trabajo manual como actividad innoble (*Pol.*, 1328, b. Cfr. Ferrater Mora, p. 820 [13]), también plantea "de que todas las artes necesitan de instrumentos y de que, por lo tanto, no puede descartarse la actividad manual y mecánica del conjunto de las actividades humanas". (Ibid.). Lo que plantea Aristóteles es supeditar el trabajo manual al trabajo intelectual, a la contemplación y a la reflexión, lo cual no degradaría necesariamente el trabajo manual, ya que esta supeditación sería de *orden lógico*, y no tendría por qué estar en el orden social, económico o político. De hecho, tanto Sócrates y filósofos presocráticos, como Anexágoras e Hipócrates, destacan la importancia del trabajo manual y el respeto que merece. Lo que ocurrió es que, como ya lo hemos señalado con anterioridad, la gran proliferación del mercado de esclavos (en torno al cual giró en gran medida la economía antigua, como lo planteó Max Weber), el hecho de que fueran precisamente los esclavos, que eran objeto de menosprecio, quienes estuvieran a cargo de la mayoría de los trabajos y no se dedicasen sino a trabajos manuales, dio origen a un sistema de valores culturales donde el trabajo manual no era bien visto socialmente. Se trata, pues, de valores culturales que afectan a algún tipo de trabajo, en este caso el manual, y no al trabajo en general. De hecho, *no tenemos conocimiento de culturas en las que no se valorara algún tipo de trabajo, o se menospreciara el trabajo en general*. Por otra parte, mientras el trabajo manual no era bien valorado o estimado en algunas culturas occidentales imperantes, el trabajo era concebido de forma diferente en religiones y culturas orientales de la Antigüedad, e incluso ello se ha venido manteniendo en buena parte hasta nuestros días.

Cualquier trabajo requiere de la actividad y del esfuerzo de uno o varios órganos y/o miembros del cuerpo, por lo que cualquier trabajo especializado, hecho con sostenida frecuencia, hipertrofia los órganos o miembros del cuerpo utilizados para ello, y atrofia los no utilizados. Ello produce necesariamente un crecimiento/decrecimiento inarmónico de nuestro ser. El trabajo manual especializado repetido con continuada frecuencia puede producir cuerpos inarmónicos. Pero *también el trabajo mental especializado realizado con constante frecuencia puede producir mentes inarmónicas*. Lo primero era más visible a los ojos de algunas sociedades antiguas, lo segundo se está haciendo cada vez más notorio en las civilizaciones contemporáneas. *Los callos y deformaciones en los dedos y en las manos están dando paso a los "callos y deformaciones mentales" que caracterizan cada vez más al especialismo hipertrofiado en algunas profesiones, organizaciones académicas, ámbitos empresariales y centros políticos*. De ahí que algunas personas de estos ámbitos sean tan mal vistas y tan cuestionadas en muchas sociedades contemporáneas. En consecuencia, no era el trabajo el que tendía a ser visto como fuente de degradación en algunas sociedades antiguas, ni siquiera el trabajo manual, sino más bien las consecuencias de un esfuerzo unidimensional, *hipertrofiante* de algunos órganos, miembros o facultades humanas, y atrofiante de otros. En consecuencia, una de las cosas que podemos ir aprendiendo es que *los diversos trabajos que hagamos a lo largo de nuestras vidas deberían complementarse entre sí de manera que puedan formar un conjunto integral, integrado a nuestra existencia e integrador de nuestras facultades humanas*. ¿Están contribuyendo las universidades a empeorar esos problemas o resolverlos? Estimo que *la instrucción tomada como fin en sí misma y no como uno de los medios para la educación está contribuyendo a las deformaciones mentales, cuyos efectos comienzan a hacerse notar entre nosotros*. ¿No es necesario que hagamos en las universidades un metatrabajo respecto a nuestro trabajo académico? ¿Podemos pensar en un desarrollo más efectivo del potencial humano si no hacemos ese metatrabajo? ¿No deberíamos aplicar la Cibernética de Segundo Orden al trabajo universitario? ¿No es ello condición, casi que necesaria, para el desarrollo en cualquiera de sus dimensiones y niveles? ¿Podemos pensar en un tipo de desarrollo más efectivo sin mejorar nuestro propio desarrollo académico e intelectual?

En la medida que nos desarrollemos a través del trabajo como un todo humano, en esa misma medida el trabajo dejará de ser una carga para convertirse en el esfuerzo hecho en función de nosotros mismos y de nuestros objetivos, y en esa misma medida el "sudor", e incluso el dolor producido por el esfuerzo que pueda requerir el trabajo, estará acompañado de una sensación de gozo, de disfrute y de satisfacción. Caso contrario, el "sudor" y los posibles dolores, productos del esfuerzo, vendrán acompañados de pena, pesar e insatisfacción. En consecuencia, *uno de los tipos de metatrabajo deseable, y quizás requerido, sería el necesario para identificar los tipos complementarios de trabajo que lo hagan integral, integrado a nuestro proyecto de existencia e integrador de nuestras facultades humanas*. Habría que añadir esta conclusión (como séptima) a las 6 ofrecidas previamente en el contexto del significado de metatrabajo.

Esa séptima conclusión podríamos, y pienso que deberíamos, aplicarla también en forma colectiva al mundo académico ¿No deberíamos pensar en *integrar las actividades académicas (investigación, educación y resolución de problemas de la vida real) para dar soporte a una educación más integradora de las diversas potencialidades del ser humano, tanto en la dimensión profesoral como en la estudiantil?* ¿No deberíamos reflexionar sobre esto en el sentido de "reflexivity" (preguntas sobre uno mismo también con las cuales uno cambia), y no solo de "reflect"? ¿No deberíamos buscar soluciones en las que un cambio en nosotros mismos sea parte de la respuesta a los problemas planteados? ¿No deberíamos tener un poco mas de humildad intelectual y cuestionar constructiva y saludablemente lo que estamos haciendo y lo que podríamos hacer en cuanto al desarrollo de nuestros estudiantes, nuestras organizaciones (incluso las familiares), nuestros países, nuestra Ciencia, Tecnología, Arte y Humanidades? Los desacuerdos con respecto a preguntas como estas, ¿no serían una enorme fuente de aprendizaje colectivo para todos nosotros a los efectos de desarrollarnos humana, intelectual y académicamente, lo cual es condición muy deseable (si no necesaria) para contribuir al desarrollo de nuestros estudiantes y, en consecuencia, de nuestras organizaciones y países, así como para el desarrollo de la Ciencia, la Tecnología y el Arte?

CONCEPCIONES ANTIGUAS DEL TRABAJO EN ORIENTE

En las religiones orientales, especialmente en la hindú, y la filosofía Vedanta, el trabajo es una ley universal y el trabajo humano también lo es. Esta concepción se resume bien en la afirmación tomada del Bhagavad Gita al respecto, según la cual: *"Nadie puede permanecer inactivo ni por un momento. Propulsado por el poder de la naturaleza, uno es forzado a trabajar"*[4]. [itálicas añadidas]. La filosofía del trabajo se enmarca en la Doctrina del Karma. La verdadera connotación de la palabra "Karma" dista mucho del significado que se la ha venido atribuyendo en Occidente, especialmente en el habla cotidiana. El karma de una persona no tiene nada que ver con el sufrimiento en esta vida por pecados cometidos en vidas anteriores. Tampoco tiene que ver con el trabajo penoso y las dificultades que debemos enfrentar en esta vida como consecuencia de nuestras vidas anteriores. Este es un grotesco y muy distorsionado significado del término y, en nuestra opinión, es un abuso en el uso del mismo. La Ley de Causa y Efecto, tan respetada y aceptada en Occidente, es llamada en sánscrito, l*a Ley del Karma*, de acuerdo a Swami Abhedananda (filósofo hindú muy respetado en Occidente, conocido de William James, admirado por personalidades de la talla de Newton, Edison, Joyce, etc., y uno de los máximos exponentes de la religión hindú y de su divulgación en Occidente). "Cualquier acción, física o mental, es denominada Karma…La palabra Karma incluye tanto la causa como el efecto…La ley de causación o la *Ley del Karma* incluye la ley… [de la compensación, según la cual] cada acción es seguida por una reacción de naturaleza similar". [18] (pp. 10-12) En consecuencia, las acciones de una persona, el trabajo que hace, produce una reacción de naturaleza similar. Si la acción es buena, le produce, tarde o temprano, efectos buenos a su respectivo actor. Si la acción es mala, le producirá un efecto malo. Luego, una persona es responsable directo de lo bueno o lo malo que le pueda suceder. Abhedananda hace notar que a esta conclusión le corresponde un planteamiento similar en la Biblia. San Pablo, en su epístola a los Galateos, afirma que "lo que el hombre siembra, el mismo también lo cosechará", y agrega que "Nuestro presente es el resultado de nuestro pasado, y nuestro futuro debe ser el resultado de nuestro presente". [18] (p.70).

Resumiendo, podemos expresar que con la *La Ley del Karma* se afirma que la acción y, en consecuencia, el trabajo es una ley universal, la cual, como la de la gravedad, es inevitable. No tenemos la opción de no trabajar. Nuestra opción es que nuestro trabajo produzca bien o produzca mal, y en ambos casos, de acuerdo a la ley de compensación, una reacción similar nos será retornada. Así, pues, el *Karma* no es solo lo malo que le pasa a una persona, sino también lo bueno que pueda sucederle como consecuencia de sus acciones y de su trabajo. El karma es una moneda de dos caras: es tanto la causa como el efecto, tanto la acción (física o mental) como la reacción, tanto nuestras buenas acciones como las malas, tanto los frutos buenos que cosechamos, como los malos.

Otra breve frase tomada del Bhagavad Gita que resume un aspecto muy importante de la noción hindú del trabajo es la siguiente: "Tienes derecho a trabajar, pero nunca a sus frutos. No actúes por la sed de los resultados de la acción, ni te sientas satisfecho por la inacción."[5] Quien tenga por objeto la inacción está condenado al fracaso, en forma análoga a quien tenga por objeto desconocer la Ley de la Gravedad y de actuar en contra de la misma. El fracaso está asegurado en ambos casos. Al respecto, se afirma en el Bhagavad Gita que "Nadie en verdad, ni siquiera por un instante, puede estar

---

[4] Bhagavad Gita, Cap. III, 5 & 19; Cfr. Abhedananda, 1985 [17]

[5] Bhagavad Gita, Cap. II, 47. Cfr. Abhedananda [17] (p. 64)

inactivo, ya que cada uno está irremediablemente destinado a la acción por las energías nacidas de la naturaleza".[6]

Por otro lado, quien decida actuar debe hacerlo movido por la misma *Ley del Karma*, o del trabajo, y no por sus resultados. El trabajo es ley, es un fin en sí mismo, no debe ser medio para obtener los frutos del mismo. Quien trabaje orientado solo por los frutos del trabajo puede fácilmente no encontrar la felicidad, incluso si obtiene los frutos esperados de dicho trabajo. Quien oriente su trabajo por los frutos del mismo, vivirá esclavizado por los mismos. *Para quien su trabajo es un fin en sí mismo se libera de las ataduras que se generan por el deseo de obtener los resultados de dicho trabajo.* Se libera, asimismo, de la pena producida por el fracaso de no lograr las aspiraciones que tuvo en relación a los frutos de su trabajo. Asimismo, se libera de las nuevas ataduras que le crea el éxito alcanzado, a quien ha obtenido los resultados esperados por su trabajo, con lo que se renuevan sus aspiraciones y se crean nuevos objetivos a ser alcanzados a través del trabajo. Al respecto, Swami Abhedananda [18] afirma que "los hombres sabios trabajan incesantemente…buscando nada a cambio…; todos aquellos quienes no afirman el yo, quienes están libres de ataduras, entregados con energía y perseverancia, no afectados por el éxito o el fracaso, hacen su trabajo no movidos por deseo o por aversión a los frutos de sus acciones, son, como los sabios, verdaderos trabajadores espirituales. Por otro lado, aquellos apasionados y ambiciosos, fácilmente afectados por gozo o pena, por ganancias o pérdidas, son los trabajadores ordinarios del mundo. No son nunca felices, están siempre perturbados, ansiosos e incómodos. Debajo de estos, hay una tercera clase de trabajadores, la más baja de todas. Incluye a aquellos que son descuidados, necios, arrogantes, deshonestos, indolentes, morosos y de espíritu deprimido, quienes actúan sin importarles la pérdida o el daño que puedan infligir en otros, y quienes están siempre dispuestos a privar a los compañeros de sus derechos e impedirles ganar su vida. Estos trabajadores son vistos como criminalmente egoístas, así como perversos, aunque su perversión, egoísmo, ataduras y pasiones proceden solo de la ignorancia de su verdadero yo". (pp. 61-2)

En este marco de ideas, se establecen tres tipos de trabajo, a saber: 1) aquel que se hace para preservar el cuerpo y gratificar los sentidos, 2) el que se realiza por un sentido del deber u obligación, y 3) el que se hace en forma libre y con amor. El primer tipo de trabajo es, en su forma general, característico de todo tipo de vida, el cual encuentra su forma más evolucionada en los animales, y especialmente en el hombre. Este primer tipo de trabajo tiene a su vez dos subtipos, el de preservación de la vida individual o personal, y el de la preservación de la especie, a través de la reproducción. Se trata, pues, del trabajo de *producción* y *reproducción* que aparece en muchos autores. *La producción de bienes materiales para preservar la vida individual o personal, y las actividades de reproducción con las que se preserva la vida de la especie.* El segundo tipo de trabajo (de los mencionados al principio de este párrafo) caracteriza al ser humano y lo diferencia del trabajo animal. El tercer tipo de trabajo es el que realmente trae la felicidad.

Abhedananda [18] enfatiza que en la medida que el ser humano ama, y va ampliando el espectro de los objetos de su amor, su trabajo va pasando paulatinamente al del tercer tipo, que es el trabajo que produce felicidad. Afirma una y otra vez que el trabajo que se hace por sentido del deber y como obligación no solo no trae felicidad, sino que más bien amarga a la persona que lo realiza. Afirma que "el deber nos pone en cautiverio, nos hace esclavos, mientras que el amor trae libertad y emancipación al alma…*el deber es pocas veces dulce, cuando no es acompañado por amor. Al contrario, es excesivamente amargo…El verdadero amor hace que uno trabaje por motivo de ese mismo amor, y el sentido del deber desaparece*". (p.106) [itálicas añadidas].

A los efectos de evaluar la noción de trabajo, que hemos sugerido arriba, en base a la noción del mismo en la religión hindú, podríamos hacer los siguientes señalamientos:

1. La afirmación de que el trabajo es una ley universal que aplica a todo ser viviente, no está contenida en nuestra definición inicial pero, a nivel humano, podría derivarse de la misma. En ella afirmamos que el trabajo es el esfuerzo que realiza un ser humano para alcanzar un objetivo, y a) como tener objetivos es

---

[6] Bhagavad Gita, Cap. III, 5. Cfr. Abhedananda, 1985, [17] (p. 69)

característica esencial del ser humano[7] y b) como *lo que diferencia al objetivo del mero deseo es el esfuerzo que necesariamente lo acompaña para su logro*, es de concluir que toda vida humana requiere *necesariamente*, por su propia esencia, de objetivos y, como consecuencia, de esfuerzo y de trabajo. El que el trabajo sea algo *necesario* para la propia condición humana y requerido por su misma esencia, lo hace una ley de la vida humana. Algunos autores contemporáneos (por ejemplo Janke, [19]) agregan a esta ley universal del trabajo, o del esfuerzo (como la denomina Janke) una segunda ley, la de la elección (*choice*), o **decisión**. Esto está implícito en nuestra definición, porque los objetivos, en función de los cuales una persona hace su trabajo, requieren por definición de una elección, de una decisión. De ahí nuestra insistencia en que tales objetivos son, o deben ser, *libérrimamente decididos* por la persona trabajadora. Es bueno no confundir las decisiones *télicas* (producidas por la libertad del ser humano) y otras son las *instrumentales*, las cuales son consecuencia de las anteriores. Se trata de tener presente la lógica de medios y fines con la cual se deben supeditar los medios a los fines y no viceversa. Confundir medios con fines podría conducir a corrupción intelectual, la cual muchas veces es inconsciente, en nuestra opinión.

2. La aplicación de la Ley de Causa y Efecto para explicar la ley del trabajo, está implícita de igual manera en nuestra definición inicial, la cual se apoya en las nociones de "objetivo" y "esfuerzo". Expresábamos que no es fácil concebir la vida humana sin objetivos, pero al estar estos acompañados de la intencionalidad de producirlos, de generar el *efecto* con el que el respectivo objetivo se estaría logrando, es fácil concluir que se requiere una *causa*, cuyo componente básico es el esfuerzo o el trabajo que se debe realizar. *Dicho esfuerzo o trabajo es condición necesaria para el logro del objetivo, pero no es suficiente*. Un esfuerzo o trabajo incompleto o inadecuado al objetivo buscado no produce los efectos deseados. En consecuencia, *la efectividad de un trabajo necesita del metatrabajo* que pueda requerirse para que el mismo sea adecuado y completo.

---

[7] Incluso el objetivo de no tener objetivos es de hecho un objetivo, o metaobjetivo.

Así pues, la ley de causa y efecto es necesaria para explicar la *necesidad* de trabajo en la condición humana, pero no es *suficiente* para asegurar que el trabajo sea efectivo.

3. El planteamiento hindú en cuanto a que el trabajador debe centrar su atención en el proceso de trabajo y no en su producto, que la persona que está trabajando debe orientarse por el trabajo en sí y no por los resultados que produce, y que el trabajo debe ser considerado un fin en sí mismo y no un medio para obtener los resultados del mismo, parece estar, a primera vista, en contradicción con nuestra definición inicial de trabajo. Sin embargo, no es así; definir el trabajo con base en los objetivos que todo ser humano tiene y el esfuerzo que debe realizar para lograrlos, no significa que estemos definiendo el trabajo en función de los resultados del mismo, ya que *los objetivos del trabajador pueden estar orientados por el producto del trabajo, por el proceso de trabajo en sí o por una combinación de ambos*. En consecuencia, en este aspecto, la concepción hindú del trabajo viene a ser un caso particular de nuestra definición del mismo. En la medida que el trabajador oriente sus objetivos en función del trabajo en sí, y no de sus resultados, estaría en el contexto de la noción hindú de trabajo. Es de concluir, pues, que nuestra definición inicial de trabajo no es inconsistente, en este aspecto, con la noción hindú del trabajo, y *no la excluye*, sino que más bien *la incluye* como caso particular, como especie dentro de un género. En forma análoga los tres tipos de trabajadores (los sabios, quienes trabajan sin importarles los fracasos o los éxitos; los ordinarios, quienes buscan el éxito; y los criminalmente egoístas, quienes buscan el éxito a toda costa sin importarles el daño que puedan ocasionar a sus semejantes) también son casos particulares de nuestra definición, ya que los primeros tienen por objetivo el trabajo como fin en sí mismo, los segundos tienen como objetivo el éxito sin ocasionar daño a los demás y los terceros tienen el objetivo de alcanzar el éxito sin plantearse ninguna restricción ética al respecto. En los tres casos se trata de la misma noción de trabajo que hemos propuesto arriba, salvo que los objetivos cambian entre los tres.

4. En forma similar, los tres tipos de trabajo planteados por Abhedananda [18] son también

casos particulares de nuestra noción de trabajo planteada anteriormente. El esfuerzo que hacemos para preservar el cuerpo y gratificar los sentidos lo tenemos contemplado en el caso específico del esfuerzo que se hace para satisfacer necesidades, igualmente el caso del esfuerzo hecho para cumplir con un deber u obligación. En el primer caso, se trata de una necesidad física, material, y en el segundo es cuestión de necesidad moral o espiritual. El tercer tipo de trabajo planteado por Abhedananda [18], en cuanto a trabajo que se hace en forma libre y por amor, es al que nos hemos venido refiriendo como trabajo humano basado en el esfuerzo que hace una persona para obtener los objetivos que *libérimamente* ha elegido y decidido para su proyecto de vida. La asociación que Abhedananda [18] hace de este tipo de trabajo con el *amor*, es de tal importancia que requiere, en nuestra opinión, una sección específicamente orientada a su análisis y tratamiento, lo cual haremos en la siguiente sección.

CONCEPCIÓN CRISTIANA DEL TRABAJO

Ya hemos señalado anteriormente que la asociación bíblica del trabajo con el sudor de la frente no implica necesariamente que el trabajo deba ser, necesariamente, algo penoso y no placentero. Ello dependerá de si el sudor es generado por un esfuerzo hecho para lograr los objetivos que *libremente* una persona ha escogido para su vida, o si es producto de un esfuerzo que una persona hace en contra su voluntad. Las causas (no biológicas) del sudor que emana de un deportista son muy diferentes a las causas del sudor que emana de los poros del cuerpo de un esclavo en pleno esfuerzo impuesto por su amo. Esta ambivalencia de la frase bíblica ha permitido diversas interpretaciones de la noción de trabajo, orientadas básicamente por diversas culturas o por diversas concepciones o interpretaciones cristianas (y judías)

El monasticismo y el ascetismo cristiano temprano se han visto profundamente influidos por la concepción grecorromana del trabajo. Es por ello que al mismo se lo equiparaba con trabajo manual, el cual había que evitar en lo posible para que no perturbara la búsqueda de los bienes eternos, el ocio y la paz mental (*ataraxia*) [20]. Pero la concepción de igualdad entre los seres humanos que preconizaba el cristianismo no permitía la esclavitud, lo cual conllevó a su abolición a medida que el cristianismo aumentó su influencia. Por ende, los "ciudadanos" tuvieron que ir haciendo los trabajos manuales que requería la ciudad, con lo cual el valor asociado a los mismos fue cambiando paulatinamente. A medida que en los centros urbanos de la Edad Media proliferaba el número de artesanos y de otros trabajadores manuales, el valor que se asociaba al trabajo iba cambiando paulatinamente. Así, el cristianismo fue invirtiendo, en forma continua y sostenida, los valores adjudicados al trabajo y al ocio. El trabajo se asoció cada vez más con la virtud y con la salvación, y el ocio con los vicios. San Agustín, por ejemplo, en *La Ciudad de Dios*, afirma que "Pereza, indolencia, desocupación, indiferencia – estos son los vicios que nos alejan del esfuerzo, el cual aunque es un castigo es beneficioso para nosotros"[8] ([20], p. 8). Así, el trabajo, aunque es un castigo por el pecado original, es a su vez una gran bendición porque nos aparta de los vicios y nos fortifica frente a los mismos.

Con la Reforma y Contrarreforma se refuerza sustancialmente la idea de que el trabajo es lo que realmente nos mantiene alejados de los vicios. Lutero es muy enfático en este aspecto e incluso llega a plantear un notable cambio al respecto, al afirmar que el trabajo es una *condición necesaria* en la preparación para la salvación. Es precisamente de esta concepción de trabajo que surge la *ética del trabajo de los protestantes*, y la idea de Max Weber de que con el trabajo duro no solo se beneficia quien trabaja, sino que beneficia también a la sociedad en la que trabaja [22]. Esta idea ha contribuido notablemente a que muchas personas trabajen intensamente, con la idea de beneficiarse y, favoreciendo de este modo el progreso de la sociedad, preparar el terreno para la salvación eterna. Los resultados de esta convicción están a la vista. Esta idea ha sido utilizada frecuentemente como justificación socioeconómica, política y filosófica del capitalismo.

La Iglesia católica también ha asociado el trabajo con el desarrollo del ser humano y con la sociedad

---

[8] San Agustin, 1972, *City of God*, traducido por Henry Bettenson, Nueva York: Penguin. (Cfr. [21])

en general. Entre las funciones del trabajo se encuentra la autorrealización y autotrascendencia del hombre. Ello se halla claramente señalado en la enseñanza del Concilio Vaticano II: "*La actividad humana, así como procede del hombre, así también se ordena al hombre. Pues este, con su acción, no sólo transforma las cosas y la sociedad, sino que se perfecciona a sí mismo. Aprende mucho, cultiva sus facultades, se supera y se trasciende. Tal superación, rectamente entendida, es más importante que las riquezas exteriores que puedan acumularse".* ([23], Cfr. [24], p. 91).

Tal como lo mencionamos anteriormente, el trabajo abarca al menos tres aspectos, a saber: (i) la satisfacción de las necesidades vitales de la persona; (ii) su paulatina liberación de tales necesidades, con lo que gana posibilidades de acción y, en tal sentido, libertad y "holgura" para atender su potencial interior y (iii) el desarrollo mismo de la persona. Este último aspecto es el más profundo. Nos señala que el trabajo tiene su origen y su fin no en un aspecto parcial del hombre, sino en lo más integral y esencial de su ser. Nos señala que con los esfuerzos que ha hecho el hombre para lograr mejores condiciones de vida, con los esfuerzos de su quehacer técnico, el hombre puede elevarse sobre sí mismo, autorrealizarse, autotrascenderse.

En este marco de referencia podemos afirmar que el trabajo, en su verdadero sentido, es:

- *humano*, porque caracteriza la actividad y el esfuerzo realizado por seres humanos, a diferencia del esfuerzo que realizan las otras especies animales;
- *humanista*, porque es una forma de vida centrada en intereses y valores humanos;
- *humanitario*, porque a través del mismo se puede promover el bienestar humano y las reformas sociales requeridas para una vida humanamente más digna; y
- *humanizador*, porque da soporte a la autorrealización y la heterorrealización de los individuos como seres humanos y como personas.

El desarrollo de sí mismo logrado a través del esfuerzo realizado para mejorar las condiciones de vida, es decir, la autorrealización que el hombre va logrando a través de su hacer científico, artístico, técnico y de otras actividades (e.g., ser padres, educadores, etc.) es una participación en la obra del creador. De nuevo, la enseñanza del Concilio Vaticano II es clara al respecto: "Una cosa hay cierta para los creyentes: la actividad humana individual y colectiva, o el conjunto ingente de esfuerzos realizados por el hombre a lo largo de los siglos para lograr mejores condiciones de vida, considerado en sí mismo, responde a la voluntad de Dios. Creado el hombre a imagen de Dios, recibió el mandato de gobernar el mundo en justicia y santidad, sometiendo así la tierra y cuanto en ella se contiene y de orientar a Dios la propia persona y el universo entero, reconociendo a Dios como creador de todo, de modo que con el sometimiento de todas las cosas al hombre sea admirable el nombre de Dios en el mundo" (Gaudium et spes, 34; cfr. [23], pp. 91-92).

Trabajo y técnica están estrechamente relacionados. La técnica es una forma de trabajo. El trabajo es el género y la técnica es una de sus especies. En otro trabajo [25] hemos entrado en detalles sobre este aspecto. Siendo el trabajo, en general, y la técnica, en particular, una forma con la que el sujeto actúa sobre el objeto, lo transforma y se trasforma (a través del recíproco proceso de transformación); siendo el trabajo una forma de relación entre ambos, se le ha considerado, a veces, desde la perspectiva del sujeto, y otras, desde la del objeto. En relación al sujeto, la técnica viene a ser una forma del trabajo humano, una especie del género trabajo. Por otra parte, el trabajo, en su sentido objetivo, en cuanto relacionado con el objeto, viene a identificarse con la técnica y la tecnología, así como con la innovación tecnológica, tan importante para el desarrollo social y económico de los diversos países. Además, la técnica en su sentido de producto objetivo, de producto externo al hombre, está totalmente ligada al trabajo del hombre. S.S. Juan Pablo II lo ha expuesto en forma clara: "El desarrollo de la industria y de los diversos sectores relacionados con ella -hasta las más modernas tecnologías de la electrónica, especialmente en el terreno de la miniaturización, de la informática, de la telemática y otros- indican el papel de primerísima importancia que adquiere, en la interacción entre el sujeto y objeto del trabajo (en el sentido más amplio de esta palabra), precisamente esa aliada del trabajo, creada por el cerebro humano, que es la técnica. Entendida aquí no como capacidad o aptitud para el trabajo, sino como un *conjunto de instrumentos* de los que el hombre se vale en su trabajo, la técnica es indudablemente una aliada del hombre. Ella le facilita el trabajo, lo perfecciona, lo acelera y lo multiplica. Ella fomenta el aumento de la cantidad de productos de trabajo y perfecciona incluso la calidad de muchos de ellos"[9]. Por todo ello, el valor de la técnica está estrechamente relacionado con el del trabajo. ([24], pp. 19-20).

En consecuencia, *la técnica, la tecnología y la innovación tecnológica, en cuanto producto objetivo, son aliadas del trabajo, y en cuanto proceso subjetivo, se identifican con el mismo*. En cuanto proceso subjetivo, desarrollan a la persona humana y, en cuanto producto objetivo, desarrollan a la sociedad humana y a la misma especie humana. ¿Podemos seguir pensando en el desarrollo tecnológico sin una adecuada educación para el trabajo?, ¿por qué la educación para el trabajo no forma parte de la educación superior?, ¿no se requiere acaso la educación para el trabajo como condición necesaria para impulsar el desarrollo tecnológico?, ¿es difícil ver ese nexo que une a ambos?

Esta estrecha relación existente entre técnica y trabajo nos lleva, por otro camino, a una conclusión que ya habíamos establecido en un principio. El hombre es origen y finalidad del trabajo y, en consecuencia, de la técnica. "Como persona -escribe S. S. Juan Pablo II- el hombre es, pues, sujeto del trabajo" ([24], pp. 21-22), a lo cual podemos añadir también que como persona el hombre es sujeto de la técnica y del trabajo. "Como persona, él trabaja, realiza varias acciones pertenecientes al proceso de trabajo", entre las cuales se encuentra su hacer técnico; estas, independientemente de su contenido objetivo, han de servir todas ellas a la realización de su humanidad, al perfeccionamiento de esa vocación de persona, que tiene en virtud de su misma humanidad" ([24], p. 22).

El hombre transforma la naturaleza, satisface sus necesidades materiales y se va liberando de estas para realizar sus proyectos de libertad, a través de la dimensión objetiva del trabajo, en general, y de la técnica, en particular. A través de la dimensión subjetiva de ambos, la persona humana se realiza a sí misma. De ahí que *el trabajo y la técnica sean tanto un bien útil como un bien digno*. Juan Pablo II se muestra concluyente al respecto: "No obstante, con toda esta fatiga -y quizás, en un cierto sentido, debido a ella- el trabajo es un bien del hombre. Si este bien comporta el signo de un "*bonum arduum*", según la terminología de Santo Tomás, esto no quita que, en cuanto tal, sea un bien del hombre. Y es no sólo un bien "útil" o "para disfrutar", sino un bien "digno", es decir, que corresponde a la dignidad del hombre, un bien que expresa esta dignidad y la acrecienta. Queriendo precisar mejor el significado ético del trabajo, se debe tener presente ante todo esta verdad. El trabajo es un bien del hombre -es un bien de la humanidad-, porque mediante el trabajo el hombre *no sólo transforma la naturaleza* adaptándola a las propias necesidades, sino que *se realiza a sí mismo* como hombre, es más, en un cierto sentido, "se hace más hombre" (([24], pp. 34-35) [itálicas añadidas]

En resumen, la comprensión de la naturaleza y el significado de la técnica, así como de su estrecha relación con el trabajo, nos permite caer en cuenta del valor de ambos.

- El trabajo, en general, y la técnica, en particular, son un *bien útil*, en cuanto están orientados a la satisfacción de las necesidades del hombre y a la realización de algunos de sus proyectos de libertad.
- Pero, ambos, trabajo y técnica, cobran un valor propio, son un *bien digno*, en cuanto que se tratan de actividades humanas, en las cuales y por las cuales el hombre desarrolla su propia humanidad.

Esta conclusión habrá de añadirse también a los componentes de la definición preliminar, con la que empezamos tentativamente y en forma inicial. El apéndice A contiene una definición, o descripción breve de la noción de trabajo.

NOCIONES MODERNAS Y CONTEMPORÁNEAS DEL TRABAJO

La ética protestante del trabajo, que hemos señalado anteriormente, ha servido de base para diversas concepciones del trabajo en la época moderna y contemporánea. El liberalismo clásico (Hobbes, Locke, Smith, etc.) es una de las filosofías que más énfasis ha puesto en la noción de trabajo, con la cual ha fundamentado el progreso humano y justificado diversas concepciones de la propiedad privada [21] (p. 9). Tres ingredientes básicos

---

[9] *Laborem Exercens*, ([24], pp. 19-20).

conforman esta noción de trabajo, a saber: 1) como una actividad opuesta a la ociosidad (diferente al ocio creador), 2) como actividad que prepara al ser humano para su salvación eterna, y 3) como actividad que asegura beneficios adicionales, como, por ejemplo, riqueza material, tanto al trabajador como a la sociedad.

Locke, por ejemplo, argumenta que previo a la sociedad civil había un estado de naturaleza en el que la tierra fue fuente común para los seres humanos. Pero, como cada ser humano es dueño de sí mismo, también es dueño del esfuerzo, labor y trabajo que pueda hacer, y, en consecuencia, es dueño de lo que pueda obtener de su trabajo, lo cual remueve de la fuente común para transformarlo en su propiedad privada. De esta forma, el ser humano va marcando la diferencia entre lo común, dado por el estado de naturaleza, y lo privado, lo que ha hecho que sea de él a través de su trabajo. Es el trabajo, entonces, lo que diferencia el estado natural de la sociedad civil, lo común de lo privado. Y es el trabajo lo que le da su verdadero valor a las cosas [26]. Un argumento similar es utilizado por Marx para señalar que el valor de los bienes está en el trabajo, más que en el capital, lo cual lo llevó a concluir que el capitalismo es un sistema de explotación.

En líneas generales, el Liberalismo Clásico se basa en estos dos aspectos del trabajo: 1) como fundamento de la propiedad privada, y 2) como la fuente de valor de dicha propiedad. Esta concepción le ha permitido al liberalismo clásico desplazarse de la sociedad feudal, caracterizada por sus estructuras jerárquicas heredadas y la subordinación natural a tales jerarquías. El Liberalismo Blásico pone el énfasis en la igualdad y la libertad, con las que los seres humanos trabajan para generar riquezas individuales y sociales, consecuencia de lo cual surge la propiedad privada y el valor de la misma. Como resultado, la noción de trabajo en el liberalismo clásico es la que deslinda, separa y diferencia cualitativamente la sociedad feudal de la sociedad moderna. Así mismo, generó los sistemas opuestos de capitalismo y comunismo marxista; todo lo cual, y debido a la dialéctica generada por estos dos opuestos, aceleró el desarrollo tecnológico, cuyas fuentes principales fueron la industria privada, pública y militar.

El proceso de industrialización, que nace de la concepción que tiene el liberalismo clásico del trabajo, generó una migración de la población rural hacia las grandes urbes. Ello dio origen a una pobreza en la denominada clase trabajadora que contrastaba con la opulencia de los dueños de las industrias y del capital. *Esto dio lugar a una perspectiva ambigua de la noción de trabajo: la de una actividad con la que el ser humano se realiza en cuanto tal, pero también como fuente de explotación del ser humano por sus semejantes.* Hegel, por ejemplo, uno de los primeros filósofos en estudiar esta naturaleza dual del trabajo, hizo el planteamiento en forma clara y explícita. Desde su punto de vista, el trabajo es la actividad con la que se *actualiza el "espíritu"* y se realiza la actualización concreta del ser humano en el mundo. Pero Hegel también señala cómo *la industrialización, que genera complejidad en el trabajo humano, con la correspondiente división del mismo en especialidades cada vez más y más estrechas, conduce a actividades repetitivas, insignificantes y sin interés para el que las realiza, de manera que el ser humano va degradando su naturaleza a través de este tipo de esfuerzo, en lugar de encontrar su realización como ser humano en el mismo.* [27] ¿No está ocurriendo lo mismo en el mundo académico con sus divisiones en disciplinas, subdisciplinas, subsubdisciplinas? ¿No se está en constante generación de un conjunto poco relacionado de silos académicos con (reiterando lo ya dicho por Hegel) *"especialidades [disciplinarias] cada vez más y más estrechas, [lo cual] conduce a actividades repetitivas, insignificantes y sin interés para el que las realiza, de manera que el ser humano [profesor y estudiante] va degradando su naturaleza a través de este tipo de esfuerzo, en lugar de encontrar su realización como ser humano en el mismo"*? ¿Qué estamos haciendo en las universidades para frenar la transformación de la actividad académica en algo rutinario, poco creativo y, en consecuencia, deshumanizador? ¿Dónde está la falla: en la misma Academia, en la industrialización de los procesos de publicación o en ambos? ¿Es académicamente ético seguir aceptando esa deshumanizadora situación en nuestras universidades? ¿Por qué no hacemos algo para devolverle a la Universidad su función creadora? ¿Se puede hablar de la función social de la Universidad mientras se mantenga ese proceso deshumanizador, tanto de profesores como de estudiantes? ¿Tiene sentido seguir hablando del rol de las universidades en el desarrollo del ser humano y de las organizaciones humanas sin atender primero ese problema dentro de las mismas universidades? ¿Es posible el desarrollo científico y tecnológico sin el desarrollo humano y de la creatividad del ser humano? En ese contexto de ideas, *¿tiene sentido seguir hablando de desarrollo (en cualquiera de sus dimensiones), sin atender primero o simultáneamente el problema de la educación para el trabajo y metatrabajo humano?, ¿no estamos produciendo en las universidades pobreza intelectual en forma similar a la pobreza material que produjo el proceso de industrialización?*

Ya Hegel, antes de Marx, identificó a la pobreza como el problema más serio que las sociedades modernas tendrían que enfrentar. Marx, conocido como el más famoso "filósofo del trabajo", es quien produce uno de los análisis más detallados del fenómeno de la pobreza y de cuál sería la vía para superarla. Célebre es su tesis relativa a la transitoriedad del Capitalismo, a la revolución de la clase trabajadora que, mediante un movimiento mundial, depondría al capitalismo, para sustituirlo por una sociedad sin clases sociales. A lo que cabe preguntarse, ¿están produciendo las universidades *proletarios intelectuales,* quienes en algún momento entrarían en una lucha dialéctica con el elitismo intelectual que se ha establecido en muchas universidades, en el *establishment* científico y en el negocio de las publicaciones?

Independientemente de que Marx tuviera o no razón, en su forma de hacer la crítica y en la solución propuesta, lo cierto es que el trabajo en la sociedad industrial parece mantener su naturaleza dual (en forma explícita, mientras que en el mundo académico la mantiene en forma implícita y, por ende, potencialmente más peligrosa). Por ello, diversas escuelas filosóficas han tratado de entender y explicar esta dualidad. La fenomenología, el existencialismo, el marxismo, el liberalismo, el neoliberalismo, etc. han centrado su atención, de una u otra forma, en la naturaleza del trabajo y en la función del mismo para la condición humana. En todo caso, es muy usual que se considere el trabajo como algo sumamente positivo para la condición humana, sea porque los liberales lo conciban instrumentalmente como medio para satisfacer las necesidades humanas, elevar los estándares de vida y progresar continuamente, sea porque los comunistas y algunos socialistas lo consideren potencialmente liberador debido a que pone en manos del proletariado el control de los medios de producción. De una forma u otra, el trabajo ha venido concibiéndose como íntimamente relacionado con la condición humana y con la realización de los seres humanos, en cuanto tales. Entonces, *¿se estaría gestando una situación análoga en el mundo académico?*

La concepción humana del trabajo se ha venido afirmando cada vez más, hasta llegar a lo que algunos autores han denominado la sobrevaloración del trabajo. Karl Jaspers, por ejemplo, asocia la problemática humana del trabajo a la misma de la técnica [28]. Afirma que la técnica surge en el mismo momento en que el ser humano se apresta a realizar un trabajo. La técnica, una cualidad muy humana, surge de una actividad, también muy humana, como es el trabajo. Jaspers estima que el trabajo puede considerarse desde tres ángulos: como actividad corporal, como una acción acorde con un plan, y como *característica esencial del hombre, a diferencia del animal* ([28][10] [itálicas añadidas]. Esto último es, para Jaspers, lo más importante ya que hace posible la existencia de un mundo humano. Es gracias al trabajo, pues, que puede existir un mundo humano. En consecuencia, "la consideración del trabajo como 'comportamiento fundamental del ser humano' está ligada al proceso de humanización no solo del mundo circundante, sino del propio hombre." [13], p.821. De ahí, pues, que en la definición que ofrecíamos anteriormente asegurábamos que el trabajo es *humano, humanista, humanitariano y humanizador*, y que además es *bien útil y es bien digno*.

Raymond Ruyer [29] – dice Ferrater Mora ([13], p. 821) – "llega a *identificar el trabajo con la libertad*. De ahí nuestro énfasis en la definición, desde un principio, de que el trabajo es el esfuerzo que hace una persona para alcanzar los objetivos que libremente ha escogido para su vida y su existencia como ser humano. Las razones que Ruyer da para ello son múltiples, "entre ellas la derivada de la necesidad de elección continua de medios con vistas a un fin (lo que, dicho sea de paso, distingue radicalmente el trabajo humano del "trabajo realizado por una máquina). Libertad y trabajo siguen, pues, el mismo rumbo…Todo trabajo propiamente dicho es "trabajo axiológico"…Todo valor da sentido y aun realidad al trabajo, pero no todo trabajo produce automáticamente valor. El trabajo concreto humano oscila entre lo físico y lo axiológico (con lo

---

[10] Cfr. [13], p.821

económico como orden intermedio), pero tiende hacia lo axiológico como *optimum*." ([13], p. 821) [Itálicas añadidas].

En consecuencia, *el trabajo es generador de valores, tanto materiales como espirituales*; de ahí la inclusión que hicimos en la definición en cuanto a que el trabajo es un bien útil y digno, ya que es generador de valores tanto en la dimensión física y económica, como en la humana y espiritual. Con ello la persona humana se realiza y ayuda a los demás y a la sociedad entera a realizarse en la dimensión humana.

Podemos fácilmente afirmar que no son pocos los autores que han señalado el carácter humano del trabajo. Algunos llegan incluso a afirmar que el trabajo humaniza la misma naturaleza. Ejemplo de ello lo tenemos en Jules Vuillemin [29], quien también insiste "en el carácter humanizador del trabajo – el cual no solo humaniza al hombre, sino a la Naturaleza entera". ([13], p. 821). Son muchas las personas, tanto de pensamiento como de acción, que han señalado el gran valor del trabajo y su característica humana y humanizadora.

En el Apéndice B hemos coleccionado algunas frases relativas a esta esencia del trabajo, las cuales aplican, con más razón aún, a lo que hemos dado en denominar "metatrabajo". El mencionado apéndice contiene apenas una pequeña muestra de las citas relativas a autores que han marcado la historia con su pensamiento. Creemos que las mencionadas citas son un buen complemento de la definición que hemos ofrecido de trabajo, así como de la breve descripción de la respectiva noción realizada en este artículo.

¿No deberían programarse, con adecuada frecuencia, reflexiones sobre citas, como las del Apéndice B, en seminarios conversacionales o participativos que sean atendidos tanto por profesores como por estudiantes, con la posibilidad de invitar a los padres de los estudiantes? ¿No deberían plantearse estas reflexiones en el contexto de la carrera particular que escogió el estudiante? ¿No se debería pensar en cursos en todas las carreras universitarias relativos a una ducación para el trabajo?

ALGUNAS CONCLUSIONES Y PREGUNTAS PARA MÁS INVESTIGACIÓN REFLEXIVA SOBRE ESTE TEMA

A) Todo tipo de desarrollo (individual o colectivo) requiere, necesariamente, del desarrollo material y espiritual, físico e intelectual, de la persona humana.

B) Ese desarrollo, en las dos macrodimensiones mencionadas de la condición humana, requiere necesariamente de trabajo humano y potencialmente de metatrabajo, el cual, por definición, es humano.

C) Todo desarrollo requiere de *educación para el trabajo*.

D) Educación para el trabajo se requiere y se puede dar en todas las fases del desarrollo biológico y mental del ser humano. Es decir, desde la cuna, con la educación que brindan los padres; en el contexto de cada cultura, en la Educación Primaria y Secundaria, y en la *educación superior*.

E) Siendo la educación superior, en teoría y en principio, partícipe fundamental 1) del desarrollo científico y tecnológico que requieren las industrias y la innovación tecnológica, y 2) del desarrollo humanístico, artístico y socioeconómico que requiere toda sociedad, ¿no sería una evidente conclusión el afirmar que es **responsabilidad ética, social y moral** de la educación superior incluir educación para el trabajo?, ¿es posible concebir una educación superior orientada al desarrollo individual y/o colectivo que no incluya una educación para el trabajo?

F) ¿Qué tanto se hace en la educación superior con relación a la educación para el trabajo?, ¿puede seguir ignorándose, en no pocas universidades, la educación para el trabajo? Si ni siquiera hay información e instrucción al respeto, mucho menos va a haber educación.

G) Sin análisis y sin una adecuada reflexión aun, sugerimos una analogía. ¿Estamos produciendo en las universidades lo que podríamos denominar *proletariado académico o proletariado intelectual*? En otro trabajo exploraremos la posibilidad de una investigación reflexiva, vía metatrabajo, de esta analogía y nos dedicaremos a analizar qué tan descabellada es la metáfora que estamos usando para un proceso de pensamiento analógico. Por lo pronto, debemos alertar que *no nos estamos refiriendo al sentido de proletariado con el que Marx empleó este término* para referirse a la clase trabajadora de su tiempo, sino a la forma en que se usó esa noción en el Imperio romano, la cual Marx toma para su analogía económica. Nosotros la estamos tomando, tanto como metáfora expresiva, como punto de partida para elaborar un pensamiento analógico al respecto en el ámbito intelectual y académico.

Tampoco estamos usando estas dos frases en la forma análoga a como la usó Marx. Esa analogía con Marx ha sido utilizada por un número creciente de autores, como por ejemplo:

- Albiseti [30] denomina "proletarios académicos" a la creciente cantidad de egresados de educación secundaria o terciaria que no consiguen trabajo para lo que fueron preparados. En nuestra analogía nos referimos a los que sí consiguen trabajo, pero como *"prole", los "hijos académicos o intelectuales" reproducidos* por las universidades y sus profesores.

- José Botella Llusia [31] llama "proletarios intelectuales" a quienes salen en forma masiva de universidades que no están preparadas, sin estructuras adecuadas y/o profesores efectivos. Se refiere más que todo a la salida de universitarios mal preparados, por lo cual no consiguen trabajo después de graduarse o, cuando lo consiguen, son ineficaces en lo que hacen. Se refiere a la degradación de las instituciones universitarias, cuando tratan de producir calidad y/o cantidad para las que no están preparadas.

H) El uso que nosotros le estamos otorgando a las frases "proletarios académicos" y "proletarios intelectuales" se refiere también a los que salen de universidades muy preparadas. Aún en ese caso siguen siendo una "prole de intelectuales", que se producen para alimentar a los complejos industriales y las grandes empresas de publicación, las cuales terminan dictando, en forma implícita, 1) las formas de medir la cantidad y calidad de la producción intelectual y 2) los métodos para evaluar la calidad de las mismas. Esto último tiende a perpetuarse porque el graduado termina impartiendo clases en la misma u otra universidad y, sometido al famoso *Publish or Perish*, no le queda más remedio que usar los métodos y los indicadores que las grandes editoras terminan decidiendo, implícitamente, ya que los respectivos jefes de departamento han reducido su trabajo al de un contable, que cuenta cuántos artículos un determinado profesor ha publicado y en qué revistas. Esta crítica que sugerimos no es relativa a las grandes editoras porque las mismas están haciendo su trabajo en forma legítima, efectiva e, incluso, ética desde la perspectiva de su negocio. Nuestra sugerencia crítica va para lo que estamos haciendo en el mundo de la educación superior. Por ejemplo, ¿por qué además de la evaluación externa a una determinada universidad, no se lleva a cabo otra interna a la institución?, ¿por qué dejar solo en manos de las editoras la producción de las decisiones que van a impactar la promoción académica y/o económica del profesorado?, ¿cuál es la diferencia con respecto a la clase proletaria en el Imperio Romano, que carecía de propiedades y, por lo tanto, era considerada en el censo como productora de "prole" a los efectos de colonizar los nuevos territorios conquistados por el ejército romano? Producir proles académicas o intelectuales es importante y aun necesario, pero ello debería hacerse, en nuestra opinión, paralelamente a una educación para el *trabajo* y no solo para la *labor* requerida por los complejos industriales y las grandes editoras académicas. Para equilibrar la labor del profesional o el futuro profesor, que está en función de los objetivos de otros, con los objetivos que este ha escogido libremente, se requiere de *constante metatrabajo* a lo largo de la vida. Esto es necesario para que el trabajador académico o intelectual pueda equilibrar el compromiso (*tradeoff*) que debe hacer entre labor (en función de los objetivos de la industria, la universidad y/o dónde publicar sus trabajos) y el trabajo orientado a sus objetivos y a lo que realmente ama en la vida.

REFERENCIAS

[1] Callaos, N. 2016, *Higher Education or Higher Instruction?*, publicación informal en http://www.iiis.org/Nagib-Callaos/Higher-Education/Higher_Education_or_Higher_Instruction_(Work_in_progress_Non-edited_March_8_2015_version).pdf

[2] Etherington, K., 2004, *Becoming a Reflexive Researcher*, Jessica Kingsley Publishers, Londres y Filadelphia.

[3] Shön, D. A., 1983, *The Reflective Practitioner, How Professionals Think in Action*, Basic Books, Inc. Estados Unidos.

[4] Alvesson, M. y Sköldberg, K., 2000, *Reflexive Methodology: New Vistas for Qualitative Rersearch*, SAGE Publications, Londres.

[5] Callaos, N., 2013, *The Notion of Notion*, informalmente publicado en http://www.academia.edu/4415647/The_Notion_of_Notion

[6] Gardner, H., Csikszentmihalyi, M. y Damon W., 2001, *Good Work: When Excellence and Ethics Meet*, Nueva York: Basic Books.

[7] Csikszentmihalyi, M., 1990, *Flow: The Psychology of Optimal Experience*, Nueva York: Harper Collins, 1990.

[8] Csikszentmihalyi, M., 1997, *Finding Flow*, Nueva York: Basic Books.

[9] Maslow, A., 1962, "Toward a Psychology of Being", Princeton, Nueva Jersey: Van Nostrand

[10] Grint, G., 1991, *The Sociology of Work: An Introduction,* Polity Press

[11] Ackoff, R., 1962, *Scientific Method: Optimizing Applied Research Decisions*, Nueva York: Wiley and Sons.

[12] Callaos, N., 1995, "La Noción de definición," en *Metodología sistémica de sistemas*, capítulo 3, pp. 57-100, Caracas: Universidad Simón Bolívar, trabajo de ascenso a la categoría de titular.

[13] Ferrater Mora, J., 1969, *Diccionario de filosofía*, Buenos Aires: Editorial Sudamericana.

[14] Schaff, K., 2001, "Philosophy and the Problems of Work", en *Philosophy and the Problems of Work*, editado por Schaff, K, 2001, Lanham, Maryland: Rowman and Littlefield Publishers, Inc., pp.1- 21.

[15] Aristotle, 1988, *The Politics*, ed. Stephen Everson, (Cambridge, Reino Unido: Cambridge University Press.

[16] Nussbaum, M., 1994, *The Therapy of Desire: Theory and Practice in Hellenistic Ethics*, Princeton: Princeton University Press. (Cfr. Schaff, K., 2001, "Philosophy and the Problems of Work", en *Philosophy and the Problems of Work*, editado por Schaff, K, 2001, Lanham, Maryland: Rowman and Littlefield Publishers, Inc., pp.1- 21.)

[17] Cicero, 1971, *On the Good Life*, traducido por Michael Grant, Nueva York: Penguin.

[18] Abhedananda, S., 1985, *The Vedanta Philosophy, Doctrine of Karma: A Study in Philosophy and Practice of Work*, Calcuta, India: Ramakrishna Vedanta Math, distribuido por Vedanta Press.

[19] Jankee, M. A., 2000, *Take Control*, Lanham, Maryland: Madison Books.

[20] Pagels, E., 1988, *Adam, Eve and the Serpent*, Nueva York: Vintage. (Cfr. Schaff, K., 2001, "Philosophy and the Problems of Work", en *Philosophy and the Problems of Work*, editado por Schaff, K, 2001, Lanham, Maryland: Rowman and Littlefield Publishers, Inc., pp.1- 21.)

[21] Schaff, K., 2001, "Philosophy and the Problems of Work", en *Philosophy and the Problems of Work*, editado por Schaff, K, 2001, Lanham, Maryland: Rowman and Littlefield Publishers

[22] Weber, M., 1958, *The Protestant Ethics and the Spirit of Capitalism*, traducido por Talcott Parsons, Nueva York: Scribners. (Cfr. Schaff, K., 2001, "Philosophy and the Problems of Work", en *Philosophy and the Problems of Work*, editado por Schaff, K, 2001, Lanham, Maryland: Rowman and Littlefield Publishers, Inc., pp.1- 21.)

[23] Concilio Ecuménico Vaticano II, const. Pastoral sobre la Iglesia en el mundo actual *Gaudium et spes*, 35 AAS 58 (1966) p. 1053 (cfr. S.S. Juan Pablo II: Carta Encíclica *Laborem Exercens*, 14 sept. 1981; Caracas: Ediciones de la Presidencia de la República, 1981, p. 99).

[24] S.S. Juan Pablo II: Carta Encíclica *Laborem Exercens*, 14 sept. 1981; Caracas: Ediciones de la Presidencia de la República, 1981).

[25] Callaos, N. 1995, "Técnica y tecnología" en *Metodología sistémica de sistemas*, capítulo 8, pp. 243-286, Caracas: Universidad Simón Bolívar, trabajo de ascenso a la categoría de titular.

[26] Locke, J, 1960, *Two Treatises of Government*, ed. Peter Laslett, Cambridge, Reino Unido: Cambridge University Press.
[27] Hegel, G. W. F., 1983, *Hegel and the Human Spirit*, Trad. Leo Raunch; Filadelphia: Fortress Press.
[28] Jaspers, K., 1950, *Origen y meta de la Historia* (Cfr. Ferrater Mora, J., 1969, *Diccionario de Filosofía*, Buenos Aires: Editorial Sudamericana, p. 821)
[29] Vuillemin, J., 1961, *El ser y el trabajo. Las condiciones dialécticas de la Psicología y la Sociología.* (Cfr. Ferrater Mora, J., 1969, *Diccionario de Filosofía*, Buenos Aires: Editorial Sudamericana)
[30] Albiseti, J., 1992, "El debate sobre la reforma de la enseñanza secundaria en Francia y Alemania". En D. K. Müller, F. Ringer y B. Simon (comps.), *El desarrollo del sistema educativo moderno. Cambio estructural y reproducción social*, 1870-1920. Madrid, Centro de Publicaciones del Ministerio de Trabajo y Seguridad Social, pp. 259-281.
[31] José Botella Llusia, 1977, "Proletariado intelectual", *El País,* artículo de opinión de la edición impresa del domingo, 13 de marzo de 1977

APÉNDICE A

En este apéndice hemos resumido lo identificado a lo largo del artículo en cuanto a la noción de trabajo, después de haber hecho un breve recorrido histórico por las diversas concepciones que se han producido de dicha noción

Trabajo es simultáneamente un bien *útil* y un bien *digno*, que se logra mediante el esfuerzo que realiza una persona para obtener los *objetivos* que libremente escogió para su vida y/o para satisfacer sus *necesidades materiales y espirituales*. La satisfacción en el trabajo crece en la medida que el esfuerzo esté orientado a la consecución de los objetivos que la persona haya elegido libremente para su vida, y no por necesidades impuestas, especialmente si las mismas son impuestas desde el exterior y lo alejan de los objetivos que decidió para su vida. En función de ello, es necesario encontrar un *equilibrio adecuado* entre el trabajo que hacemos para satisfacer nuestras necesidades y el que hagamos para obtener nuestros objetivos. Para lograr este equilibrio se requiere a su vez de un esfuerzo, de un *trabajo para identificar el trabajo que queremos hacer, es decir, se requiere de metatrabajo*. El trabajo puede ser animal o humano, pero el metatrabajo es siempre humano, ya que el ser humano se distingue de los animales por su libre albedrío, por su libertad para decidir y forjar la existencia que haya escogido para sí mismo. En consecuencia, el trabajo puede ser satisfactorio o no para una persona, pero su metatrabajo siempre es satisfactorio, por definición. El metatrabajo consiste en realizar uno de los siguientes esfuerzos, o en una combinación adecuada de los mismos:

1. Identificar un trabajo, dentro de la misma organización, o fuera de la misma, que permita mayor nivel de satisfacción.

2. Sacrificar parte del tiempo libre de uno para adquirir nuevas aptitudes y prepararse para otro tipo de trabajo.

3. Cambiar de actitud frente al mismo trabajo, identificando nuevos objetivos, o subobjetivos más coherentes con la existencia de uno.

4. Sacrificar parte del tiempo libre de uno durante el tiempo necesario para asegurar la satisfacción de las necesidades futuras, abriendo la posibilidad de lograr un trabajo que se disfrute en el futuro con algún sacrificio del presente. Este sacrificio no produciría insatisfacción debido a que estaría a tono con los objetivos que uno ha escogido en forma consciente y libre.

5. Tratar de adaptar el trabajo insatisfactorio de manera que pueda ser menos penoso, y posiblemente gratificante. Ello puede requerir de acciones adecuadas y eficaces sobre el medio ambiente del trabajo en cuestión o de un rediseño del mismo de manera que haya mayores niveles de sinergia entre la persona trabajadora y la organización en la que se realiza dicho trabajo.

6. Identificar los tipos complementarios de trabajo que lo hagan integral, integrado a nuestro proyecto de existencia e integrador de nuestras facultades humanas.

A través del metatrabajo se puede lograr que el trabajo sea:

- *humano*, porque caracteriza la actividad y el esfuerzo realizado por seres humanos, a diferencia del esfuerzo que realizan las otras especies animales;
- *humanista*, porque es una forma de vida centrada en intereses y valores humanos;
- *humanitario*, porque a través del mismo se puede promover el bienestar humano y las reformas sociales requeridas para una vida humanamente más digna; y
- *humanizador*, porque da soporte a la autorrealización y la heterorrealización de los individuos como seres humanos y como personas.

Es por ello que hemos afirmado al inicio de este apéndice que el trabajo, además de ser un bien *útil*, es un bien *digno*. A través del trabajo, el ser humano transforma a la naturaleza para satisfacer sus necesidades, y se va transformando a sí mismo para hacerse cada vez más humano y perteneciente a una sociedad humana, humanizadora, humanizante y humanista. Todo ello lo logra con el trabajo científico, técnico, organizacional, político (en el sentido real de la palabra en cuanto a servicio político), educativo (que jamás debe reducirse a uno de sus medios que consiste en procesos instructivos), de innovación tecnológica, de emprendeduría, etc.

Es por lo anterior que concluimos como evidente (para nosotros, al menos) que para el desarrollo humano (individual, colectivo, nacional, económico, social, tecnológico, científico, humanístico, artístico, etc.) es condición *sine qua non* la educación para el trabajo. De ser así, ¿qué estamos haciendo en las universidades a este respecto? Si esa toma de conciencia no se genera en las universidades, ¿dónde se generará?, ¿quién o quiénes tienen el deber ético de iniciar su proceso de generación?

APÉNDICE B

ALGUNAS CITAS RELATIVAS A LA NATURALEZA AXIOLÓGICA Y HUMANA DEL TRABAJO

Muchas más citas se encuentran en la Web, El siguiente conjunto es apenas un pequeño inventario de citas que refuerzan la definición tentativa de "trabajo" que dimos en este artículo y extiende la corta descripción que hemos dado respecto a la noción (idea) asociada al concepto de trabajo. De esa manera extendemos ligeramente el conjunto unión de las concesiones y definiciones habidas en cuanto a la noción de trabajo. Estas citas aplican, con más razón, a la noción de meta-trabajo que describimos y usamos en el artículo.

¿No deberían programarse, con adecuada frecuencia, reflexiones sobre citas, como las del este apéndice en seminarios conversacionales o participativos que sean atendidos tanto por profesores como por estudiantes, con la posibilidad de invitar padres de los estudiantes? ¿No deberían plantearse estas reflexiones en el contexto la carrera particular que escogió el estudiante? ¿No se debería pensar en cursos en todas las carreras universitarias relativos a una Educación para el Trabajo?

Lo que con mucho trabajo se adquiere, más se ama. (Aristóteles)

Lo que importa es cuanto amor ponemos en el trabajo que realizamos. Madre Teresa de Calcuta)

Amar a la vida a través del trabajo, es intimar con el más recóndito secreto de la vida. (Gibran Khalil Gibran)

Trabajar con amor es construir una casa con cariño, como si vuestro ser amado fuera a habitar en esa casa. (Gibran Khalil Gibran)

Si no puedes trabajar con amor sino solo con disgusto, es mejor que dejes tu trabajo. (Gibran Khalil Gibran)

OH, danos la persona que canta en su trabajo. (Thomas Carlyle)

Cuando amor y aptitud trabajan juntos, esperen una obra maestra (John Ruskin)

El verdadero éxito radica en hacer carrera en el trabajo que amas. (David McCullough)

No emplees un hombre que haga el trabajo por dinero, pero que lo hace sin amor. (Henry David Theureau)

La persona que no trabaja por amor al trabajo pero solo por dinero, probablemente no haga dinero ni encuentre diversión en la vida. (Charles Schwab)

Es el hombre trabajador el que es feliz. Es el hombre ocioso el que es miserable. (Benjamin franklin)

Haz todo el trabajo que puedas; esta es toda la filosofía para una buena vía en la vida. (Eugene Delacroix)

Ponerse uno mismo en un marco de referencia mental y en una energía propia para acometer cosas que requieren trabajo duro continuamente es la gran batalla que cualquiera tiene. Cuando esta batalla se gana para todo el tiempo, entonces todo lo demás es fácil. (Thomas A. Buckner)

Dos cosas hacen falta hoy en día; primero que los hombres ricos conozcan como los hombre pobres viven; y segundo, que los hombre pobres conozcan como los hombre ricos trabajan. (E. Atkinson)

Trabajo es victoria (Ralph Waldo Emerson)

El éxito en los negocios requiere entrenamiento, disciplina y trabajo duro. (David Rockefeller)

No reces por vidas fáciles. Reza por personas fuertes. No reces por tareas iguales a tus capacidades. Ruega por capacidades iguales a tus tareas. Entonces hacer tu trabajo no será un milagro, pero tú serás el milagro. (Phillips Brooks)

Reza como si todo dependiera de Dios, y trabaja como si todo dependiera del hombre (Francis Cardenal Spellman)

Las grandes obras no han sido hechas por la fortaleza sino por la perseverancia. (Samuel Johnson)

Si A es el éxito en la vida, entonces A es igual a x más y más z. Trabajo es x, y es juego y z es mantener la boca callada. (Albert Einstein)

El único sitio donde el éxito es anterior al trabajo es en el diccionario. (Vidal Sassoon)

Sin ambición uno no puede empezar nada. Sin trabajo uno no finaliza nada. El premio no te será enviado. Tú tienes que ganarlo. (Emerson)

No hay desarrollo físico ni intelectual sin esfuerzo, y esfuerzo significa trabajo. (Calvin Coolidge)

La jubilación ha matado más gente que el trabajo nunca hizo. (Malcolm S. Forbes)

El logro máximo es desdibujar la frontera entre el trabajo y el juego. (Arnold Toynbee)

El motivo más importante para trabajar en la escuela y en la vida es el placer en el trabajo, placer en su resultado, y el conocimiento del valor que tiene el resultado en la comunidad. (Albert Einstein)

Es la calidad de nuestro trabajo lo que complace a Dios y no su cantidad. (Mahatma Ghandi)

El trabajo no es una penalización para el hombre. Es su premio, su fortaleza y su placer. (Geroge Sand)

Estaba trabajando toda la mañana en la edición de uno de mis poemas, y removí una coma. En la tarde la puse de nuevo. (Oscar Wilde)

Este es el verdadero gozo en la vida, el ser consumido para un propósito reconocido por ti mismo como uno muy importante; el ser una fuerza de la naturaleza en lugar de un afiebrado idiota egoísta quejándose de que el mundo no se dedicará a hacerlo feliz. Soy de la opinión que mi vida pertenece a toda la comunidad y que en la medida que viva es mi privilegio hacer todo lo que pueda. Quiero ser totalmente consumido hasta que me muera, ya que mientras más trabajo, más vivo. Disfruto de la vida por sí misma. La vida no es para mí una "vela breve". Es una especie de espléndida antorcha que sostengo por el momento, la cual quiero hacer brillar lo más posible antes de pasársela a las futuras generaciones. (George Bernard Show)

El secreto de la grandeza es simple: haz un mejor trabajo que cualquier persona en tu campo, y mantente haciéndolo. (Wilfred A. Peterson)

El placer en el empleo pone perfección en el trabajo. (Aristóteles)

El secreto para disfrutar el trabajo está contenido en una palabra – excelencia. Saber hacer algo bien es disfrutarlo. (Pear Buck)

Prefiero trabajar con alguien que es bueno en su trabajo, pero que no le caigo bien, que con alguien que le caigo bien pero es un mentecato. (Sam Donaldson)

Saca la felicidad de tu trabajo y podrías jamás conocer lo que la felicidad es, (Elbert Hubbard)

Ha sido mi experiencia que uno no puede, de ninguna forma o vía, depender de las relaciones humanas para una gratificación duradera. Solo el trabajo satisface verdaderamente. (Bette Davis)

Los planes son solo buenas intenciones a menos que generen inmediatamente trabajo duro (Peter Drucker)

Bendito es quien encontró su trabajo; que no pida más bendiciones. (Thomas Carlyle)

El mejor premio que la vida ofrece es la oportunidad de trabajar duro en un trabajo digno de hacerse (Theodore Roosvelt)

El trabajo nos salva de tres grandes males: el aburrimiento, el vicio y la necesidad. (Voltaire)

Quien sea que no ame su trabajo no puede aspirar que el mismo pueda satisfacer a otros (Anónimo)

El trabajo endulza siempre la vida, pero los dulces no le gustan a todo el mundo. (Víctor Hugo)

No son las horas que dedicas a tu trabajo lo que importa, es el trabajo que pones en tus horas. (Sam Ewing)

He ofendido a Dios y a la humanidad porque mi trabajo no tuvo la calidad que debía haber tenido (Leonardo Da Vinci)

La mayoría de las personas pierden oportunidades porque las mismas vienen vestidas de overoles y se parecen a trabajo. (Thomas A. Eddison)

Soy un gran creyente de la suerte, y encuentro que mientras más trabajo más suerte tengo. (Thomas Jefferson)

Nada nos da la vida a los mortales sin trabajo duro (Horacio)

Siempre que te pregunten si puedes hacer un trabajo, contesta que si y ponte enseguida a aprender cómo se hace. (Franklin Delano Roosvelt)

El trabajo ayuda siempre, puesto que trabajar no es realizar lo que uno imaginaba, sino descubrir lo que uno tiene dentro. (Boris Pasternak)

No basta trabajar, es preciso agotarse todos los días en el trabajo. (Auguste Rodin)

Encuentra la felicidad en el trabajo o no serás feliz. (Cristobal Colón)

El trabajo es el único capital no sujeto a quiebras. (La Fontaine)

Todas las personas tienen la disposición de trabajar creativamente. Lo que sucede es que la mayoría jamás lo nota. (Truman Capote)

Las oportunidades vienen usualmente disfrazadas de trabado duro, por lo que la gente no las reconoce. (Ann Landers)

Mi trabajo es un juego, un juego muy serio. (M. C. Escher)

Cuando estoy trabajando en un problema, nunca pienso acerca de la belleza. Pienso solo en cómo resolver el problema. Pero cuando he terminado, si la solución no es bonita, sé que es incorrecta. (R. Buckminster Fuller)

Trabajar en el jardín…me da un profundo sentimiento de mi espacio interno. (Ruth Stout)

El trabajo del pensamiento se parece a la perforación de un pozo: el agua es turbia al principio, más luego se clarifica. (Proverbio chino)

Mi padre siempre me decía: encuentra un trabajo que te guste y no tendrás que trabajar un solo día de tu vida. (JimCuando el trabajo no constituye una diversión, hay que trabajar lo indecible para divertirse. (Enrique Jardiel Poncela)

El camino hacia la riqueza depende fundamentalmente de dos palabras: trabajo y ahorro. (Henry Bernar Levy)

El trabajo más productivo es el que sale de las manos de un hombre contento. (Víctor Pauchet)

El trabajo sin prisa es el mayor descanso para el organismo. (Gregorio Marañón)

Nunca siento la edad...Si tienes trabajo creativo, no tienes ni edad ni tiempo (Louise Nevelson)

La recompensa del trabajo bien hecho es la oportunidad de hacer más trabajo bien hecho. (Jonas Edward Salk)

La edad no significa nada para mí. No puedo ponerme viejo; estoy trabajando. Era viejo cuando tenía veintiún años y no trabajaba. En la medida que trabajes, te mantienes joven. Cuando estoy frente a una audiencia, todo ese amor y vitalidad me arrebatan y me olvido de mi edad (George Burns)

Cuando el hombre ya no encuentra placer en su trabajo y trabaja sólo por alcanzar sus placeres lo antes posible, entonces sólo será casualidad que no se convierta en delincuente. (Theider Ninnseb)

El trabajo hecho con gusto y con amor, siempre es una creación original y única. (Roberto Sapriza)

Trabajo deprisa para vivir despacio. (Montserrat Caballé)

Pensar es el trabajo más difícil que existe. Quizá esa sea la razón por la que haya tan pocas personas que lo practiquen. (Henry Ford)

El éxito no se logra sólo con cualidades especiales. Es sobre todo un trabajo de constancia, de método y de organización. (J. P. Sergent)

No descartes trabajar con las manos. No excluye tu cabeza. (Andy Rooney)

Tecnología Educativa para el Desarrollo del Pensamiento Computacional

Gabriela E. VILANOVA

Instituto de Tecnología Aplicada (ITA). Instituto de Educación y Ciudadanía (IEC)
Universidad Nacional de la Patagonia Austral
Comodoro Rivadavia, Chubut CP 9000, ARGENTINA

RESUMEN

La programación, en todos sus usos y aplicaciones, incluyendo los procesos de automatización, es decir, la robótica, ayuda a desarrollar innovaciones que permiten solucionar diversas problemáticas sociales. Esto incluye avances en la medicina, la comunicación, la industria, la producción y la economía, e incluso, en tareas de rescate o exploración en lugares remotos o de difícil acceso, solo por mencionar algunas de las esferas sociales en las que se desarrolla su creciente influencia.

En este marco, se plantea la necesidad de su integración a la educación básica: al comprender sus lenguajes y su lógica en la resolución de problemas, los alumnos se preparan para entender y cambiar el mundo. Pueden, de este modo, desarrollar habilidades fundamentales para solucionar diversas problemáticas sociales, crear oportunidades y prepararse para su integración al mundo del trabajo.

El presente artículo tiene como antecedentes publicaciones de una de las líneas de investigación en el marco del proyecto de investigación 29b177, titulado Aprender y enseñar con las tecnologías de la información y la comunicación (TIC) como instrumentos mediadores en la construcción de conocimiento, radicado en la Universidad Nacional de la Patagonia Austral (UNPA).

En el contexto de la Innovación tecnológica y la educación para el desarrollo, temática de la presente publicación se exponen en este artículo y relacionan ejes y puntos en común tales como competencias digitales, innovación pedagógica, entornos personales de aprendizaje (PLE) abordados por diversos autores incluidos en el número especial de la revista RISCI titulado Innovación Tecnologías y Educación para el desarrollo.

Palabras Claves: alfabetización digital, procesos de enseñanza y aprendizaje, innovación pedagógica, competencias digitales.

INTRODUCCION

Como señala Djeakoumar [1] la Educación para el Desarrollo debe conducir a la toma de conciencia de las desigualdades en la distribución de la riqueza y del poder. Debe permitir a cada individuo tener las claves de su propio desarrollo en la sociedad a la que pertenece. Permite relacionar los contenidos académicos con la formación personal para que cada individuo tenga la posibilidad de participar en el desarrollo de su entorno y comprender los vínculos entre la realidad global y el desarrollo local.

El aumento sostenido de la disponibilidad, acceso y uso de tecnologías digitales en los países desarrollados y los países en vías de desarrollo [2] ha tenido un profundo impacto en la sociedad actual, en la forma en la que las personas aprenden, trabajan, se entretienen y comunican, impactando en la manera en la que las economías producen bienes y servicios, estimulando la virtualización de la cultura y la generación de redes de comunicación horizontales [3,4].

Las herramientas cognitivas son instrumentos abiertos y modificables que los estudiantes operan y manipulan para ayudarse a sí mismos a involucrarse en pensamiento constructivo, permitiéndoles pensar más allá de sus propias limitaciones cognitivas. Los procesos de enseñanza-aprendizaje requieren que éstas contribuyan a la mejora de la calidad educativa. Dichas herramientas pueden asociarse con aplicaciones de software tales como bases de datos, programas de redes semánticas, micromundos, herramientas de autoría multimedia, entornos de programación como por ejemplo el Scratch.

Cuando dichas aplicaciones se usan correctamente, permiten a los estudiantes interactuar con el conocimiento en dos sentidos: por una parte, proveen de un formalismo estructural, lógico, que andamia diferentes tipos de pensamiento y representación del conocimiento; por otra parte, permiten a los estudiantes decidir cómo organizar y representar su conocimiento, más que actuar solamente de una manera pasiva y repetitiva. [2]

LAS COMPETENCIAS DEL SIGLO XXI

Es lo que se ha denominado "competencias siglo XXI" o competencias TIC para los aprendizajes. El desarrollo de competencias siglo XXI se refiere a habilidades de orden superior consideradas esenciales para desenvolverse en el futuro y que actualmente no son muy enfatizadas en los currículos escolares. Estas incluyen habilidades tales como manejo de información, resolución de problemas, creatividad, pensamiento crítico, comunicación efectiva, colaboración, trabajo en equipo y aprendizaje autónomo, entre otras.

El desarrollo de competencias para el siglo XXI se facilita con pedagogías de orientación constructivista: aquellas que realzan un trabajo centrado en el aprendizaje de los alumnos, basados en proyectos y problemas, con trabajo individual y grupal que estimulan la autonomía y la colaboración, donde el docente no es la única fuente de conocimiento, sino más bien guía de los procesos de aprendizaje. Se pretende para ello potenciar el énfasis en las potencialidades de las TIC para transformar la pedagogía y para permitir que el alumno se convierta en un activo investigador y constructor de conocimiento. [5]

Los profesionales de la educación deben complementar las competencias tradicionales básicas de escribir, leer, etc. con otras propias de la sociedad del conocimiento, las cuales es necesario que incluyan en sus Entornos Personales de Aprendizaje (PLEs). Siguiendo a Magro, Salvatella, Álvarez, Herrero, Paredes y Vélez [6] podemos resumir estas competencias digitales en ocho: conocimiento digital, gestión de la información, comunicación digital, trabajo en red, aprendizaje continuo, visión estratégica, liderazgo en red y orientación al cliente. Estas competencias no solo darán lugar a buenos profesionales, sino que fomentarán organizaciones inteligentes o instituciones que aprenden. [7]

EL PENSAMIENTO COMPUTACIONAL

La Sociedad Internacional para la Tecnología en Educación (ISTE) y la Asociación de Docentes en Ciencias de la Computación (CSTA) [10,11] colaboraron con líderes de educación superior, de la industria y de educación escolar (K-12) para desarrollar una definición operativa del Pensamiento Computacional (PC). Esta definición operativa suministró un marco de referencia y un vocabulario para PC que tuviera significado para todos los docentes de la educación escolar.

El Pensamiento Computacional es un proceso de solución de problemas que incluye, pero no se limita a las siguientes características:

- ✓ Formular problemas de manera que permitan usar computadoras y otras herramientas para solucionarlos.
- ✓ Organizar datos de manera lógica y analizarlos.
- ✓ Representar datos mediante abstracciones, como modelos y simulaciones.
- ✓ Automatizar soluciones mediante pensamiento algorítmico (una serie de pasos ordenados
- ✓ Identificar, analizar e implementar posibles soluciones con el objeto de encontrar la combinación de pasos y recursos más eficiente y efectiva.
- ✓ Generalizar y transferir ese proceso de solución de problemas a una gran diversidad de estos.

Estas habilidades se apoyan y acrecientan mediante una serie de disposiciones o actitudes que son dimensiones esenciales del Pensamiento Computacional. Estas disposiciones o actitudes incluyen:

- ✓ Confianza en el manejo de la complejidad.
- ✓ Persistencia al trabajar con problemas difíciles.
- ✓ Tolerancia a la ambigüedad.
- ✓ Habilidad para lidiar con problemas no estructurados.

✓ Habilidad para comunicarse y trabajar con otros para alcanzar una meta o solución común.

Las habilidades que desarrollan los alumnos cuando se consideran en las currículas las ciencias de la computación, que a partir del trabajo de Jeannette Wing comenzaron a llamarse "Pensamiento computacional", cumplen un rol de creciente importancia en la educación moderna. Wing [12] dice que el "pensamiento computacional" es una forma de pensar que no es sólo para programadores. Y lo define:

> "El pensamiento computacional consiste en la resolución de problemas, el diseño de los sistemas, y la comprensión de la conducta humana haciendo uso de los conceptos fundamentales de la informática". En ese mismo artículo continúa diciendo "que esas son habilidades útiles para todo el mundo, no sólo para los científicos de la computación".

En el pensamiento computacional se complementa y se combina el pensamiento matemático con la ingeniería. Ya que, al igual que todas las ciencias, la computación tiene sus fundamentos formales en las matemáticas. La ingeniería nos proporciona la filosofía base de que construimos sistemas que interactúan con el mundo real.

La programación como estrategia innovadora en procesos educativos.
Programar en la educación escolar constituye una buena alternativa para ayudar a los estudiantes a desarrollar habilidades de pensamiento de orden superior, especialmente pensamiento computacional. Desde el punto de vista educativo, el desarrollo de software posibilita no solo activar una amplia variedad de estilos de aprendizaje sino desarrollar el pensamiento computacional. Adicionalmente, compromete a los estudiantes en la consideración de varios aspectos importantes para la solución de problemas: decidir sobre la naturaleza del problema, descomponerlo en subproblemas más sencillos, seleccionar una representación algorítmica que ayude a resolver cada subproblema y, monitorear sus propios pensamientos (metacognición) y estrategias de solución.

Este último, es un aspecto que deben desarrollar desde edades tempranas. No debemos olvidar que solucionar problemas con ayuda de la computadora puede convertirse en una excelente herramienta para adquirir la costumbre de enfrentar problemas de manera rigurosa y sistemática, aun, cuando no se utilice una computadora para solucionarlo.

Diseños curriculares para el pensamiento computacional
El pensamiento computacional y la programación comienzan a formar parte del currículo oficial en los sistemas educativos formales [13]. En [14] se describen los diseños curriculares elaborados por el Departamento de Educación del Reino Unido y la Consejería de Educación del Gobierno de la Comunidad Autónoma de Madrid, que se enmarcan dentro de propuestas curriculares prescriptivas, organizadas en torno a disciplinas académicas, para grupos homogéneos de estudiantes y con un grado de innovación educativa dependiente, en gran medida, de la opción metodológica del profesorado en cada contexto específico.

Como contraste se describe un diseño curricular globalizado y basado en principios pedagógicos y metodologías didácticas coherentes con las competencias del siglo XXI, orientado por el diseño de juegos y los sistemas de pensamiento, desarrollado por un equipo docente con un alto grado de coordinación en la visión y misión del proceso de enseñanza aprendizaje. Se trata de las escuelas «Quest To Learn» (Q2L) en los Estados Unidos.

La asignatura «Computing» (Reino Unido)
El currículo oficial del Reino Unido introdujo, en el año 2014, una nueva asignatura denominada «Computing» [15] que sustituyó a la anterior asignatura «Tecnologías de la Información y la Comunicación» para los niveles educativos de Educación Primaria (Key Stage 1 y 2) y Educación Secundaria (Key Stage 3 y 4). El Departamento de Educación del gobierno británico sostiene que la introducción de la programación en el currículo se fundamenta en la relevancia del pensamiento computacional y la creatividad para comprender y cambiar el mundo. En este tipo de conocimiento computacional están implicadas diferentes disciplinas como las matemáticas, las ciencias experimentales, la tecnología o el diseño.

Las tres dimensiones de este conocimiento son las ciencias de la computación que estudian lo que puede ser computado, cómo codificarlo y cómo aplicarlo a la solución de problemas; las tecnologías de la información que se ocupan de los dispositivos digitales y cómo usarlos para el almacenamiento, recuperación, transmisión y análisis de datos y, por último, la alfabetización digital o capacidad para navegar eficaz, responsable, segura y críticamente, así como crear productos digitales usando diversas tecnologías digitales.

La administración británica considera que la computación permite que los estudiantes puedan crear programas, sistemas y contenidos multimedia, además desarrolla su competencia digital, es decir, la capacidad para usar, expresar y desarrollar sus ideas a través de las tecnologías de la información y la comunicación, en un nivel adecuado a su futuro profesional y como ciudadano activo en un mundo digital.

Los objetivos que se definen para este currículo específico sobre programación buscan garantizar que todos los estudiantes:

a) Puedan comprender y aplicar los principios y conceptos fundamentales de la ciencia de la computación, incluyendo la abstracción, la lógica, los algoritmos y la representación de los datos.
b) Puedan analizar los problemas bajo un enfoque computacional, tengan experiencia práctica en programación para resolver este tipo de problemas.

c) Puedan evaluar y aplicar las tecnologías de la información, incluidas tecnologías emergentes (nuevas o desconocidas), analíticamente para resolver problemas.

d) Sean usuarios responsables, competentes, seguros y creativos de las tecnologías de la información y la comunicación.

Según el currículo oficial, a los alumnos de Secundaria se les debe enseñar a (Key stage 3):

- ✓ Diseñar, usar y evaluar abstracciones computacionales que modelen el estado y comportamiento de problemas del mundo real y sistemas físicos.
- ✓ Comprender diversos algoritmos clave que reflejen un pensamiento computacional (por ejemplo, un algoritmo para clasificar y buscar); usar razonamiento lógico y comparar la utilidad de algoritmos alternativos para el mismo problema.
- ✓ Usar dos o más lenguajes de programación, al menos uno de los cuales es textual, para resolver una variedad de problemas computacionales; hacer estructuras apropiadas para usar datos (por ejemplo, listas, tablas, secuencias); diseñar y desarrollar programas modulares que usen procedimientos o funciones.
- ✓ Comprender la lógica Booleana (por ejemplo los conectores 'Y', 'O' y 'NO') y algunos de sus usos en circuitos y programación; comprender cómo los números pueden ser representados en código binario y ser capaz de llevar a cabo operaciones simples sobre números binarios (por ejemplo, suma binaria y conversión entre binario y decimal).
- ✓ Comprender los componentes de hardware y software que constituyen los sistemas informáticos, y cómo se comunican entre ellos y con otros sistemas.
- ✓ Comprender cómo las instrucciones se almacenan y ejecutan dentro de un sistema informático; comprender cómo datos de diverso tipo (incluyendo texto, sonidos e imágenes) pueden ser representados y manipulados digitalmente, en forma de dígitos binarios.
- ✓ Emprender proyectos creativos que impliquen selección, uso y combinación de múltiples aplicaciones, preferiblemente a través de un conjunto de dispositivos, para alcanzar metas desafiantes, que incluyan recolección y análisis de datos y satisfagan necesidades de usuarios conocidos.
- ✓ Crear, reutilizar y revisar artefactos digitales para una audiencia dada, con atención a la integridad, diseño y usabilidad.
- ✓ Comprender un conjunto de formas de uso seguro, respetuoso y responsable de la tecnología, que incluya la protección de su identidad y privacidad online; reconocimiento de contenidos, conductas y contactos inapropiados y saber cómo informar de problemas.

En el ciclo superior de Educación Secundaria, todos los alumnos deben tener la oportunidad de estudiar aspectos de las TIC y la ciencia de la computación con suficiente profundidad para permitirles progresar a los más altos niveles de estudio o a una carrera profesional. Se debe enseñar a los estudiantes a:

- Desarrollar su capacidad, creatividad y conocimiento en ciencia de la computación, medios digitales y tecnologías de la información.
- Desarrollar y aplicar sus habilidades analíticas, de resolución de problemas, diseño y pensamiento computacional.
- Comprender cómo los cambios en la tecnología afectan a la seguridad, incluyendo nuevas formas para proteger su privacidad e identidad online, y cómo informar de problemas.

Usos de Scratch.

Scratch es un entorno de programación desarrollado por un grupo de investigadores del Lifelong Kindergarten del Laboratorio de Medios del MIT, bajo la dirección y liderazgo del Dr. Michael Resnick. [17] (Figura 1). Aunque este es un proyecto de código abierto, su desarrollo es cerrado pero el código fuente se ofrece de manera libre y gratuita. Este entorno aprovecha los avances en diseño de interfaces para hacer que la programación sea más atractiva y accesible para todo aquel que se enfrente por primera vez a aprender a programar. Según sus creadores, fue diseñado como medio de expresión para ayudar a niños y jóvenes a expresar sus ideas de forma creativa, al tiempo que desarrollan habilidades de pensamiento lógico y de aprendizaje del Siglo XXI. El entorno permite implementar propuestas didácticas para distintas áreas tales como matemática, arte y animación, música y robótica. Está disponible para la comunidad de usuarios un repositorio virtual para compartir las producciones.

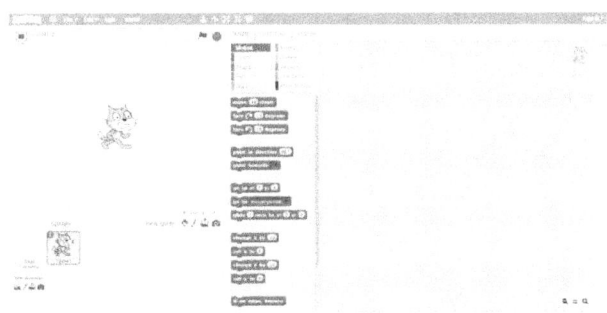

Figura 1.
Entorno de Programación Scratch

Scratch se utiliza desde un "entorno de desarrollo" que muestra todos los elementos necesarios: escenario, objetos y elementos del lenguaje. Se pueden tener tantos escenarios y objetos como se desee, utilizando aquellos que ya están disponibles con la instalación estándar de la herramienta, o bien creando los propios.

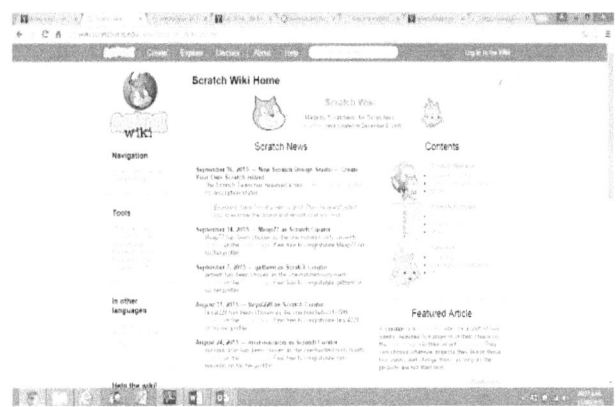

Figura 2
http://wiki.scratch.mit.edu/wiki/Scratch_Wiki_Home

La dimensión tangible del pensamiento computacional y la programación introduce la materialidad y la realidad física. En Scratch los usuarios manipulan objetos en la pantalla como lo harían si estuvieran en el mundo real. Pero también se producen efectos entre objetos físicos y programación en el mundo de la robótica, que a través de herramientas como los iniciales productos Lego/Logo, permiten construir todo tipo de robots con motores y engranajes que son controlados por programas para realizar acciones e interactuar con el entorno.

En consecuencia, la programación no es solo una competencia cognitiva que se utiliza para diseñar códigos. Es también una competencia social y cultural que se usa para participar en grupos. Este aprendizaje conectado es algo más que lenguaje de programación porque nos permite comprender cómo funciona la tecnología y cómo el diseño pueden incorporar nuevas posibilidades y soluciones a problemas de la vida cotidiana. La clave de una buena enseñanza es encontrar un equilibrio entre organización y acción, que es el gran desafío de la educación. [14].

ENSEÑANZA DE PROGRAMACION EN ARGENTINA

La fundación Sadosky [18] implementa programas y proyectos para favorecer la articulación entre el sistema científico-tecnológico y la estructura productiva en lo relacionado con las Tecnologías de Información y Comunicación. Uno de esos programas se denomina "Computación en las escuelas" que apunta a instalar el debate sobre la necesidad de reformular el modo en que se enseña computación en las escuelas primarias argentinas; otro se denomina "Vocaciones en TIC" que apunta a responder al crecimiento vertiginoso del sector TIC y al déficit de recursos humanos especializados en la materia interesando a los más jóvenes del país en el amplio campo que abarcan las TIC.

En el 2015, el Gobierno Nacional declaró la importancia estratégica para el Sistema Educativo Argentino la enseñanza y aprendizaje de la programación (a través de la Resolución N° 263/15 del Consejo Federal de Educación), donde resalta "Que hay abundante evidencia científica que indica que los niños/as y adolescentes que aprenden Programación, mejoran su desempeño en otras áreas disciplinares, entre ellas matemática y lenguas extranjeras" además de sostener que la implementación de la enseñanza de la computación en todas las escuelas argentinas permitirá fortalecer el desarrollo económico y social de Nación, conforme a lo establecido en el artículo 3° de la Ley de Educación Nacional. La enseñanza – aprendizaje de la programación se implementa como una red de escuelas que realizan actividades de programación en todo el país. Esta propuesta se desarrolla en el ámbito de la Iniciativa Program.AR y el Plan Nacional integral de Educación digital (PLANIED). [19]. El Plan Nacional Integral de Educación Digital (PLANIED) es una propuesta del Ministerio de Educación y Deportes de la Nación, cuya misión principal es integrar la comunidad educativa en la cultura digital, promoviendo la innovación pedagógica y la calidad de los aprendizajes.

El PLANIED se enmarca en la Agenda 2030 para el Desarrollo Sostenible, aprobada por la Asamblea General de la Organización de las Naciones Unidas (ONU), y en el Plan Estratégico Nacional 2016-2021 "Argentina Enseña y Aprende", cuyo fin es lograr una educación de calidad, centrada en el aprendizaje de saberes y capacidades fundamentales para el desarrollo integral de los niños, niñas, adolescentes, jóvenes y adultos/as. El plan responde al cambio de paradigma que representa la sociedad digital, escenario que emerge como desafío, pero también como oportunidad para repensar, desde una perspectiva histórica, la cultura escolar y las prácticas de enseñanza y de aprendizaje.

Por otro lado Program.AR es una iniciativa del Estado Nacional ejecutada en conjunto por la Fundación Sadosky, del Ministerio de Ciencia, Tecnología e Innovación Productiva; Educ.AR del Ministerio de Educación y el Programa Conectar Igualdad.

El objetivo de esta iniciativa es acercar a los jóvenes en edad escolar al aprendizaje de las Ciencias de la Computación y concientizar a la sociedad en general sobre la importancia de la incorporación de estos conceptos. Por otro lado, el PLANIED es responsable de todas las políticas de inclusión digital del Ministerio de Educación, incluyendo Conectar Igualdad y Primaria Digital. Tendrá por objetivo nuclear a todas las escuelas públicas primarias y secundarias que estén llevando adelante experiencias de programación o que deseen hacerlo, brindando capacitación y apoyo para que comiencen a hacerla.

La red comenzará con una experiencia piloto en todo el país de aproximadamente 300 escuelas públicas, que se irá ampliando paulatinamente hasta abarcar todas las escuelas. Este es un importante primer paso que oficializa la llegada de la programación al sistema educativo obligatorio argentino. Ubica a nuestro país dentro del selecto pero creciente grupo de naciones que le dan un lugar central al aprendizaje y la enseñanza de la programación como una herramienta clave de la escolaridad para la construcción de más y mejor ciudadanía.

En el marco del proyecto de investigación Pi29b177 titulado aprender y enseñar con las TIC como instrumentos mediadores de construcción de conocimiento radicado en Caleta Olivia, sede de la Universidad Nacional de la Patagonia Austral, se han desarrollado como actividades de vinculación y transferencia talleres en cuarto grado de escuela primaria durante la Semana Nacional de la Ciencia y la Tecnología organizada en todo el país por el Ministerio de Ciencia, Tecnología e Innovación productiva, Presidencia de la Nación.

Se consideraron en el proyecto de investigación mencionado la identificación de pautas de indicadores de calidad del diseño tecnológico y pedagógico del proceso formativo mediado por TIC y diseño de estrategias didácticas para enseñanza de modelado, diseño y programación de software mediante el uso de software scratch.

Figura 3.

Figura 4.

Figura 5.

Taller de Scratch alumnos
4to Grado Esc 36 Caleta Olivia.

CONCLUSIONES

Uno de los objetivos principales es promover la alfabetización digital para el aprendizaje de competencias y saberes necesarios para la integración en la cultura digital y en la sociedad del futuro. Además, se busca fomentar la apropiación crítica y creativa de las tecnologías de la información y de la comunicación (TIC) en la comunidad educativa. De este modo, se podrán incentivar prácticas participativas y colaborativas que favorezcan que se valoren la diversidad y el ejercicio de una ciudadanía responsable y solidaria.

El alumno se convierte en protagonista de su propio proceso de aprendizaje y él mismo adquiere contenidos, destrezas y habilidades. Resolver problemas y enseñar a programar implica que los estudiantes aprendan a descomponer un problema en otros más pequeños, a desarrollar habilidades lógicas, a desarrollar el pensamiento abstracto y computacional, a estimular capacidades verbales y el trabajo colaborativo. Se debe reconocer que las ciencias de la computación es una disciplina académica rigurosa cuya enseñanza es imprescindible para mejorar las perspectivas y capacidades de los profesionales del futuro.

El eje central del currículo es el pensamiento computacional entendido como el proceso de reconocer la computación en el mundo que nos rodea y aplicar herramientas y técnicas desde la programación a la comprensión y razonamiento sobre sistemas y procesos naturales o artificiales. El pensamiento computacional proporciona una estructura imprescindible para el estudio de la programación, que va más allá de la codificación en sí misma. Permite al estudiante enfrentar problemas, descomponerlos en elementos y encontrar algoritmos que los resuelvan. En consecuencia, el pensamiento computacional implica: descomposición, reconocimiento de patrones, abstracción, generalización de patrones y diseño algorítmico.

REFERENCIAS

[1] Djeacoumar, A. (2010): «Educación para el Desarrollo». INDP, en http://www.ar.undp.org/content/argentina/es/home/library/human_development/informe-nacional-sobre-desarrollo-humano-2010--desarrollo-humano.html

[2] Cabero, J. (2007). Tecnología Educcativa. Ed. Mac Graw Hill.

[3] Castells, M. (Ed.). (2004). The network society: A cross-cultural perspective. Massachusetts: Edward Elgar

[4] Katz, R. (2015). El ecosistema y la economía digital en América Latina. Madrid: Fundación Telefónica.

[5] Las tecnologías digitales frente a los desafíos de una educación inclusiva en América Latina. Algunos casos de buenas practices. Publicación de las Naciones Unidas LC/L.3545 2012-809 Copyright © Naciones Unidas, noviembre de 2012. Recuperado de http://archivo.cepal.org/pdfs/2012/S2012809.pdf

[6] Magro, C., Salvatella, J., Álvarez, M., Herrero, O., Paredes, A & Vélez, G. (2014). Cultura Digital y Transformación de las Organizaciones: 8 Competencias Digitales para el Éxito Profesional. Barcelona: Roca Salvatella. Recuperado el 1 de abril de 2018 de http://www.rocasalvatella.com/sites/default/files/maqueta_competencias_espanol.pdf

[7] Parejo, N., Moreno Olmedo E. (2017). Análisis del Ple y Ole de un grupo de investigación de la

Universidad de Granada, Un Estudio de casos con Canvas. Memorias Décima Sexta Conferencia Iberoamericana en sistemas, Cibernética e informática. (CISCI 2017). Pag 47-51.

[8] Jonassen, David y Chad Carr (2000): "Mindtools: Affording multiple representation for learning", en Lajoie, Susan (Ed): Computers as cognitive tools: Vol 2. No more walls. Mahwah, NJ:Erlbaum.

[9] Zapata-Ros, M. (2015). Pensamiento computacional: Una nueva alfabetización digital. *RED. Revista de Educación a Distancia, 46(4).* Consultado el (18/03/18) en http://www.um.es/ead/red/46/zapata.pdf

[10] International Society for Technology in Education (ISTE). www.iste.org

[11] Computer Science Teacher Association. (CSTA). www.csta.org

[12] Wing, J.M. (2006). Computational Thinking. It represents a universally applicable attitude and skill set everyone, not just computer scientists, would be eager to learn and use. Communicationsof the acm Vol. 49, No. 3. https://www.cs.cmu.edu/~15110-s13/Wing06-ct.pdf

[13] Záhorec, J., Hašková, A., & Munk, M. (2014). Assessment of Selected Aspects of Teaching Programming in SK and CZ. Informatics in Education, 13(1), 157-178.

[14] Valverde-Berrocoso, J., Fernández-Sánchez, M.R., Garrido-Arroyo, M.C. (2015). El pensamiento computacional y las nuevas ecologías del aprendizaje. RED, Revista de Educación a Distancia. 46(3). Consultado el 3/06/2017 en http://www.um.es/ead/red/46

[15] Currículo oficial para Educación Primaria, disponible en https://www.gov.uk/government/publications/national-curriculum-in-england-computing-programmes-of-study

[16] Kemp, P. (2014). Computing in the national curriculum - A guide for secondary teachers. Computing at School. London: NAACE. Recuperado a partir de http://community.computingatschool.org.uk/files/3383/original.pdf

[17] Resnick, M., Maloney, J., Monroy, A., Rusk, N., Eastmond, E., Brennan, K., Millner, A., Rosenbaum, E., Silver, J., Silverman, B. y Kafai, Y. Scratch: Programming for all. Communication of the ACM, Vol. 52, Nro. 11, Pp. 60-67. 2009.

[18] Fundación Sadosky. http://www.fundacionsadosky.org.ar/

[19] Plan Nacional Integral de Educación Digital. (PLANIED) (2016) Disponible en http://planied.educ.ar/wp-content/uploads/2016/04/Orientaciones_pedagogicas-1.pdf.

Prácticas Innovadoras de Aprendizaje Emergentes en el Siglo XXI

Julio César GONZÁLEZ MARIÑO

Ma. De Lourdes CANTÚ GALLEGOS

Hugo Eduardo CAMACHO CRUZ

Jesús Adrián MALDONADO MANCILLAS

FMeISCdeM, Universidad Autónoma de Tamaulipas
H. Matamoros, Tamaulipas, México

RESUMEN

La influencia de las TIC y la globalización en la transformación de la sociedad ha dado lugar al surgimiento de prácticas educativas innovadoras, para hacer frente a los retos de las sociedades del conocimiento. La sobreinformación, el ritmo acelerado con el que se genera nuevo conocimiento y la aparición de nuevas herramientas tecnológicas, hacen indispensable el principio del aprendizaje a lo largo de la vida. Las políticas educativas se han centrado en proveer acceso a las TIC en las escuelas, pero no han considerado los cambios en las prácticas de los profesores. La tecnología debe ser solo un medio para ayudar al aprendizaje humano.

En este artículo se reflexiona sobre esta problemática, a la luz de la revisión conceptual de la innovación educativa y se describen tres de las prácticas educativas surgidas en el presente siglo consideradas tendencias, por muchos profesionales de la educación que han experimentado su efectividad para el aprendizaje.

Se desataca la importancia de educar para la innovación y desarrollo tecnológico, para que Latinoamérica logre transitar a una economía basada en el conocimiento.[1]

Palabras Claves: TIC, Innovación, B-Learning, Flipped Classroom, Gamificación.

---

[1] *Nota: Este trabajo fue presentado y publicado en las memorias de la Décima Sexta Conferencia Iberoamericana en Sistemas Cibernética e Informática CISCI 2017. A solicitud del Editor en Jefe de esta revista, se realizaron algunas modificaciones y adaptaciones para incluirse en este número especial.*

1. INTRODUCCIÓN

La interdependencia entre los países y regiones, de orden político, económico, social y cultural consecuencia de la globalización. El ritmo acelerado en las innovaciones en Tecnologías de Información y Comunicación (TIC) y la facilidad de acceso a estas herramientas de amplios sectores de la población, son fenómenos a los que se les atribuye la transformación de la sociedad. La transición que hoy se experimenta, de una sociedad industrial a una sociedad basada en la información y el conocimiento. Esta transición ha causados efectos transformadores en la industria, el comercio, las finanzas, el gobierno, la educación y prácticamente a todos los sectores de sociales.

Actualmente, la economía global se sustenta cada vez más en el trabajo intelectual, que en el trabajo manual. Por esta razón, los países que desarrollan productos y servicios de alto valor agregado generarán mayor riqueza en el futuro. Por el contrario, los países que continúan desarrollando materias primas o manufacturas básicas, como eje principal de su economía, no lograran emerger como economías sólidas, ni resolver sus problemas sociales [1].

Una condición necesaria para el crecimiento económico en Latinoamérica es el impulso a la innovación tecnológica desde la educación en todos los niveles. Crear un ecosistema que facilite la interacción entre empresas, universidades y gobierno para focalizar la investigación, desarrollo tecnológico e innovación en la resolución de los problemas sociales que padecen.

Hay muchos ejemplos de países en vías de desarrollo, que han logrado un crecimiento económico importante gracias a que le apostaron a la educación y a la innovación tecnológica. Países como China, Singapur, Taiwán, Corea del sur y Finlandia, han progresado mucho más que los países latinoamericanos en los últimos cincuenta años. Gracias a que fortalecieron sus sistemas de ciencia y tecnología, logrando aumentar la producción de patentes e invenciones tecnológicas, que multiplicaron sus ingresos y disminuyeron los índices de pobreza. [2].

La generación de conocimiento científico-tecnológico y su transferencia a la sociedad es de vital importancia para el crecimiento de la economía de los países [3].

Para que los países latinoamericanos, entren en la dinámica de la economía del conocimiento es necesario fomentar una cultura de la innovación, que logre permear a todas las estructuras sociales.
A pesar de que se ha observado en los últimos años un crecimiento en la generación de activos intelectuales en Latinoamérica, por ejemplo, las patentes generadas en esta región han crecido un 3% anual en las últimas décadas. En el contexto global estos avances resultan muy modestos, cuando se comparan con los de países desarrollados o incluso con economías emergentes como China o India [4].

En los mercados internacionales, México es considerado una potencia en la manufactura de productos para la industria automotriz, aeronáutica y electrónica. Debido en gran parte, al tratado de libre comercio (TLCAN) firmado con Estados Unidos y Canadá en 1992, que atrajo el flujo de capitales de estas industrias que se beneficiaron con el bajo costo del recurso humano mexicano.

Sin embargo, ante la incertidumbre del resultado de las negociaciones para la continuidad del TLCAN. México debe evolucionar y dejar de depender de las exportaciones de manufacturas, definir políticas públicas que impulsen la economía del conocimiento. La generación de empresas que desarrollen investigación, desarrollo tecnológico e innovación, será trascendental para el crecimiento del país en el mediano y largo plazo [5].

Las TIC han sido una condición necesaria para el desarrollo de la sociedad del conocimiento, pero este concepto se refiere a fenómenos mucho más amplios y complejos que los únicamente asociados a tecnologías [6]. Se califica a las TIC como herramientas esenciales que contribuyen a mejorar la calidad de vida de las personas.

Las TIC hacen posible el almacenamiento, procesamiento y distribución de grandes cantidades de datos, que se transforman en información. La información es hoy un activo fundamental de la sociedad, porque con ella es posible generar conocimiento. La transferencia del conocimiento, en innovaciones tecnológicas, ayudan a resolver las necesidades y problemáticas de la sociedad, mejorando la calidad de vida de las personas.

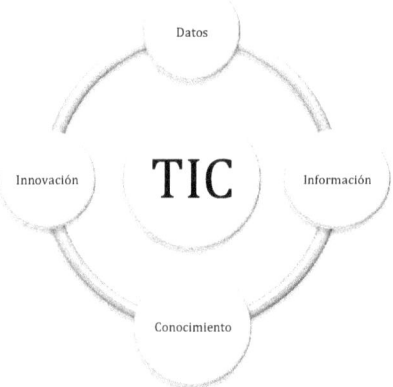

Figura 1. TIC y el ciclo de innovación.
Fuente: Elaboración propia

La Figura 1 representa a las TIC como elementos centrales del ciclo de la innovación, ya que permiten almacenar y procesar grandes volúmenes de datos, para transformarlos en información. Las TIC facilitan la distribución inmediata de la información, a través de Internet acceden a ella las personas o grupos de personas que la apropian como conocimiento. El conocimiento tiene la capacidad de transferirse en innovaciones tecnológicas, que aumentan las capacidades del ser humano y permiten el desarrollo económico de las sociedades [7]. Las innovaciones tecnológicas disruptivas surgidas en las últimas décadas, que han transformado la forma en que vivimos, están basadas en la explotación de las capacidades que ofrecen las TIC.

Sin embargo, para construir auténticas sociedades del conocimiento, las posibilidades ofrecidas por Internet o los instrumentos multimedia no deben hacer que nos desinteresemos por otros instrumentos auténticos del conocimiento como la prensa, la radio, la televisión y, sobre todo, la escuela [8].

Pero es precisamente en la escuela donde se enfrentan problemáticas complejas para atender con calidad la demanda de educación de las generaciones actuales. Los sistemas educativos actuales no se han transformado a la par con el resto de la sociedad, aún prevalecen los modelos pedagógicos bancarios del paradigma industrial [9].

Los niños y jóvenes estudiantes son nativos digitales, nacieron y crecieron con Internet, multimedia, videojuegos 3D, simuladores, reproductores de audio y video portátiles, teléfonos inteligentes, servicios de búsqueda, redes sociales, software de código abierto, etc. [10]. Sin duda, esta aproximación de manera cotidiana, con las herramientas para el conocimiento ha transformado su manera de aprender. Las TIC les permiten aprender lo que quieran, en el espacio y tiempo que deseen.

El desbordamiento de información al que están expuestos, causado por la capacidad de renovar la información de manera continua e ilimitada, provoca una abundancia de fuentes de información que en algunos casos se vuelve abrumadora y representa un problema de escasa atención en los contenidos. Más información, estímulos cognitivos, plataformas de interacción pueden generar déficit atencional o reducida capacidad de realizar un análisis detenido [11].

Ante este panorama, los profesores deben ejercer una práctica educativa innovadora, que incluya estrategias de aprendizaje considerando las TIC como parte integral del contexto. La innovación educativa está lejos de realizarse, si se incorporan las TIC solo para utilizarlas en actividades basadas en el mismo modelo pedagógico de transmisión de información. Si no se trabaja en modificar las prácticas de los docentes de acuerdo a las necesidades de aprendizaje de los estudiantes y el contexto, es hacer lo mismo que se viene haciendo desde hace siglos, pero con herramientas más costosas y sofisticadas [12].

Por otra parte, la integración de tecnologías en la educación siempre ha sido vista con grandes expectativas transformadoras. Desde la incorporación de los medios audiovisuales en el siglo pasado, hasta Internet y los ambientes virtuales de aprendizaje actuales, los resultados que se han obtenido en términos del aprendizaje, están muy por debajo de las expectativas que en su momento generaron [13].

En este sentido, Cobo [11] afirma: las discusiones sobre la educación y la tecnología todavía tienden a ser perdidamente optimistas, debido al deseo comprensible de mejorar la educación de cualquier forma posible.

Las políticas educativas se han centrado en proveer acceso a las TIC en las escuelas, pero no han considerado los cambios en las formas, aproximaciones y prácticas de los profesores. La atención se debe centrar en como aprenden las personas y ver a la tecnología como un medio para ayudar al aprendizaje humano.

En muchos países de Latinoamérica se han hecho esfuerzos por dar acceso a TIC a los jóvenes en las escuelas. Sin embargo, no se han obtenido los resultados esperados, debido a que se subutilizan. El impacto positivo en el aprendizaje no lo genera la posibilidad de acceso a las TIC. Es el uso de las herramientas tecnológicas con el propósito correcto y la forma en que se utiliza la información para generar conocimiento lo que da valor a las TIC.

De acuerdo con la OECD [14] en países en vías de desarrollo, los jóvenes estudiantes tienen el mismo acceso a TIC que estudiantes privilegiados de países desarrollados. La diferencia está en lo que hacen con las tecnologías. El principal uso que le dan los jóvenes a las TIC en Latinoamérica es con fines recreativos en chat y videojuegos. Mientras que en países desarrollados el principal uso que dan los jóvenes a las TIC es para leer noticias y buscar información.

La igualdad de acceso a TIC no significa igualdad de oportunidades, si no se cuenta con una formación para la investigación y la innovación, no es posible convertir las ventajas del acceso a Internet en oportunidades reales de desarrollo.

Esto nos lleva a concluir que la tecnología debería adaptarse para cubrir las necesidades de los estudiantes y los docentes en lugar de tener por único objetivo dar a los estudiantes acceso a nuevas tecnologías [15].

En esta línea, Siemens [16] critica que la tecnología educativa no se está haciendo más humana, al contrario, está haciendo al humano más tecnológico. Es necesario enfocarnos en aquellos aspectos de la tecnología que contribuyen a humanizar y no solamente a reducir a las personas a algoritmos y patrones de comportamiento.

Los profesores están llamados a desempeñar un papel importante, aportando la experiencia para compensar la relativa superficialidad de la comunicación en línea y recordarnos que el conocimiento es esencialmente un camino hacia la sabiduría [17].

La clave está en poner énfasis en el sujeto que aprende, disponer de la tecnología para facilitar nuevas prácticas divergentes, que faciliten el aprendizaje estimulando la reflexión, el pensamiento crítico y la experimentación.

Innovando para educar y educando para innovar, se logrará formar recurso humano capaz de integrarse a la dinámica de la economía del conocimiento, que contribuya con el desarrollo de innovaciones tecnológicas, en la solución de los problemas sociales y el desarrollo de su país.

En la siguiente sección se hacen algunas reflexiones sobre la innovación educativa y los retos que enfrenta la educación en este contexto.

2. INNOVACIÓN EDUCATIVA

La transición que se experimenta de una sociedad industrial a una economía basada en el conocimiento debería estar marcando una innovación importante en el área educativa. Aunque en muchos casos se han incorporado TIC en las escuelas, se han subutilizado sólo como una forma de atraer la atención de los alumnos. [18].

Es claro que la innovación no se refiere únicamente a la inserción de sofisticadas tecnologías para la gestión de las instituciones y como parte integral de los currículos académicos. Las TIC son un componente importante, pero la innovación es un concepto mucho más complejo y multidimensional.

Para Moreno [19] la innovación implica transformaciones en las practicas, no sólo se identifica con lo que ocurre en el nivel de las ideas, de la reflexión o de la teoría, aunque se sustente en estas. Por su naturaleza, los procesos de innovación en el ámbito educativo se identifican con la investigación orientada a la transformación de las prácticas educativas.

La innovación en el contexto de la educación superior, representa un cambio favorable e intencional en el proceso educativo, lo que involucra los contenidos, métodos, prácticas y medios de transmisión del saber; transforma la gestión de la docencia, la formación docente y la organización institucional, con el propósito de atender con calidad y pertinencia a la creciente población estudiantil [20].

Las características del profesorado referidas a su formación y su actitud frente a los cambios que se están viviendo en la sociedad del conocimiento, tendrán un papel determinante en la innovación de la educación superior.

Si bien el alumno es el personaje principal en el proceso educativo, el docente ocupa un papel primordial en la innovación educativa por ser quien guiará el proceso de aprendizaje del alumno.

Hoy no basta con dominar las áreas disciplinares. La rápida obsolescencia del conocimiento, los avances científicos y tecnológicos, las diversas formas de organización del trabajo, la conformación de mercados regionales, la creación de redes y de comunidades de aprendizaje, las transformaciones sociales, entre otros, son factores que inciden directamente en los procesos formativos.

Lamentablemente, la educación superior latinoamericana parece estar más circunscrita a procesos institucionales, marcos regulatorios y sistemas de acreditación y certificación que a un debate sobre cómo enriquecer las formas de aprendizaje [9].

En este sentido, es ejemplar el esfuerzo de la Universidad Técnica de Ambato, Ecuador. Fue más allá de las exigencias de organismos acreditadores de la calidad, transformando su estructura tradicional napoleónica, con un esquema que incluye docencia, investigación, desarrollo, innovación y emprendimiento como ejes principales de su transformación [21].

La innovación no es un proceso estático, está en constante transformación, lo que hoy es una innovación disruptiva, en poco tiempo deja de ser relevante o se vuelve obsoleto. Los profesionistas que demanda el mercado laboral requieren nuevas habilidades y competencias. Se estima que, para 2020 el 35% de las habilidades que hoy se consideran indispensables en un profesionista, habrán cambiado [22]. Lo que hace indispensable una educación permanente y a lo largo de la vida.

Si se requieren nuevos profesionistas con capacidad de adaptarse a las necesidades cambiantes de la fuerza de trabajo, es indispensable implementar transformaciones estructurales en las universidades, que incluyan innovaciones en el diseño curricular y en las prácticas de los profesores.

En el siguiente apartado, se describen algunas de las prácticas educativas innovadoras aparecidas en el presente siglo y que están marcando una tendencia por su implementación a nivel global. Cabe mencionar que ninguna de ellas ha surgido de la implementación de políticas educativas, sino de esfuerzos de profesores que han experimentado su efectividad para el aprendizaje.

3. TENDENCIAS INNOVADORAS DEL SIGLO XXI

A casi dos décadas transcurridas del presente siglo, los cambios y transformaciones sociales que han ocurrido han superado en mucho las predicciones que hacían los expertos del siglo pasado. El cambio sigue siendo el rasgo distintivo en todos los ámbitos, solo que ahora es a un ritmo aún más acelerado.
En educación han surgido experiencias que se han replicado con éxito en diferentes contextos.

A continuación, se describen algunas de las prácticas, metodologías y experiencias educativas, surgidas desde los inicios del siglo XXI hasta la actualidad.

B-Learning
Blended Learning, en castellano aprendizaje combinado, es un modelo ecléctico compuesto por instrucción presencial y funcionalidades del aprendizaje electrónico o e-learning, con la finalidad de potenciar las fortalezas y mitigar las debilidades de ambas modalidades.

Este modelo permite permanecer menos tiempo en el aula, propicia un potencial ahorro de espacios físicos e incrementa la participación de los estudiantes como responsables de su propio aprendizaje entre otros beneficios.

Para Bartolomé [23], Blended learning no surge del e-learning sino desde la enseñanza tradicional ante el problema de los elevados costos. Actualmente se justifica su uso, como una estrategia para mejorar la calidad y pertinencia del aprendizaje.

El B-learning se asemeja a la Química, en el sentido que en ambas disciplinas se trata de combinar elementos, para obtener una reacción deseada [24].

Sin embargo, no es simplemente la inclusión de elementos sino la forma en que estos elementos son combinados. La ejecución de una formula, combinando los elementos correctos en el momento correcto, crea la reacción deseada.

Esto significa que la secuencia de los elementos mezclados es tan importante como los mismos elementos, para alcanzar los objetivos de aprendizaje esperados. No existe una formula única para lograr una solución de blended learning apropiada, se deben considerar muchos factores como, los objetivos de aprendizaje, la audiencia, los contenidos, las tecnologías disponibles, etc. antes de seleccionar los elementos a usar y la forma de combinarlos como parte de un diseño instruccional.

A continuación, se describe una experiencia de la implementación de B-Learning, como estrategia para motivar un mayor interés de los estudiantes, por el aprendizaje de las materias de contenido teórico en la carrera de Ingeniero en Sistemas Computacionales.

Para propiciar el aprendizaje activo en los estudiantes, se asignan actividades en equipos pequeños, para estudiar los contenidos y presentarlos en clase, apoyados por presentaciones electrónicas. Por cada tema expuesto, se realizan dos actividades de forma individual en la plataforma: Un foro de opinión y un ejercicio (Quiz). En el foro de opinión el instructor inicia con una pregunta o comentario relacionado con el tema, orientado a que el estudiante analice y reflexione con actitud crítica lo que se está planteando. Para el ejercicio se utiliza la herramienta para pruebas de la plataforma, consiste en una serie de preguntas orientadas a que el alumno memorice y comprenda los conceptos que se expusieron en clase. El ejercicio lo pueden hacer varias veces hasta alcanzar la máxima calificación y pueden apoyarse de los materiales.

Se realizan también de forma individual en el aula dos evaluaciones parciales, con la intención de medir el aprendizaje y dar retroalimentación a los estudiantes de los temas que es necesario fortalecer.

La evaluación es continua y se consideran todas las actividades, con el apoyo de las herramientas de seguimiento de la plataforma.

En esta experiencia se han dado resultados satisfactorios, no es un modelo que seguir, cada contexto y cada grupo tiene características distintas. El reto está en aplicar la estrategia correcta, que responda a los objetivos y necesidades de aprendizaje propias del contexto.

Flipped Classroom
Este modelo también conocido en español como aula invertida, es un tipo de B-Learning, que consiste en invertir la estructura de la clase tradicional de modo que las lecciones teórico prácticas que debe dictar el profesor en el aula, sean vistas por el estudiante en casa, por medio TIC (típicamente videos). Los ejercicios y actividades que comúnmente se realizan como tarea en casa, se realizan en el aula con la guía del profesor.

La dinámica en el aula se transforma, de un ambiente centrado en la transmisión de información del profesor a un grupo de estudiantes pasivos, a un ambiente de aprendizaje activo donde el profesor simplemente guía y facilita el proceso de aprendizaje.
Se trata de un enfoque integral que combina la instrucción directa con métodos constructivistas, el incremento de compromiso e implicación de los estudiantes con el contenido del curso y mejorar su comprensión conceptual. Se trata de un enfoque integral que, cuando se aplica con éxito, apoyará todas las fases de un ciclo de aprendizaje.

La creación de este modelo se atribuye a Jonathan Bergmann y Aaron Sams, dos profesores de química de nivel medio superior en Colorado, E.U. Bergmann y Sams se dieron cuenta de que los estudiantes frecuentemente perdían algunas clases por determinadas razones, y tenían problemas en entender las lecciones y realizar las tareas en casa. En un esfuerzo para ayudar a estos alumnos, impulsaron la grabación y distribución en video de las lecciones. Lo que inicio como una estrategia para apoyar a estudiantes menos aventajados, se convirtió en un modelo que permite al profesor centre más la atención en las necesidades individuales de aprendizaje de cada estudiante [25].

Esta innovación de la práctica educativa permite al estudiante:

• La autonomía para ver las lecciones en video en el tiempo y espacio que desee, con la ventaja de usar los controles de pausa, regresar y repetir las lecciones las veces que sea necesario.
• La flexibilidad para que estudiantes que se ausentan, por cualquier causa puedan ver las video lecciones y no atrasarse en los contenidos con el resto de la clase.
• Más tiempo de interacción en el aula, con el profesor y otros estudiantes centrado en el aprendizaje.
• Tener un rol activo y mayor responsabilidad sobre su propio proceso de aprendizaje.
• La posibilidad de que el profesor atienda de manera personalizada una diversidad de estudiantes, desde el nivel de excelencia hasta estudiantes con necesidad de atención especial.

Gamificación del Aprendizaje.
Gamificación es el término castellanizado del inglés Gamification, que se refiere al proceso de integrar elementos del diseño, mecánicas y dinámicas, propias de los videojuegos en contextos no lúdicos. Con el fin de potenciar la motivación, la concentración, el esfuerzo y otros valores positivos comunes a todos los juegos. Se trata de una nueva y poderosa estrategia para influir y motivar a grupos de personas.

Para Kapp la gamificación es la utilización de mecanismos, la estética y el pensar como jugador, para atraer a las personas, incitar a la acción, promover el aprendizaje y resolver problemas.

El componente más crítico de la gamificación es como promover el "pensar como jugador", es decir la conversión de una actividad cotidiana en una oportunidad para el aprendizaje y el crecimiento personal. La gamificación no trivializa el aprendizaje; es un método de motivación intensivo para el entrenamiento corporativo y la educación [26].

La gamificación se ha estado usando con éxito, como una poderosa herramienta para lograr cambios de comportamiento y actitud en los usuarios, en ámbitos como la psicología, los negocios, la industria del software, mercadotecnia, TV entre otros.

Actualmente, más del 50% de las compañías norteamericanas utiliza procesos de gamificación en por lo menos, un aspecto de su área laboral [27].

Dado su potencial para aumentar el compromiso y el disfrute, investigadores y académicos han propuesto la gamificación como una manera de transformar la educación [28]–[30].

Además, los estudiantes en el nivel superior tienen en promedio más de diez mil horas interactuando con videojuegos, por lo que están habituados a las técnicas mecánicas, dinámica y a la parte emocional y social de estos sistemas.

En el ámbito de la educación no es nuevo el uso del juego como actividad de aprendizaje, se ha utilizado por años sobre todo en el nivel básico.

La diferencia fundamental entre una actividad lúdica de aprendizaje y un proceso de gamificación de la educación, es que esta última cuando se aplica de manera efectiva incluye técnicas características del diseño de videojuegos como: la estructura en niveles, los incentivos, ganancias, puntos, retos, reconocimiento social, para mantener el interés y la motivación de los jugadores y provocar su permanencia y compromiso por continuar en el juego, interactuando con los contenidos que se desea que aprenda [31].

Implementando un proceso de gamificación en el aula, los estudiantes se motivarán con otras maneras de aprender y/o disfrutar de tareas y actividades que de otro modo serian tediosas y aburridas [32].

Los videojuegos son atractivos y motivantes porque estimulan e impactan las áreas cognitiva, emocional y social de los jugadores, un proceso de gamificación en educación debe enfocarse también en esas tres áreas.

La gamificación tiene un gran potencial en la educación, si se logra aplicar con efectividad las técnicas del juego que provocan una predisposición psicológica a seguir jugando, interactuando con los contenidos y la información que el alumno debe aprender de manera significativa, para contribuir al logro de los objetivos de aprendizaje.

De manera que el estudiante este intrínsecamente motivado por disfrutar realizando cada una de las actividades del curso. Con una retroalimentación instantánea de los logros obtenidos, reconocimiento social y una clara visión del progreso que logra, es posible motivar al estudiante de la misma forma como lo hace utilizando su video juego favorito.

Estos efectos son causados por los elementos, que se conocen en la terminología de la gamificación, por sus siglas en inglés, como PBL (Points, Badges, Leaderboard), puntos, insignias y tablero de líderes [33], [34].

La gamificación como estrategia innovadora de aprendizaje, aprovecha el conocimiento que ha generado la industria de los videojuegos durante su evolución, en diseño, psicología, motivación intrínseca, motivación extrínseca y la teoría autodeterminación [35], [36].

4. REFLEXIONES FINALES

Los países en vías de desarrollo de la región Latinoamericana deben impulsar políticas para fortalecer sus sistemas ciencia, tecnología e innovación. Transformar la educación para formar ciudadanos con las competencias que demandan las sociedades del conocimiento. Los activos intelectuales y las innovaciones tecnológicas son indispensables para el desarrollo y crecimiento económico de los países. Para formar el recurso humano capaz de desarrollarlas, es necesario replantear la innovación educativa para obtener mejores resultados.

La innovación educativa si se centra solo en dotar de tecnologías a las escuelas, sin considerar la transformación de las prácticas de los profesores, seguirá sin resolver los problemas actuales de la educación. Por el contrario, solo se replicarán las mismas prácticas, pero con herramientas de un mayor costo. La innovación debe considerar las prácticas de los profesores, para lograr satisfacer las necesidades educativas de las sociedades del conocimiento.

Las tendencias educativas surgidas en el presente siglo tienen las siguientes características en común: son centradas en el aprendizaje, promueven el aprendizaje activo, otorgan autonomía y empoderan al estudiante como responsable de su propio proceso de aprendizaje.

Hace algunos años se afirmaba que el profesor debía necesariamente dominar las tecnologías para integrarlas en actividades de aprendizaje. Más allá de eso, hoy se requiere de un profesor capaz de crear ambientes en los que se facilite el aprendizaje centrado en el estudiante, considerando los diferentes estilos de aprendizaje, actuando como un guía y aplicando rigor a las actividades que los estudiantes realizan con las TIC.

La formación inicial y continua de los profesores debe centrase en esos aspectos y en dotar al profesor de competencias tecnológicas suficientes, que le permitan adaptarse rápidamente a los cambios que impongan nuevas tecnologías emergentes.

5. REFERENCIAS

[1] A. Oppenheimer, ¡Crear o morir!: La esperanza de Latinoamérica y las cinco claves de la innovación. New York: Vintage Español, 2014.

[2] The World Bank, "World Development Indicators |," 2016. [Online]. Available: http://wdi.worldbank.org/table/WV.2. [Accessed: 24-Jan-2018].

[3] Centro Interuniversitario de Desarrollo - CINDA, Red Emprendia, and Universia, La Transferencia de I+D, la Innovación y el Emprendimiento en las Universidades. Educación Superior en Iberoamérica. Informe 2015, 1st ed. Santiago: REDEMPRENDIA, 2015.

[4] BID, Ciencia, Tecnología e Innovación en América Latina y el Caribe. Un compendio estadístico de indicadores. Washington, D.C., 2010.

[5] R. Rangel Sostmann, "Evolucionar a una economía basada en el conocimiento," El Universal, Méxcio, p. Opinión, 16-Feb-2018.

[6] L. Olivé, "La cultura científica y tecnológica en el tránsito a la sociedad del conocimiento," vol. XXXIV, no. 136, pp. 49–63, 2005.

[7] C. Hidalgo, El triunfo de la información: La evolución del orden, de los átomos a las economías., 1st ed. Barcelona: Penguin Random House, 2017.

[8] K. Matssura, "Hacia las sociedades del conocimiento," Editor. UNESCO, p. 244, 2005.

[9] C. Cobo and J. W. Moravec, Aprendizaje invisible. Barcelona: Col·lecció Transmedia XXI, 2011.

[10] D. Tapscott, Grown up digital. How the net generation is changing your world, 1st ed. New York: McGraw Hill, 2009.

[11] C. Cobo, La Innovación Pendiente. Reflexiones (y Provocaciones) sobre educación, tecnología y conocimiento. Montevideo: Colección Fundación Ceibal, 2016.

[12] U. Pino Hernandez, Y. Pino Hernandez, J. Moreno Chaustre, S. Anaya Diaz, and P. Benavidez Piamba, Los Proyectos Pedagógicos de Aula para la Integración de las TIC, 2nd ed. Bogota: Sello Editorial Universidad del Cauca, 2011.

[13] M. Area, "La Integración Escolar de las Nuevas Tecnologías. Entre el Deseo y la Realidad.," Organ. y gestión Educ. Rev. del Fórum Eur. Adm. la Educ., vol. 10, no. 6, pp. 14–18, 2002.

[14] OECD, "Are there differences in how advantaged and disadvantaged students use the Internet?," PISA Focus, vol. 64, pp. 1–4, 2015.

[15] OCDE, OIE-UNESCO, and UNICEF, La naturaleza del aprendizaje: Usando la investigación para inspirar la práctica. Ginebra, 2016.

[16] G. Siemens, "Adios Ed Tech. Hola something else.," ELEARNSPACE, 2015. [Online]. Available: http://www.elearnspace.org/blog/2015/09/09/adios-ed-tech-hola-something-else/. [Accessed: 22-Feb-2017].

[17] K. Matssura, "Hacia las sociedades del conocimiento," Editor. UNESCO, p. 244, 2005.

[18] D. Riley, "Educational technology and practice: Types and timescales of change," Educ. Technol. Soc., vol. 10, no. 1, pp. 85–93, 2007.

[19] M. G. Moreno, "Formación de docentes para

la innovación," *Sinéctica*, vol. 17, pp. 24–32, 2000.

[20] ANUIES and UPN, "Documento Estratégico para La innovación en la Educación Superior," *Doc. estratégico para la innovación en la Educ. Super.*, pp. 7–26, 2004.

[21] J. M. Lavín, J. Balarezo-López, G. Naranjo-López, and V. Molina-Dueñas, "Innovación Frente al Nuevo Paradigma en las Universidades Ecuatorianas : la Experiencia de la Universidad Técnica de Ambato," *Rev. Iberoam. Sist. Cibernética e Informática*, vol. 14, no. 3, pp. 41–46, 2017.

[22] World Economic Forum, "The Future of Jobs Employment, Skills and Workforce Strategy for the Fourth Industrial Revolution," Cologny/Geneva, 2016.

[23] A. Bartolomé, "Blended learning . Conceptos básicos," *Píxel-Bit. Rev. Medios y Educ.*, vol. 23, pp. 7–20, 2004.

[24] R. Valdez, "Blended Learning Maximizing the Impact o fan Integrated Solution.," *Click to Learn*, 2001. [Online]. Available: http://drsticks.com/uploads/ID_Strategies_-_Blended_Learning.pdf. [Accessed: 12-Aug-2005].

[25] J. Bergmann and A. Sams, *Flip Your Classroom Reach Every Student in Every Class Every Day*, I. Washington, D.C.: ISTE, 2012.

[26] K. Kapp, "The Gamification of Learning and Instruction, Pfeiffer," *San Fr.*, p. 480, 2012.

[27] Gartner Research, "Gartner Says By 2015, More Than 50 Percent of Organizations That Manage Innovation Processes Will Gamify Those Processes," *Gart. Inc*, p. 2015, 2012.

[28] R. N. Landers and R. C. Callan, "Casual social games as serious games: the psychology of gamification in undergraduate education and employee training," in *Serious Games and Edutainment Applications*, 2011, pp. 399–423.

[29] J. McGonigal, "Reality is Broken: Why Games Make Us Better and How They Can Change the World," *New York*, p. 402, 2011.

[30] C. C. I. Muntean, "Raising engagement in e-learning through gamification," *6th Int. Conf. Virtual Learn. ICVL 2011*, no. 1, pp. 323–329, 2011.

[31] J. J. Lee, T. College, D. Ph, E. Hammer, and M. Interdisciplinary, "Gamification in Education : What , How , Why Bother ? What : Definitions and Uses," *Acad. Exch. Q.*, vol. 15, no. 2, pp. 1–5, 2011.

[32] M. D. Hanus and J. Fox, "Assessing the effects of gamification in the classroom: A longitudinal study on intrinsic motivation, social comparison, satisfaction, effort, and academic performance," *Comput. Educ.*, vol. 80, pp. 152–161, 2015.

[33] K. Werbach and D. Hunter, *For the Win. How GAME THINKING Can Revolutionize your Business*. Philadelphia: Wharton Digital Press, 2012.

[34] J. Antin and E. F. Churchill, "Badges in social media: A social psychological perspective," *CHI 2011 Gamification Work. Proc.*, pp. 10–13, 2011.

[35] A. F. Aparicio, F. L. G. Vela, J. L. G. Sánchez, and J. L. I. Montes, "Analysis and application of gamification," in *Proceedings of the 13th International Conference on Interacción Persona-Ordenador - INTERACCION '12*, 2012, pp. 1–2.

[36] I. Blohm and J. M. Leimeister, "Gamification," *Bus. Inf. Syst. Eng.*, vol. 5, no. 4, pp. 275–278, Aug. 2013.

Conexões Senac: Una Herramienta para la Enseñanza del Espíritu Empresarial

Ubiratam de Nazareth COSTA PEREIRA
upereira@sp.senac.br
Departamento de Hostelería, Centro Universitario Senac
Campos do Jordão, Av. Frei Orestes Girardi, 3549, São Paulo – 12460-000 - Brazil

RESUMEN

El Centro Universitario Senac, adopta el tema Emprendedorismo como eje transversal de su educación en su más elevado nivel. Además de su trabajo, pionero en diversas áreas del conocimiento, y al perseguir una formación más adherente al mercado de trabajo, el Centro Universitario Senac, promueve la competencia anual de planes de negocio conocido como Conexões Senac, abierto a todos los alumnos inscritos en sus cursos de pregrado. En su octava edición, el concurso Conexões Senac es una competencia que tiene por objetivo formar una cultura emprendedora entre los estudiantes universitarios. En cada edición, la participación de los alumnos es mayor. En un proceso de mejora continua, el analizar y el medir los beneficios de la participación de los alumnos en esa competencia empata con la misión de la institución que es "el desarrollo de personas y de organizaciones para la sociedad del conocimiento". Un evento que permite a sus participantes desarrollar habilidades de planificación, organización, trabajo en grupo, resolución de problemas, investigación y contacto con profesionales del mercado, que actúan en diferentes sectores de la economía (comercio, industria y servicios), entre otros. El objetivo de este artículo es presentar el concurso Conexões Senac, así como la participación de los alumnos de los cursos de pregrado y también los beneficios y habilidades desarrolladas derivadas de su participación en la disputa de una competencia de planes de negocio.

Palabras clave: Emprendedorismo, Educación emprendedora, Senac, Plan de negocio y Conexões Senac.

1. INTRODUCCIÓN

Después de China y de Estados Unidos, solamente Brasil posee 27 millones de personas involucradas en un negocio propio o en la creación de uno. En cifras absolutas, aparece en tercer lugar en el ranking de 54 países analizados por la encuesta Global Entrepreneurship Monitor 2011 (GEM), realizada anualmente y fruto de una asociación entre el Servicio Brasileño de Apoyo a las Micro y Pequeñas Empresas (SEBRAE) y el Instituto Brasileño de Apoyo a las Micro y Pequeñas Empresas de Calidad y Productividad (IBQP).

El fenómeno del emprendedorismo surge con fuerza como un resorte maestro que impulsa la nueva economía, y Brasil se ve ante un gran desafío de cara a las nuevas oportunidades que surgen en esta fase a nivel nacional y/o global. La capacitación de los individuos se vuelve foco emergente de las organizaciones de fomento y desarrollo económico, públicas o del tercer sector.

Las Instituciones de Enseñanza Superior (IES) también se enfrentan a este nuevo desafío por superar, relacionado a la preparación de este nuevo perfil de profesional orientado hacia la economía del conocimiento. La reproducción de modelos pedagógicos a menudo importados de otros sistemas de enseñanza y económicos, incluso desactualizados, no es suficiente para moldear este profesional. [1]. Los autores argumentan que el tema del emprendedorismo debe ser tratado en todos los cursos y en todos los niveles, puesto que la dinámica ambiental en la que las organizaciones están insertas ya no permite que los emprendedores individuales administren de la forma como lo hacían en el pasado.

Los autores todavía sostienen que las IES deben crear las condiciones para que el alumno pueda desarrollar e incorporar las habilidades necesarias del complejo y disputado mundo de negocios en el que vivimos, al llevarlo a asumir el papel de agente transformador de una sociedad repleta de contradicciones e injusticias, conciliando las complejas relaciones entre lo racional y lo emocional para crear nuevos mecanismos de justicia social, así como nuevas alternativas de desarrollo económico.

La promoción de la interdisciplinariedad para cuestiones orientadas al emprendedorismo debe ser contemplada en todas las disciplinas y dentro del cuerpo docente, de forma que esta discusión se convierta en un tema transversal, pues poco ayuda el tener como propuesta pedagógica el desarrollo de emprendedores si no existen una fuerte, constante y duradera voluntad, así como la actuación de todos los involucrados, desde la cúpula de la institución hasta la sala de clase.

El objetivo de este trabajo es presentar el concurso de emprendedorismo Conexões Senac, así como la participación y la movilización de los alumnos de los cursos superiores del Centro Universitario Senac ocasionadas por el evento.

Este texto está estructurado de forma que inicialmente se presentan los conceptos de emprendedorismo, emprendedor y el monitoreo de la actividad emprendedora, con énfasis en sus características e importancia dentro del contexto social y económico. Después, se abordan los aspectos de la educación emprendedora, sus características más significativas, la institución de la enseñanza del emprendedorismo en los niveles superiores de enseñanza en Brasil, los concursos de planes de negocio y el concurso Conexões Senac. A continuación, se esboza la metodología científica utilizada, posteriormente se presenta la discusión de los resultados alcanzados, y finalmente se exponen las consideraciones finales.

2. EMPRENDEDORISMO

El emprendedorismo ha sido estudiado, con mucho énfasis, como un fenómeno económico y social en las últimas décadas. Bygraves y Zacharakis [2] resaltan que vivimos la edad del emprendedorismo y que, en el año 2006, cerca de medio millón de personas estaban activamente involucradas la apertura de un negocio propio o eran propietarias de su negocio. El emprendedorismo, continúan los autores, "es la esencia de la libre empresa, porque el surgimiento de nuevos negocios revitaliza la economía de mercado".

El papel del emprendedorismo en el desarrollo económico implica más que únicamente el aumento de la producción y de renta per cápita; implica iniciar y constituir cambios en la estructura del negocio y de la sociedad [3].

Para la Organización para la Cooperación y el Desarrollo Económico (OCDE) [4] el emprendedorismo «es una manera de ver las cosas y un proceso para crear y desarrollar actividades económicas basadas en riesgos, creatividad e innovación de gestión, dentro de una organización nueva o ya existente».

Julien [5] destaca que para hablar de emprendedorismo:

> [...] es necesario adoptar una visión amplia, ya que para comprenderlo es imprescindible considerar diferentes tipos de individuos (de acuerdo edad, sexo, orígenes, formación), diferentes formas de organización (de acuerdo con el mismo el sector, lazos con las otras empresas, etcétera), diferentes ambientes socioeconómicos –cercanos (el medio) o más lejanos (el mercado, la economía)– y diversas épocas (el tiempo).

La innovación, la osadía y concreción, la capacidad de crear oportunidades, así como el hecho de correr riesgos calculados, están asociados al emprendedorismo. También la creación de un nuevo negocio o el implantar innovaciones están asociados a los conceptos de emprendedorismo [6].

Este enfoque conversa con la argumentación de Baron y Shane [7] que comprende el emprendedorismo como un proceso, al ser fundamental considerar:

1. Las condiciones económicas, tecnológicas y sociales de las que surgen las oportunidades;
2. Las personas que reconocen estas oportunidades (los emprendedores);
3. Las técnicas de negocios y las estructuras jurídicas que utilizan para desarrollarlas;
4. Los efectos sociales y económicos producidos por tal desarrollo.

Sin embargo, el proceso emprendedor sólo puede ser desencadenado por el reconocimiento de una oportunidad, por una o más personas, el emprendedor.

Dornelas [8] destaca que en cualquier definición de emprendedorismo, se encuentran al menos los siguientes aspectos referentes al emprendedor:

1. Iniciativa para constituir un nuevo emprendimiento y pasión por lo que hace.
2. Utiliza los recursos disponibles de forma creativa, al transformar el ambiente social y económico donde vive.
3. Acepta asumir riesgos y la posibilidad de fracasar.

En resumen, el emprendedor es una persona que tiene una motivación que lo lleva a realizar una tarea. Para Trias de Bes [9] la motivación, es decir, la voluntad, la esperanza y el profundo deseo de emprender se constituyen como uno de los principales elementos para alcanzar el éxito.

3. EDUCACIÓN EMPRENDEDORA (EE).

¿Enseñar el emprendedorismo es posible? Peter Drucker abogaba por el emprendedorismo como una disciplina que podría aprenderse. El hecho es que interesa a los países en general incentivar la cultura emprendedora en todos sus niveles, como un instrumento para el desarrollo económico y social [10].

Lopes [10] muestra en su artículo el resultado de investigaciones hechas en Europa con participantes de programas formales de la enseñanza de emprendedorismo en IES, en el que se puede destacar:

- La mayoría creyó que el programa ayudó a desarrollar las habilidades emprendedoras, sobre todo trabajar en equipo, resolver problemas, tomar decisiones y pensar persiguiendo el éxito económico;
- El 55% de los exalumnos identificaron una mayor capacidad para dirigir un negocio y el 44% ha incrementado su voluntad para establecer un negocio.

La EE puede tener varios significados según los niveles educativos, o en su caso, de escuelas vocacionales, sin embargo, el objetivo general es desarrollar la especialidad/pericia del emprendedor.
La autora también muestra las consideraciones del informe de la Unión Europea (UE, 2002), donde se recomienda a la IES que estas desarrollen habilidades técnicas para la identificación y la evaluación de oportunidades de negocios, con enfoque en el desarrollo de un plan de negocio real, así como en la creación y en la gestión de un negocio. Así también, reconocen que es papel de la IES viabilizar la implementación de los proyectos bien analizados y fundamentados, por medio de orientación, consultoría, préstamos especiales y facilidades para el negocio.

El fenómeno del emprendedorismo, en el cambio del siglo, adquirió una posición destacada en el medio empresarial, en las instituciones de enseñanza y en la sociedad, como un todo. Al analizar el escenario económico mundial actual de recesión, es fundamental destacar la importancia del emprendedor en su papel para el desarrollo de los países y como un generador de empleos. Aunque no es un tema reciente, este "fenómeno" es un elemento de gran impacto positivo en la economía, el cual debe ser difundido [11].

Los autores Op. cit., también destacan que, por diversos motivos, la empredología —que analiza las actividades, características, efectos sociales y económicos, así como sus métodos de soporte utilizados para facilitar la expresión de la actividad emprendedora— está siendo cada vez más estudiada y difundida. Enumeran varios factores explicativos para el alto crecimiento del interés por el emprendedorismo, al destacar como principales, entre otros, los "que se derivan de las grandes transformaciones sociales, económicas, políticas y tecnológicas de la sociedad contemporánea", a saber:

- Necesidad por parte de las universidades en desarrollar competencias y habilidades en los estudiantes —al hacer posible su inserción en el mundo del trabajo—, es decir, la capacidad de supervivencia en una sociedad altamente competitiva;
- Crecimiento del sector de servicios en detrimento de otros sectores tanto en la economía brasileña como en la economía mundial;
- Aumento global en el nivel de desempleo;
- Alto grado de mortalidad de las nuevas empresas;
- Globalización e internacionalización de la economía, al exigir un aumento de la competitividad de las empresas;
- Transformaciones en el mundo del empleo y del trabajo;

- Necesidad de implantación de sistemas de gestión que faciliten y favorezcan la implantación del intraemprendedorismo en las organizaciones;
- El aumento de la participación de las pequeñas y medianas empresas en la producción global.

Dolabela [12] destaca la importancia de la diseminación de la enseñanza de emprendedorismo en todos los niveles educativos, en la cual la universidad es su punto de partida, pues se constituye como una fuerte formadora de opinión y multiplicadora del saber. Sin embargo, diseminar la cultura emprendedora desde la educación infantil, que es la primera etapa del sistema educativo, puede constituirse en una importante herramienta en la modificación de las estructuras culturales de la sociedad contemporánea, orientada hacia la generación de valores emprendedores positivos que priorizan la distribución de la riqueza, la ciudadanía, la ética y la libertad en todos sus niveles, con respeto al hombre y al medio ambiente, en lugar de elementos tradicionales como la valorización del empleo, la aversión al riesgo y la dependencia de los gobiernos.

Lavieri [13] expone que la enseñanza de emprendedorismo no se inició en las escuelas regulares como una habilidad que debía ser desarrollada en los alumnos y tampoco en las discusiones filosóficas de los educadores. Su génesis está ligada a los cursos de administración de empresas, casi como una necesidad práctica. Nació y se desarrolló dentro de las facultades de administración, y es allí donde se elaboran las investigaciones sobre los emprendedores.

El autor también destaca el curioso distanciamiento entre los profesionales que se preocupan por la educación y los dirigidos a la formación de emprendedores y hace notar la escasez de estudios orientados al tema.

Tanto Dolabella [12] y Lavieri [13] se remontan a la historia de la enseñanza de emprendedorismo, la cual surgió primeramente en los Estados Unidos, en escuelas de administración y luego se extendió por diversos países. La Harvard Business School, creó en 1947, a través de Myles Mace, un curso sobre administración de pequeñas empresas. En 1953, Peter Drucker, en la Universidad de Nueva York, inicia un curso de emprendedorismo, no únicamente orientado a la gestión de pequeñas empresas, sino también al abordaje de la temática de la innovación. En el año 1948, la Universidad de St. Gallen, en Suiza, promueve la primera conferencia sobre pequeñas empresas y sus problemas. En 1956, la Universidad de Colorado, promueve una conferencia sobre el desarrollo de pequeños negocios, de la cual, se originaría el International Council of Small Business (ICBS), hoy, la mayor asociación orientada a las investigaciones de espíritu emprendedor.

En Brasil, el primer curso del que se tiene noticia en el área surgió en 1981, en la Escuela de Administración de Empresas de la Fundación Getúlio Vargas, en São Paulo, por iniciativa del profesor Ronald Degen, y la disciplina tenía como título "Nuevos Negocios" [12].

Competencias de Planes de negocio
El plan de negocio es un documento que contiene la motivación, la caracterización, la forma de operar, las estrategias, así como el plan para viabilizar las proyecciones de gastos, los ingresos, los resultados financieros y sociales del emprendimiento [14].

En la última década, hubo un significativo crecimiento en el número de competencias de planes de negocio en el ámbito de las escuelas de administración, que transformaron estos concursos en herramientas de EE. Las competencias se alían a la enseñanza de la metodología de desarrollo del plan de negocio [15].

Los autores citan como la primera la competencia de plan de negocio a Moot Corp, promovida por la Universidad de Texas, en Austin (EE.UU.), en 1984 y que se realiza hasta el día de hoy.

Entre las numerosas justificaciones para la realización de este tipo de competencia, los autores destacan:

- La importancia de que los alumnos formulen sus ideas sobre nuevas empresas y experimenten el mundo empresarial en un ambiente seguro y libre de riesgos;
- La oportunidad de aprender desde la etapa inicial de la creación de un nuevo negocio, pasando por el diseño de la compañía hasta el lanzamiento de la empresa.
- El fomento de la actividad emprendedora y la conexión entre emprendedores y fuentes de financiamiento;

- Mientras que los alumnos están acostumbrados a exámenes escritos, esta es una oportunidad para defender oralmente sus ideas ante un panel de jueces, al darles un mejor entrenamiento para colaborar con sus pares de diferentes disciplinas, transmitir ideas, venderse mejor a sí mismos y a sus productos, características que se buscan en el mundo real de negocios.

La metodología de la organización varía mucho de institución a institución, pero de manera general se divide en inscripción (individual o en grupo), la identificación de una oportunidad de negocio, sea producto o servicio, y finalmente la presentación del plan de negocio detallado. Clases, talleres y sesiones de asesoramiento permean las fases intermedias.

Conexões Senac: Emprendedorismo e Innovación

En su octava edición, el concurso Conexões Senac es una competencia que tiene por objetivo formar una cultura emprendedora entre los estudiantes universitarios del Senac São Paulo, estimulando la difusión y aplicación de los conceptos de emprendedorismo en sus vertientes de actitud y técnica, así como sus conexiones con las diversas áreas de conocimiento ofrecidas por los cursos del Senac São Paulo.

En esa competencia, los estudiantes participaban en actividades de capacitación sobre las habilidades relacionadas con el proceso emprendedor y, organizados en equipos, desarrollaban proyectos de emprendimientos, que eran evaluados por académicos y por especialistas de mercado. A lo largo de las siete ediciones anteriores, más de 2.400 alumnos se inscribieron en la competencia, formando 398 equipos. De ellos, 156 tuvieron sus proyectos evaluados. Estos equipos pasaron por un total de 85 capacitaciones, lo que significa aproximadamente 340 horas de inmersión en asuntos relacionados al emprendedorismo [16].

En su primera edición, en el año 2005, Conexões Senac, se presentó únicamente en el Centro Universitario Senac campus Santo Amaro (CAS), ubicado en la ciudad de São Paulo (SP), y a partir de 2006, el concurso se expandió a los campus ubicados en las ciudades de Aguas de San Pedro (CAP) y Campos do Jordão (CAJ), ambas ciudades, también en el estado de São Paulo.

En general, la dinámica del concurso estaba compuesta por el período de divulgación del evento, el período de inscripciones, talleres de capacitaciones, entrega del plan de negocios, exposición del proyecto, panel de presentación oral, evaluación de los planes de negocio y premiación, esta siempre es realizada en el Auditorio del Centro Universitario campus Santo Amaro (CAS).

La cantidad de alumnos participantes estaba limitada a una determinada proporción para cada campus, y en función de esta limitación, era común el uso de una lista de espera, cuando se daba la renuncia de algún alumno inscrito.

En cada edición, esta dinámica recibía modificaciones con la intención de mejorar el desempeño, tanto de la organización como de los alumnos participantes.

Los criterios centrales del jurado se dividían entre:

a) Evaluación técnica del plan de negocios, 60% de la nota final, que incluía:
   - Innovación de la idea central del proyecto;
   - Aplicabilidad del modelo de implementación de la oportunidad;
   - Comprensión de los conceptos de espíritu emprendedor;
   - Conexión entre las diferentes áreas del conocimiento
   - Creatividad en las soluciones presentadas;
   - Corrección gramatical y ortográfica;
   - Razonamiento lógico, y
   - Poder de síntesis de emprendedorismo.
b) Evaluación del panel oral, 40%. En algunas ediciones, se optó que la presentación oral se realizara antes de la entrega del plan de negocio, con la finalidad de incluir más informaciones que pudieran contribuir al perfeccionamiento del proyecto escrito.
c) Exposición del proyecto, en formato de paneles, que sucedió en algunas ediciones
d) Exposición virtual, a partir de la edición de 2008, que concedía 0,5 puntos, para los equipos que publicaran un vídeo sobre su proyecto en el canal de Conexões Senac en YouTube.

Durante el período del concurso, se ofrecían a los alumnos, capacitaciones en el formato talleres sobre temas relacionados al emprendedorismo, como actitud emprendedora, creatividad e innovación; y, temas técnicos como marketing y planificación financiera. Estas capacitaciones se realizaban en los tres campus, en fechas y en horarios variados, lo que hacía posible la participación de alumnos que estudia en períodos diferentes. La frecuencia era obligatoria de por lo menos un integrante de cada equipo por capacitación. Esto podría llevar a la desclasificación de un equipo, en función de la ausencia de todos sus participantes. En promedio, se realizaron de 6 a 8 capacitaciones por edición del concurso.

Para impartir esas capacitaciones, se contrataron profesionales con experiencia de mercado, en diversas áreas del conocimiento, o emprendedores ya consolidados en el mercado, a fin de que compartieran sus experiencias de vida personal y profesional, al relatar los obstáculos y las dificultades encontradas en su trayectoria de vida.

El acompañamiento junto a los alumnos tenía el objetivo de hacer que los participantes continuaran sintiéndose acogidos por la Comisión Organizadora del concurso y que en consecuencia llegaran hasta el final [17]. Este seguimiento se daba por medio de contactos telefónicos, correos electrónicos o turnos de dudas, que se realizaban en cada uno de los campus.

A partir de la segunda edición, se estableció una premiación para los tres mejores proyectos, la cual contemplaba a todos los integrantes del equipo: un viaje internacional a un centro de referencia en estudios de emprendedorismo, ayuda de costo, cursos gratuitos en el Senac São Paulo, y en las últimas ediciones, los tres primeros colocados también recibían una asesoría para la implementación del proyecto.

4. METODOLOGÍA

En cuanto a los objetivos, el propósito de este trabajo es exploratorio, y sirve para familiarizarnos con fenómenos relativamente desconocidos, obtener información sobre la posibilidad de realizar una investigación más completa relacionada con un contexto particular, investigar nuevos problemas, identificar conceptos o variables promisorias [18].

Un levantamiento bibliográfico fue hecho para la revisión de literatura, con la finalidad de estructurar los conceptos claves que sostienen la argumentación. La investigación documental fue elaborada sobre los informes de actividades de cada edición del concurso Conexões Senac, proporcionados por el Núcleo de Emprendedorismo, para el levantamiento de datos sobre cada edición y su posterior consolidación del período analizado entre los años 2005 y 2012.

El enfoque de la investigación será tanto cuantitativa (ya que ese tipo de investigación pretende hacer mediciones y los fenómenos estudiados deben poder ser observados o referirse al "mundo real" [19]) como cualitativa (ya que puede ser accionada si existe la necesidad de datos profundos y relativos a motivaciones, percepciones, sentimientos y emociones [18]). Un cuestionario en línea fue puesto a disposición por medio de correo electrónico para alumnos dando la posibilidad de externalizar la importancia de su participación en la competencia.

En el período de 05/01/2015 a 05/02/015 se aplicó un cuestionario en formato en línea, enviado por correo electrónico, a través de la herramienta Survey Monkey. Se obtuvo un retorno del 3% de respondedores, indicando un error de muestreo del 12%, siendo el ideal del 5%.

5. RESULTADOS Y DISCUSIÓN

Análisis Cuantitativo

El período analizado comprende las ediciones de Conexões Senac de 2005 a 2012. Se refuerza el hecho de que en la edición de 2005 sólo los alumnos del CAS participaron en el evento, por lo que fue abierto a los demás campus a partir de la edición de 2006.

El principal objetivo aquí es el analizar la cantidad de alumnos inscritos por curso en cada edición, la cantidad de proyectos presentados y evasiones de la competencia.

De acuerdo con los datos identificados, participaron, en total, 2.483 alumnos, 1.388 mujeres, que representaron aproximadamente el 56% de los alumnos inscritos y 1.095 hombres, que representaron el 44% de los alumnos inscritos.

Estas cifras, pueden sugerir un cambio del perfil sociodemográfico en el mercado de trabajo, actual y futuro, que integra cada vez más la participación de la mujer en el mercado de trabajo.

En las ediciones analizadas (2005 a 2012), el CAS tuvo el 75% de los alumnos inscritos, hecho esperado debido a su estructura y cantidad de cursos ofrecidos, El CAP contribuye con el 15% de los alumnos participantes y el CAJ con el 10% de los alumnos, conforme se presenta en la FIGURA 1.

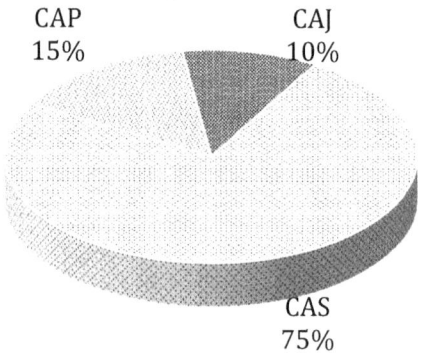

FIGURA 1 - Cantidad total de alumnos inscritos en las ediciones de 2005 a 2012, por campus.

A lo largo de las ocho ediciones analizadas, los alumnos que participaron del concurso Conexões Senac, provenían de un total de 37 cursos de pregrado. Se identifica que los cursos del área de hospitalidad, como los cursos de Tecnología en Gastronomía (18,2%), Tecnología en Hostelería (12,6%) y Licenciatura en Hostelería (12,3%), que son los cursos ofertados por más tiempo en la institución, suman juntos, más del 43% de los alumnos inscritos a lo largo de esas ocho ediciones. A esto se justifica también el hecho de que estos cursos de Tecnología cuentan con la participación de los alumnos de los campus de CAP y CAJ, que se desempeñan específicamente en esos segmentos.

La FIGURA 2 ilustra una síntesis de los diez cursos que más contribuyeron a la inscripción de los alumnos en la competencia, en las ocho ediciones analizadas.

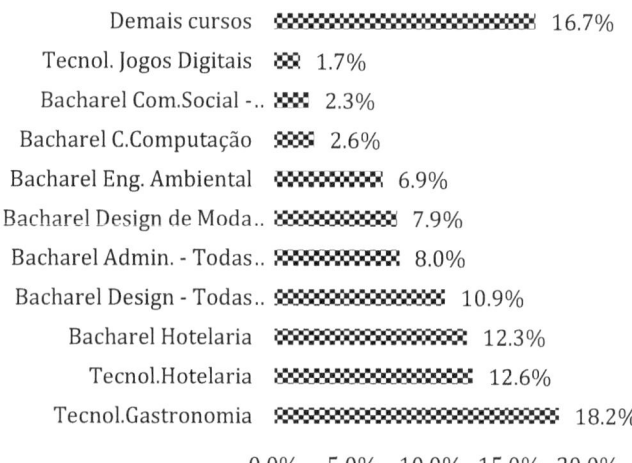

FIGURA 2 - Los diez cursos con más alumnos inscritos para el concurso Conexões Senac.

Análisis Cualitativo

Los respondedores presentaban un perfil compuesto de 44% del sexo masculino y 56% femenino; el 72% estaban en el rango de edad entre 22 y 25 años, los demás por encima de los 29 años.

En términos de empleabilidad, el 46% trabajaba como empleados en su área de formación; 20% trabajaban como empleados en otras áreas de formación; el 14% estaban desempleados; el 11% son propietarios/socios de emprendimientos dentro de su área de formación y el 9% son propietarios/socios de emprendimientos fuera de sus áreas de formación, en esos dos casos, las empresas se distribuían en un 57% en emprendimientos de servicios y en un 43% de emprendimientos del sector del comercio.

De los encuestados, el 64% participó una vez en la competencia, el 30% participó dos veces, el 4% participó 3 veces y sólo el 2% llegó a participar 4 veces.

Durante el proceso de capacitación, el 52% declaró haber participado en todas las capacitaciones, el 25% participó en alguna capacitación ofrecida por la organización del concurso, el 12% participó en alguna de las capacitaciones, pero abandonaron la competencia y sólo el 11% asumió que no participó en ninguna de las capacitaciones ofrecidas.

Entre los motivos que llevaron a los alumnos a abandonar la competencia, el 24% declaró la incompatibilidad de agenda académica con la agenda de las capacitaciones ofrecidas por la organización, 24% alegó dificultad o falta de afinidad con los temas abordados durante las capacitaciones; el 18% presentó dificultades para conciliar la agenda personal con la agenda de la competencia; el 18% no creía en su idea del proyecto, el 12% tenía dificultades para trabajar en equipo y el 6% alegaba dificultades de acceso a la organización de la competencia.

Entre los principales factores motivadores en participar en el Concurso Conexões Senac, el 43% declaró, como principal motivo, la posibilidad de aumentar el abanico de conocimientos más allá de la malla curricular de su curso, 40% vislumbraban la posibilidad de emprender un negocio propio, después o durante la facultad, el 6% estaba motivado por los premios ofrecidos, el 4% creía en una "gran idea" de negocio y el 6% señalaba otros motivos.

Entre las mayores dificultades señaladas por los participantes, bajo la óptica individual, el 19% destacó la lectura con las proyecciones financieras, el 15% por la dificultad de planificación y cumplimiento de metas, el 13% por la investigación y la búsqueda de informaciones, el 12% por la redacción del texto, el 9% trabajar en equipo/personas, el 6% hablar en público y el 14% otras dificultades.

En cuanto a la óptica de trabajo en equipo, el 19% señaló que la dificultad principal encontrada fue de investigación de campo y levantamiento de informaciones, el 17% en lo referente al desarrollo de la planificación, el 16% en el dimensionamiento de los recursos necesarios para la ejecución del emprendimiento, el 13% en la definición del concepto del producto/servicio, el 8% en las fuentes de financiación, el 7% en la investigación bibliográfica sobre el tema, el 7% en el desarrollo del plan de marketing, el 7% en la elaboración de la planificación estratégica y el 6% otras dificultades.

Después de la participación en el Concurso Conexões Senac, el 19% declaró estar apto a emprender, el 72% se sentía parcialmente preparado para emprender y el 9% demostró estar poco preparado para emprender. Así, el 53% de los encuestados cree que algún día abrirá su propio negocio, el 30% pretende, decididamente, abrir su propio negocio, el 11% tiene un negocio propio y pretende expandirlo, y el 6% prefiere trabajar como empleado y no pretende emprender un negocio propio.

Cuando se les preguntó cuál sería la principal motivación para emprender un negocio propio, el 36% apuntó a la realización personal; el 19% indicó la autonomía y la libertad personal, el 17% la conquista de la independencia financiera, el 13% el auxiliar a otras personas y crear valor para la sociedad, el 11% la ejecución de una excelente idea u oportunidad de negocio y el 4% otros factores.

Entre los principales beneficios de haber participado en el Concurso Conexões Senac, de acuerdo con los encuestados, destacan:

- El 75% afirma que su participación contribuyó al desarrollo de competencias y madurez personal (autoconocimiento, reconocimiento de ganancias y pérdidas, administración de sus emociones);
- El 75% afirma que su participación contribuyó al desarrollo de capacidades de gestión (planificación financiera y marketing, aspectos jurídicos y legales, alineación de la estrategia del negocio y la estructura del negocio desarrollado);
- El 80% habilidades para implementar nuevas ideas;
- El 86% declara que su participación contribuyó al desarrollo de competencias emprendedoras (habilidad para desarrollar el concepto del plan de negocios, entendimiento del ambiente de mercado, reconocimiento de oportunidades).

6. CONSIDERACIONES FINALES

Se puede concluir que el emprendedorismo es un fenómeno económico, cultural y social que propicia el desarrollo de nuevos negocios, acciones sociales o proyectos corporativos, que busca resolver problemas, promueve la creación de valor para la sociedad, la mejora de la calidad de vida y la satisfacción de los clientes, impulsado por una actitud proactiva y perseverante, aliada al conocimiento y enfocada en la obtención de resultados positivos.

Las actitudes y los conocimientos pueden ser enseñados y aprendidos. La universidad desempeña un papel fundamental como resorte propulsor en el desarrollo y la multiplicación del saber.

Nuevas necesidades y nuevos problemas exigen, en consecuencia, nuevas soluciones. Nuevas soluciones que están basadas en nuevos saberes y en nuevas prácticas, impulsadas por la creatividad, la investigación y la innovación.

El emprendedorismo es una práctica, que debe desarrollarse dentro y fuera de la sala de clase. Nuevas dinámicas se hacen necesarias. Experimentar es una de las posibilidades.

El concurso Conexões Senac propició, a lo largo de ocho ediciones, la posibilidad de experimentar el emprendedorismo. Muchos intentaron, pero solamente los perseverantes, concluyeron las etapas, y el número de evasiones fue bastante alto.

Por medio de capacitaciones, en diversas áreas del conocimiento, los alumnos fueron desafiados a buscar su mejoría y a encontrar soluciones para los más variados problemas y dificultades para alcanzar sus objetivos.

El concurso Conexões Senac se mostró como una herramienta efectiva en la transformación y evolución personal de los participantes que recorrieron todo el ciclo del evento. Movilizó a alumnos, profesores, empleados, además de crear una amplia red de relaciones entre instituciones de enseñanza, organizaciones empresariales, alumnos y emprendedores.

Fueron identificaron dos grandes desenvolvimientos por la organización del evento, desde la primera edición:

1. La posibilidad de crear una incubadora de empresas ya sea con recursos propios o por medio de alianzas con la iniciativa privada;
2. El desarrollo de un programa o de cursos libres de emprendedorismo, creatividad e innovación, elementos claves en la creación de nuevos negocios, empresas, acciones sociales o iniciativas corporativas.

Queda como sugerencia para trabajos futuros, investigar de forma semejante los desenvolvimientos de la nueva competencia de Emprendedorismo e Innovación que sustituyó a Conexões Senac, **¡Empreenda!**, que está estructurado en cuatro categorías distintas entre los cursos de pregrado, cursos de posgrado, cursos técnicos y programas de formación gratuita (menor aprendiz y educación para el trabajo). Esta nueva competencia viene con un formato distinto, con capacitaciones vía *web*, y abarca el mayor número de cursos posibles de todo el Senac São Paulo y hace posible la participación de un número mayor de alumnos y un mayor acceso al conocimiento de prácticas emprendedoras.

7. REFERENCIAS

[1] GUERRA, M. J.; GRAZZIOTIN, Z. J.; Educação empreendedora nas universidades brasileiras. En: LOPES, R. (org.). Educação empreendedora: conceitos, modelos e práticas. Rio de Janeiro: Elsevier, 2010. p. 67-91.

[2] BYGRAVE, W.; ZACHARAKIS, A. Entrepreneurship. Hoboken, NJ (USA): John Wiley & Sons, 2008.

[3] HISRICH, R. D.; PETERS, M. P.; SHEPHERD, D. A.; Empreendedorismo. 7 ed. Traducción Teresa Felix de Souza. Porto Alegre: Bookman, 2009.

[4] ORGANIZAÇÃO PARA COOPERAÇÃO E DESENVOLVIMENTO ECONÔMICO – OCDE (Organisation for Economic Co-operation and Development – OECD). Disponible en <http://www.oecd.org/>. Acceso en 20 jul 2013.

[5] JULIEN, Pierre-André. Empreendedorismo Regional e Economia do Conhecimento. Traducción Márcia Freire Ferreira Salvador. São Paulo: Saraiva, 2010.

[6] SOUZA, S. de; HOELTGEBAUM, M.; SILVEIRA, A. O ensino de empreendedorismo do Paraná e do Rio Grande do Sul. Dynamis - Revista Tecno-Científica. n 14. vol 1(jan-mar/2008).

[7] BARON, R. A.; SHANE, S. A.; Emprendedorismo. Uma visão do processo. Traducción All Tasks. São Paulo; Thomson Learning, 2007.

[8] DORNELAS, J. C. A.; Empreendedorismo na prática. Mitos e verdades do empreendedor de sucesso. Rio de Janeiro: Elsevier, 2007.

[9] TRÍAS de BES, F.; O livro negro do empreendedor. Depois não diga que não foi avisado. 4 ed. Traducción Luís Carlos Cabral. Rio de Janeiro: BestSeller, 2012.

[10] LOPES, R. M. A.; Referenciais para a educação empreendedora. En: LOPES, Rose (Org.). Educação empreendedora: conceitos, modelos e práticas. Rio de Janeiro: Elsevier, 2010, p.17-44.

[11] HOELTGEBAUM, M.; TOMIO, D.; DREHER, M.; Uma nova concepção do ensino do empreendedorismo, uma visão além dos *business plan*. En: EGEPE – Encontro de Estudos sobre Empreendedorismo e Gestão de Pequenas Empresas 3, 2003. Brasília. Anais...Brasília: UEM/UEL/UnB, 2003, p. 161-170.

[12] DOLABELA, F.; Oficina do empreendedor. A metodologia de ensino que ajuda a transformar conhecimento em riqueza. Rio de Janeiro: Sextante, 2008.

[13] LAVIERI, C.; Educação...empreendedora? En: LOPES, R. M. (Org.). Educación Emprendedora. Conceitos, modelo e práticas. Rio de Janeiro: Elsevier; São Paulo: Sebrae, 2010.

[14] SALIM, C. S.; SILVA, N. C.; Introdução ao empreendedorismo. Despertando a atitude empreendedora. Rio de Janeiro: Elsevier, 2010.

[15] ANDREASSI, T.; FERNANDES, R. J. R.; O uso de competições de planos de negócios como ferramenta de ensino de empreendedorismo. En: LOPES, Rose (org.). Educação empreendedora: conceitos, modelos e práticas. Rio de Janeiro: Elsevier, 2010. P. 193-205.

[16] CONEXÕES SENAC - Serviço Nacional de Aprendizagem Comercial. Disponible en: <http://www.sp.senac.br/conexoes>. Acceso en 01 oct. 2012.

[17] NEURÔNIO. Relatório Geral de Atividades. Conexões Senac. Empreendedorismo e Inovação. São Paulo: Núcleo de Empreendedorismo Sustentabilidade e Inovação do Senac, 2012.

[18] SAMPIERI, R. H.; COLLADO, C. F.; LUCIO, M. del P. B.; Metodologia da Pesquisa. Tradução: Daisy Vaz de Moraes; revisión técnica: Ana Gracinda Queluz Garcia, Dirceu da Silva, Marcos Júlio. 5ª ed. Porto Alegre: Penso, 2013.

[19] OLIVEIRA, D. M. T.; Introdução à pesquisa qualitativa. En: PERDIGÃO, D. M.; HERLINGER, M.; WHITE, O. M. (org.).; Teoria e Prática da Pesquisa Aplicada. Rio de Janeiro: Elsevier, 2012.

Educación Superior Virtual Basada en Competencias

Fátima Consuelo DOLZ
I.I.I., Carrera de Informática, Universidad Mayor de San Andrés
La Paz, Bolivia

Ximena Diana MOSQUERA
Carrera de Informática, Universidad Mayor de San Andrés
La Paz, Bolivia

Dennis Dylan PACHECO
Carrera de Informática, Universidad Mayor de San Andrés
La Paz, Bolivia

RESUMEN

La educación ofrecida por la mayoría de instituciones de educación superior en Bolivia se fundamenta en un Modelo tradicional con apoyo de algún componente virtual. Dicho modelo representa un problema por no formar egresados competentes, capaces de desenvolverse en cualquier ámbito laboral y personal. El modelo de *enseñanza basada en competencias* ha resuelto algunos de los resultados del modelo tradicional criticado severamente por pedagogos, educadores, docentes, etc. Por tal motivo, en el presente trabajo se analiza el desarrollo del proyecto *"Educación Basada en Competencias con Componente Virtual para la carrera de Informática"* ejecutado durante la gestión 2016 en el Instituto de Investigaciones en Informática de la Universidad Mayor de San Andrés. Se ha revisado métodos de diseño de competencias y de virtualización de contenidos, lo que ha conducido y orientado la construcción de un método que integra ambos enfoques, denominado *Método de Rediseños*, y que forma parte de la propuesta de un marco de desarrollo de competencias a través de Objetos de Aprendizaje. El planteamiento, que se presenta en este documento ha sido validado aplicándose en algunas asignaturas del área de Ingeniería de Software y área de Base de Datos de la carrera de Informática.

Palabras Claves: Competencias Básicas; Competencias profesionales; Educación por Competencias; Educación Virtual.

1. INTRODUCCIÓN

En la actualidad, en Bolivia, la educación ofrecida por la gran mayoría de instituciones de educación superior se fundamenta en la exposición de los contenidos a los estudiantes, el cumplimiento de horas clase y la demostración de conocimientos a través de exámenes por los alumnos. Específicamente en la Universidad Mayor de San Andrés (UMSA) se aplica este modelo tradicional apoyado con componente virtual en algunos programas a nivel de postgrado. Asimismo, se observan iniciativas aisladas de educación por competencias en ciertos temas de carreras técnicas.

Vista la necesidad de la *Innovación Tecnológica y la Educación para el Desarrollo,* en la carrera de Informática de la UMSA se está trabajando desde la gestión 2015 en la actualización de la malla curricular introduciendo el enfoque basado en competencias, actividad que resulta amplia, exigente, y demanda la participación de varias comisiones de docentes y estudiantes, además de requerir la aprobación de Reglamentos adicionales. Esto solicita un trabajo de considerable envergadura en un tiempo prolongado para llegar a implantar un nuevo plan de estudio basado en competencias, en la carrera de Informática. Por ello, la propuesta del presente Proyecto se basa en la conveniencia de introducir el modelo de enseñanza basada en competencias en la educación superior con componente virtual (que ya acredita un reglamento aprobado a nivel de Universidad Boliviana). La importancia de esta propuesta radica en que podemos aplicar en un corto plazo un modelo educativo con un enfoque más adecuado a la realidad. Dicho modelo permitiría una formación acorde a una sociedad informatizada y orientación práctica, que provea *competencias* a nivel superior a través de Objetos de Aprendizaje que respondan al enfoque. Es así que este trabajo refleja y promueve actividades de investigación, reflexión, innovación, solución de problemas de la vida real, etcétera, ubicadas en el contexto de la *"Innovación Tecnológica y/o la Educación para el Desarrollo".*

En este contexto de trabajo podemos observar las relaciones con algunas publicaciones, tales como:

- "Diseño de Materiales Virtuales para el Aprendizaje de Cálculo Integral en Ingeniería", con el Propósito de Reducir la Tasa de Deserción Estudiantil en la Universidad de los Llanos, de Oscar Agudelo Varela, Fernando Riveros Sanabria, Elsa Páez Castro, documento del trabajo que para cumplir su propósito enfoca la importancia del uso de las Tecnologías de la Información y las Comunicaciones (TIC's) en el proceso de enseñanza de Cálculo Integral en los programas de Ingeniería de la Universidad de los Llanos. De igual manera que la propuesta que presentamos, se resalta la importancia del uso de TIC's en procesos educativos.

- "Experiencias de 23 años de Educación en Innovación Tecnológica en Chile", de José Maldifassi, que destaca el empleo del método de aprendizaje basado en el estudio de casos, el desarrollo de trabajos grupales para llevar a cabo análisis de innovaciones existentes y el desarrollo de la capacidad de síntesis, mediante la propuesta de una innovación para una empresa existente en Chile. La principal conclusión de esta experiencia es que sí es posible enseñar a innovar, lo que reduce en forma importante el esfuerzo para aquellas empresas que quieran hacerlo. Pues al igual que este trabajo, también en nuestra propuesta se busca aplicar innovación tecnológica para lograr procesos educativos exitosos acordes a la realidad y necesidad social.

- "Tecnologías Complementarias y Necesarias: Las Máquinas y El Cerebro", de Flabiana D. Rodera, Adriana M. Gandolfi, La era tecnológica en la que estamos inmersos, nos induce a que todos los aspectos de nuestra vida estén bajo su influencia. Los jóvenes, en especial los adolescentes, son los más atraídos por ella. Un proceso tan importante como es el de enseñanza y aprendizaje, debe estar atento y no puede estar ajeno a su incorporación. El desafío y la innovación, son los ejes fundamentales del mismo. Lograr atrapar la atención y despertar el interés por lo que se aprende, implica comprender principios de neurociencias para generar atención sostenida y lograr resultados a largo plazo. Si se considera además que la corteza prefrontal aún está en pleno desarrollo, por lo que se dificulta apropiarse de contenidos abstractos, será entonces comprensible, desde la enseñanza, la necesidad de estar atentos a la ayuda que ofrece la tecnología en la aprehensión de dichos contenidos. Motivar a través de la sorpresa y la acción, donde la tecnología y la creatividad de los adolescentes son protagonistas, genera resultados sorprendentes. Nuevamente encontramos similitud con este trabajo donde los destinatarios son los estudiantes aplicando la tecnología informática y la propia inteligencia.

2. PROPÓSITO

Plantear un marco de desarrollo de competencias para introducir el modelo de enseñanza basada en competencias en educación superior con componente virtual, a través de Objetos de Aprendizaje que respondan al enfoque.

3. DESARROLLO DE PROYECTO

En la ejecución del Proyecto se han desarrollado las siguientes actividades:

1) Estudio diagnóstico, para determinar el estado de situación de la educación en relación a aplicación de otras modalidades educativas. Asimismo, estudio diagnóstico para poder realizar la especificación de competencias en cada área y nivel educativo en estudio
2) Estudio de métodos de diseño de competencias
3) Estudio de métodos de diseño y creación de Objetos de Aprendizaje
4) Construcción del método de rediseños y su arquitectura
5) Especificación de competencias
6) Explicación de competencias a desarrollar
7) Aplicación de método propuesto en cuatro prototipos, para su correspondiente evaluación
8) Aplicación y evaluación de prototipos (competencias desarrolladas).

4. PROPUESTA DE PROYECTO: MÉTODO DE REDISEÑOS

Revisados los métodos de diseño de competencias y diseño de objetos de aprendizaje, no hemos encontrado un método que nos permita diseñar directamente objetos de aprendizaje basados en competencias, por lo que se propone el método de rediseños que se presenta a continuación.

Figura N° 1 método de rediseños [1]

El modelo de figura N° 1 que se propone como aporte, indica el tránsito en tres etapas principales:

1) Diseño Instruccional donde se da a conocer lo que se quiere enseñar en el marco de educación virtual.

2) Etapa de interpretación de contenidos en términos de competencias que se deben identificar y explicar.

3) Creación de objetos de aprendizaje cuyo contenido introduce las competencias diseñadas con el cuidado de aplicar normas de calidad que, para el caso y según el estudio teórico de la investigación, se recomienda la norma SCORM que cumple ampliamente con los objetivos de calidad bajo un enfoque de objetos de aprendizaje.

El método de rediseños es introducido dentro del proceso de virtualización según se muestra en el siguiente esquema:

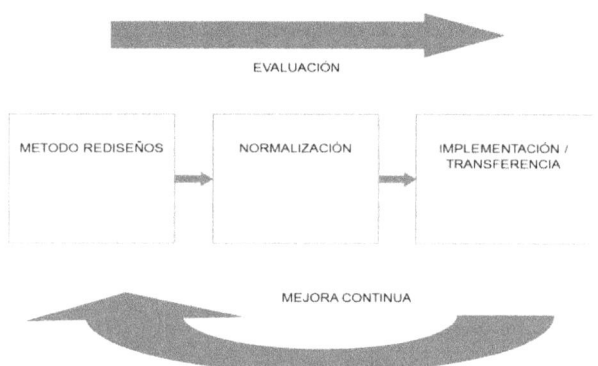

Figura N° 2 Proceso de virtualización [1]

El esquema de virtualización muestra el flujo de la información que constituye el contenido del curso virtual incluyendo el método de rediseños en la etapa que corresponde al diseño de contenido para su normalización (siguiendo SCORM). Los objetos normalizados son distribuidos a través de cualquier plataforma virtual, siendo evaluados para una mejora continua del proceso.

Para la identificación de competencias se considera la Estructura que se muestra en Figura 3.

Figura N° 3 Estructura de la Competencia [2]

5. APLICACIÓN DEL MÉTODO

Con el fin de validar empíricamente el método propuesto, en el marco conceptual del proyecto se desarrollaron cuatro objetos de aprendizaje con competencias en el área de Base de Datos y en el área de Ingeniería de Software del plan de estudio de la carrera de Informática. En la aplicación del método se ha procedido primero a trabajar el diseño instruccional atendiendo a las cuestiones de ¿que enseñar? y ¿cómo enseñar? Después de hacer una revisión de contenidos en el área en estudio, se procedió a identificar competencias y se trabajó en su diseño. Los objetos de aprendizaje elegidos con base en competencias han sido subidos a plataforma educativa virtual Moodle para su aplicación y acceso por estudiantes de sexto semestre.

Competencias en Base de datos BD
Se describe en apartado, las competencias desarrolladas en el área de Base de datos.

Identificación de competencias: Para lograr identificar las competencias específicas en el área de BD y más, requerimos un diagnostico el cual se realizó mediante una encuesta a docentes y estudiantes de distintos semestres de la carrera. Tal hecho permitió identificar un conjunto de competencias en el área de Base de Datos.

Diseño de competencias según modelo del proyecto: Para esta investigación el método elegido y el que más se adecua a nuestro tema es "Formación - Acción" ya que el mismo nos ayuda y contribuye en nuestro campo de trabajo que vienen siendo las competencias profesionales, esta metodología está dedicada a la formación profesional.

Formación – acción: En la formación profesional basada en competencias, se hace hincapié en el equipo docente y en el apoyo de profesionales asesores – tutores de terreno –, así como en la serie de documentos de capitalización a través de los cuales se documenta y se sostiene la metodología.

Competencias específicas a desarrollar: Habiendo aclarado los puntos más importantes en esta investigación, que vienen siendo el área a la cual nos enfocaremos (Base de Datos) y los objetos necesarios para la elaboración de competencias, se inicia con el diseño de las competencias seleccionadas, para los cuales ya tenemos definidos los puntos necesarios para el diseño:

- Tipo de competencia: Competencias Profesionales.
- Metodología de desarrollo de competencias: Formación - Acción.

A continuación detallaremos las competencias que se han desarrollado aplicando método de Rediseños.

Competencia 1:

1. Introducción a los Sistemas de gestores de Base de Datos.	
Definición de la competencia	Identificar la arquitectura, los usuarios, niveles de abstracción y lenguajes de un sistema de gestión de bases de datos.
Elementos de la competencia	• Importación de Base de Datos. • Exportación de Base de Datos. • Creación de Usuarios (solo para los necesarios SGBD).en el tratamiento de información que tienen las organizaciones.

Figura N° 4. Competencia "Introducción a los Sistemas de gestores de Base de Datos" [1]

Competencia 2:

1. Lenguaje SQL	
Definición de la competencia	Aplicar el lenguaje SQL para la manipulación de datos.
Elementos de la competencia	• Sentencia Select. • Sentencia Insert. • Sentencia Update. • Sentencia Delete.

Figura N° 5. Competencia "Lenguaje SQL" [1]

Re-diseño de los objetos de aprendizaje: Planear una estrategia para el desarrollo de la instrucción. Durante esta fase, se debe delinear cómo alcanzar las metas educativas determinadas durante la fase de análisis y ampliar los fundamentos educativos.

Arquitectura general del objeto 1: El objeto de aprendizaje estará compuesto por una introducción previa al diseño y creación de las bases de datos, seguidamente de la importación y exportación de las bases de datos y creación de usuarios, los cuales consisten en una serie de pasos dependiendo a los sistemas que se estén utilizando. Para este objeto de aprendizaje únicamente consideramos los sistemas que están siendo más utilizados en la actualidad tales como Oracle, Postgres, SQL Server y Mysql, en la figura 6 se muestra el contenido general del objeto de aprendizaje OA 1. Cada sección contiene su respectiva explicación y demostración, y para la parte de evaluación pondremos en práctica lo ya aprendido, con bases de datos ya creadas con el fin de que el estudiante puede auto evaluarse y posteriormente aplicar unas preguntas con respecto a la competencia adquirida.

OA 1: Sistemas Gestores de Base de Datos (SGBD).

1. OBJETIVO: (Procedimental)	Evaluar el diseño y la arquitectura de los SGBD más utilizados en la actualidad. Realizar el manejo de las cuentas de usuarios e importaciones y exportaciones de las diversas bases de datos.
2. CONTENIDOS	SGBD es una agrupación de programas que sirven para definir, construir y manipular una base de datos. Estos sistemas proporcionan métodos para mantener la integridad de los datos, para administrar el acceso de usuarios a los datos y para recuperar la información si el sistema se corrompe. Permiten presentar la información de la base de datos en variados formatos. La mayoría incluyen un generador de informes. También pueden incluir un módulo gráfico (gráficos y tablas).
2.1. FORMATO	Texto
2.2. INTRODUCCIÓN	Tras haber realizado las actividades complementarias para la respectiva manipulación de datos dentro de los gestores de base de datos, requerimos realizar las correspondientes importaciones y exportaciones de las bases de datos para los distintos SGBD.
2.3.DESARROLLO A SEGUIR SEGÚN EL TIPO DE CONTENIDO	• Importación de Base de Datos. • Exportación de Base de Datos. • Creación de Usuarios (solo para los necesarios SGBD)
3. FICHA DE METADATOS	Texto descriptivo
4. EVALUACIÓN	• Prácticas de Laboratorio. • Trabajos en Aula. • Pruebas de respuestas cortas.

Figura N° 6. Objeto de Aprendizaje

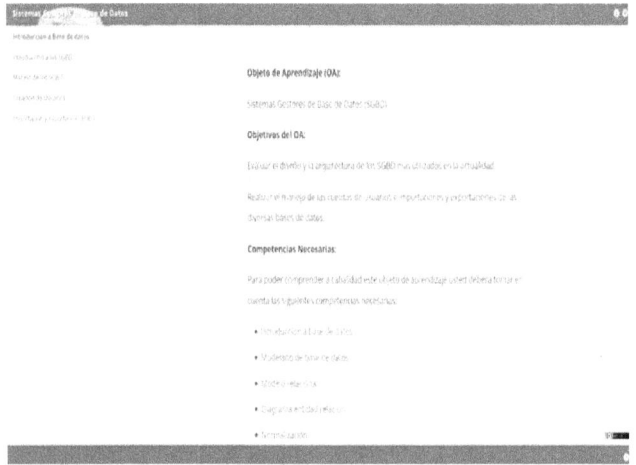

Figura Nº 7. Pantalla principal del OA SGBD

De igual manera se ha procedido con la segunda competencia en el área de Base de Datos, llegando a diseñar el Objeto de Aprendizaje correspondiente que también se publicó en plataforma Moodle para su aplicación por parte de estudiantes de sexto semestre de la carrera de Informática.

Competencias en Ingeniería de Software

Tal como se ha procedido en el área Base de Datos, también en el área de Ingeniería de Software se ha desarrollado las siguientes competencias:

- Análisis de metodologías de desarrollo ágil; que analiza y compara las diferentes metodologías del desarrollo ágil de software.
- Análisis de costos de software; que estudia y aplica métodos y técnicas eficientes para calcular los costos de un software.

Para realizar la construcción del Método de Rediseño de Competencias se toma diferentes perspectivas de métodos de diversos autores para elaborar los componentes del Método de Rediseño de Competencias. Estos componentes están diseñados en base a los objetivos ya mencionados, para el cumplimiento de nuestro objetivo de educación virtual por competencias.

Componentes del método de rediseño de competencias: El diseño instruccional en el método de Rediseño de Competencias está planificado en base a diferentes características que se debe desarrollar al momento de implementar este modelo de rediseño de competencia.
Las características del diseño instruccional del método de rediseño de competencias son las siguientes:

- Este modelo otorga grados de libertad a los estudiantes y docente con sus respectivos roles, de tal forma que el estudiante exprese todas sus habilidades, destrezas, etc., pudiendo desarrollar sus propias competencias. De igual manera el docente también acrecentará su formación profesional con nuevas estrategias de enseñanza enfocadas a las competencias.
- Fortalecimiento de los compromisos de enseñanza – aprendizaje con base en las competencias establecidas.
- Vinculación entre los contenidos y objetos de aprendizaje basados en competencias.

Una vez definido el diseño curricular, procedemos a identificar y evaluar nuestras competencias mediante el componente de Rediseño de competencias.

Rediseño de competencia: Para identificar y evaluar nuestras competencias, las competencias se evalúan mediante las fases para la construcción de las competencias propuestas por el método de análisis funcional mencionado por el Sistema Nacional de evaluación, acreditación y certificación de la calidad educativa (SINEACE) para diseñar las competencias. Para evaluar las competencias aprendidas, el rediseño elaborado se adapta a la propuesta de la Universidad Tecnológica de Chile y el Instituto Profesional Centro de Formación Técnica.

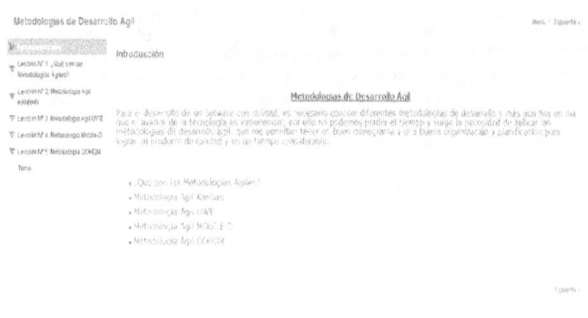

Figura N° 8. Pantalla principal del objeto de aprendizaje (OA) con competencia "Análisis de metodologías de desarrollo ágil"

Competencia Lectora

Además de las dos áreas de competencias que se han mostrado en párrafos anteriores, se ha trabajado también con la "competencia lectora" que al igual que las otras ha sido desarrollado bajo el marco del proyecto mencionado y aplicado al proceso educativo de la carrera de Informática.

La competencia lectora se enfoca a la interpretación de textos en un área de lectura de comprensión e investigación.

A continuación se presentan algunas pantallas del OA diseñado con la Competencia Lectora publicado en plataforma Moodle para la asignatura Informática y Sociedad (INF-166).

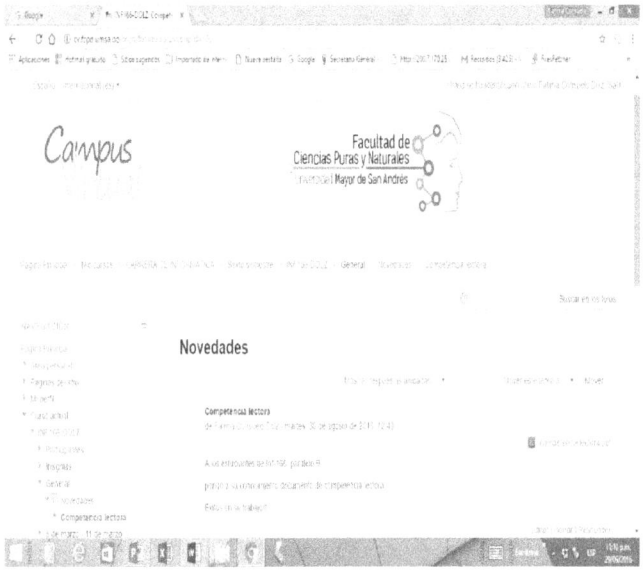

Figura Nº 9. Pantalla moodle que presenta OA de "Competencia Lectora"

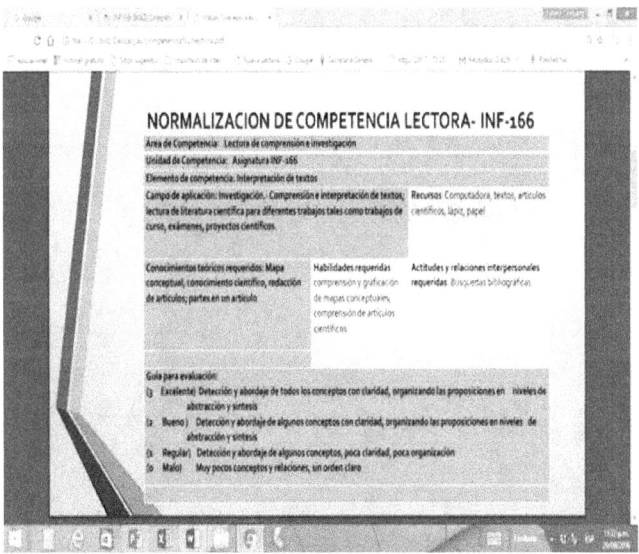

Figura Nº 10. Pantalla de Normalización del OA "Competencia Lectora"

En la Figura N° 10 se muestra las instrucciones que se presentan al estudiante para aplicar la competencia lectora, dejando en claro objetivos, área, contenido, y la guía de evaluación.

6. RESULTADOS DE EVALUACION

Después de la elaboración del marco de desarrollo y la aplicación de las competencias elegidas a través de objetos de aprendizaje, se evalúa el rendimiento y aceptación que han tenido en el curso donde se han distribuido.

En las sesiones semipresenciales establecidas para el desarrollo práctico de las competencias, se ha tenido que añadir al menos una sesión explicativa presencial y ampliar los plazos para la resolución de ejercicios prácticos.

En promedio solo un 30% logró la calificación de EXCELENTE, y el 80% de los participantes manifestaron satisfacción por el logro de un aprendizaje más práctico y aplicado a la vida real.

Los resultados conducen a reflexionar que es necesario mejorar la calidad del proceso educativo y preparar más al estudiante sobre el enfoque y los objetivos que se persigue. Por ello la recomendación hecha radica en generar procesos educativos basados en competencias en modalidad semipresencial (B-LEARNING).

7. CONCLUSIONES

A través del diagnóstico realizado, se descubre la necesidad por incrementar la calidad de la práctica docente y que las iniciativas logradas propician experiencias formativas acorde a la sociedad informatizada. Las competencias aprendidas adquieren un sentido práctico en diversos ámbitos, tales como en la educación, profesional, laboral y humana. Es complicado aplicarlas en todo un sistema educativo, debido a que implica modificar o ajustar una serie de reglamentos.

La propuesta del proyecto permite disponer de un marco de desarrollo de competencias para educación superior, y siendo la educación un encargo social, se espera un alto impacto social en el contexto de Educación para el desarrollo e Innovación Tecnológica, ya que combina educación virtual con modalidad de educación vigente en un enfoque basado en competencias.

Asimismo, la propuesta es de fácil ejecución, facilita y guía el desarrollo de competencias integrando un proceso de virtualización normalizado a fin de disponer de contenidos que se puedan incorporar a cualquier plataforma o ambiente virtual de manera independiente al de su creación.

Se recomienda la aplicación de modalidad b-learning por el carácter mayormente práctico del enfoque de competencias.

8. REFERENCIAS

[1] Dolz, F. (2016). Informe Final de Proyecto III 2016. Educación basada en competencias con componente virtual para carrera de informática. Instituto de Investigaciones en Informática. Carrera de Informática. UMSA

[2] Perez, A. & Valcarcel, N. & Porto, A., (2016): "Primer curso Internacional de actualización Docente". UMSA. Cuba-Bolivia.

Bibliografía

Aliste Fuentes, C. Modelo de comunicación para la enseñanza a distancia en internet. Análisis experimental de una plataforma de e-learning. Sitio web: http://www.tdx.cat/handle/10803/4126

Añorga, J. (2012) Tesis doctoral de segundo grado. La Habana, Cuba.

Lopez Herrerías, J. (2014:) Enseñar y aprender Competencias. Ediciones Aljibe, Málaga, España. ISBN 978-84-9700-796-2

Proyecto de Interacción Social: Modernización de la Malla Curricular de la Carrera de Informática. (2015). REDISEÑO CURRICULAR PLAN DE ESTUDIOS CARRERA DE INFORMÁTICA.

Meneses, Gerardo. (2007): NTIC, Interacción Y Aprendizaje En La Universidad. UNIVERSITAT ROVIRA I VIRGILI. ISBN: 978-84-691-0359-3/DL: T.2183-2007

Quiroz Calle, M. (2014). La Investigación cualitativa. Aplicación metodológica. De Advanced Distributed Learning Sitio web: www.ADLNet.gov

Rial-Sánchez, A. Diseño curricular por competencias. Departamento de didáctica y Org & Escolar Universidad de Santiago Sitio web: http://cife.edu.mx/Libros/5/EDC_Evaluaciondecompetencias%20_.pdf.

Estrategias para la Gestión del Conocimiento en Ambientes Mediados: Caso de Aplicación en la Industria Petrolera

Jorge R. VARAS
Instituto de Trabajo, Economía y Territorio (ITET), Instituto de Educación y Ciudadanía (IEC)
Universidad Nacional de la Patagonia Austral
Comodoro Rivadavia, Chubut CP 9000, ARGENTINA
e-mail: jrvaras27@gmail.com

RESUMEN

Los avances de las tecnologías de la información y la comunicación, propician un contexto de cambios en la llamada sociedad de la información y el conocimiento, este es un factor clave para determinar seguridad, prosperidad y calidad de vida.

Otro aspecto a considerar es el grado con el que la colaboración informal (sobre todo a través de redes) entre individuos e instituciones está reemplazando a estructuras sociales más formales en corporaciones, universidades y gobiernos.

En el ámbito de las organizaciones, podemos identificar el uso de nociones como: aprendizaje organizacional o colaboración organizacional, que suele asociarse a la capacidad de una organización para ser flexible y ágil en la gestión de solución de problemas o, incluso, a la capacidad de innovación y creación que la misma organización puede alcanzar, bajo la utilización de las Tecnologías de la Información y Comunicación.

Para lograr este objetivo las organizaciones necesitan formas de administrar y mantener el registro del aprendizaje de los empleados, para integrarlo de una forma más completa a sus sistemas de administración del conocimiento y los demás sistemas corporativos, utilizando herramientas como los sistemas de administración del aprendizaje, *learning management system* (LMS), que proveen herramientas para administrar, ofrecer, y evaluar los diversos tipos de aprendizaje y capacitación para los empleados.

El presente artículo es una ampliación del paper del mismo título publicado en las Memorias de la Décima Sexta Conferencia Iberoamericana en Sistemas, Cibernética e Informática (CISCI 2017), ISBN 978-1-941763-62-9, con el fin de adaptarlo a las consignas de la publicación especial de la Revista Iberoamericana de Sistemas, Cibernetica e Informatica.

Palabras Claves: Competencias Informacionales, Gestión del Conocimiento, Blended Learning, Organizaciones laborales, Ambientes mediados.

INTRODUCCIÓN

Las organizaciones se encuentran en constante cambio, el aprendizaje es visto como un proceso individual y organizacional en un proceso de creación continua de nuevos conocimientos. Los trabajadores del conocimiento están constantemente buscando nuevas oportunidades de aprendizaje, que puede ser puesto a disposición con la ayuda de tecnologías de desarrollo.

En este aspecto para el caso de estudio, en un sentido más específico y ligado a la innovación, la Organización Mundial de la Propiedad Intelectual (OMPI) define la Tecnología como "Aquel conocimiento sistemático para la fabricación de un producto, la aplicación de un proceso, o el suministro de un servicio, si este conocimiento puede reflejarse en una invención, un diseño industrial, un modelo de utilidad o una nueva variedad de una nueva planta, o en información o en habilidades técnicas, o en los servicios y asistencia proporcionada por expertos para el diseño, instalación, operación o mantenimiento de una planta industrial, o para la gestión de una empresa industrial o comercial o sus actividades".[1]

Muchos de los atributos de una organización de aprendizaje son ofertas más humanas que tecnológicas, pero la tecnología en muchas oportunidades sirve para capturar y aumentar el conocimiento y luego ponerlo a disposición de más personas. Los principios del aprendizaje organizacional son compatibles con nuevos enfoques y tecnologías que allanan la brecha entre el aprendizaje formal en el aula y el trabajo informal de aprendizaje y apoyo. [2]

Además del conocimiento individual de las personas, está el conocimiento organizacional, que es el interiorizado por toda la organización o alguna de sus partes. Normalmente es almacenado en procedimientos de operación, rutinas asumidas o reglas. El conocimiento es dinámico y se crea a partir de la interacción social entre personas y organizaciones. Es específico de acuerdo al contexto, sin el cual, es más bien información. La gestión del conocimiento es la forma en que la organización obtiene, comparte y genera ventajas competitivas a partir de su capital intelectual, que a su vez representa el valor del conocimiento y experiencia de la fuerza del trabajo y la memoria acumulada de la organización [3].

Durante las últimas décadas, las tecnologías de la información y comunicación (TIC) diseñadas para asistir a los trabajadores de las empresas y a los profesionales han dejado de ser sistemas destinados simplemente a procesar grandes cantidades de información y difundirla entre los directivos de una organización conocidos como sistemas de información para administración o MIS, (*Management Information Systems*), para convertirse en sistemas centrados en apoyo a la toma de decisiones o DSS (*Decision Support Systems*).

Existe una línea emergente de sistemas en el campo de las actividades profesionales y empresariales que se centra en crear, recopilar, organizar y difundir el conocimiento de una organización, en lugar de la información o los datos. A estos sistemas se los conoce como Sistemas de gestión de conocimiento.

El concepto de codificación y transmisión del conocimiento en las organizaciones no es nuevo, los programas de formación y desarrollo del empleado, así como las políticas, procedimientos, informes y manuales de las organizaciones han desempeñado esta función durante años.

El conocimiento sólo genera prosperidad cuando se difunde al tejido productivo. Este proceso de difusión involucra a agentes cuya dinámica y cultura son muy diferentes, cuando no opuestas. Resulta, por tanto, necesario articular el conjunto de agentes que intervienen en la conversión de conocimiento en activo para la organización laboral

Según Nonaka (1995) y Huber (1991) el *"Conocimiento es una creencia justificada que aumenta la capacidad de un individuo para llevar a cabo una acción de manera eficiente"* [4,5]. En este contexto, acción, se refiere a aptitudes físicas, a la actividad cognitiva o intelectual (resolución de problemas) o ambas (la cirugía, por ejemplo, conlleva tanto aptitudes manuales como elementos cognitivos, en la forma del conocimiento de la anatomía humana y de la medicina).

Las definiciones de conocimiento que figuran en la literatura sobre sistemas de información distinguen además, entre conocimiento, información y datos. El conocimiento es más bien la información que un individuo posee en su mente. Se trata de una información personalizada y subjetiva relacionada con hechos, procedimientos, conceptos, interpretaciones, ideas, observaciones y juicios.

Las organizaciones necesitan formas de administrar y mantener el registro del aprendizaje de los empleados, para integrarlo de una forma más completa a sus sistemas de administración del conocimiento y los demás sistemas corporativos. Un sistema de administración del aprendizaje, *learning management system* (LMS) provee herramientas para administrar, ofrecer, rastrear y evaluar los diversos tipos de aprendizaje y capacitación para los empleados.

Actualmente nos encontramos en la sociedad del conocimiento, que siguiendo a Cabero – Almenara (2007) se caracteriza por el uso de las Tecnologías de la Información y la Comunicación (TIC), la globalización, el aprender a aprender, la brecha digital, la inteligencia colectiva y la velocidad de cambio [6]. A todas estas características hay que añadir otra de gran importancia que destaca Magro (2016) [7] que es la enorme transformación de lo que se entiende por aprendizaje y conocimiento [8].

Lo paradójico es que en realidad el conocimiento no se gestiona de manera directa, porque es parte de la persona y de su capital personal. Se hace de manera indirecta a través de mecanismos sociales, organizativos y técnicos que permiten que se comparta y se recree, a través la gestión por competencias [9]. Además, hay numerosos estudios sobre la limitada transferencia de los conocimientos recibidos a través de la formación al puesto de trabajo. Hay estudios que demuestran que solo el 10% de los conocimientos adquiridos en la formación se aplican. Por consiguiente, es vital que las organizaciones incorporen en sus programas de formación estrategias que mejoren tal transferencia.

En el ámbito de las organizaciones, podemos identificar el uso de nociones como: aprendizaje organizacional o colaboración organizacional, que suele asociarse a la capacidad de una organización para ser flexible y ágil en la gestión de solución de problemas o, incluso, a la capacidad de innovación y creación que la misma empresa puede alcanzar [10]. Se pueden citar propuestas organizativas de equipos interfuncionales, unidades enfocadas en los clientes o en los productos y grupos de trabajo especializado, todas ellas con un propósito en común: compartir los saberes, el *"know how"*, entre los miembros de una organización para resolver problemas y, podría agregarse, para aprender en conjunto.

Las TIC también han permitido la generación de comunidades de aprendizaje en línea, las cuales a través de procesos de socialización en la red, generan conocimiento de manera colaborativa que está siendo aprovechado por miles de personas en el mundo, sólo con tener acceso a Internet. Hoy se habla de comunidades que aprenden en la red durante un tiempo suficientemente largo [11].

En la actualidad, millones de personas en el mundo participan de experiencias de formación en línea gracias al apoyo de los Entornos Virtuales de Enseñanza y Aprendizaje (EVEA) y de otras plataformas que ofrece Internet.

En el marco del Proyecto de Investigación 29/B177, "Aprender y enseñar con las tecnologías de la información y la comunicación como instrumentos mediadores en los procesos de construcción de conocimiento" del Instituto de Educación y Ciudadanía (IEC) de la Universidad de la Patagonia Austral (UNPA), se inicia en el 2015 una línea de investigación sobre diseño de acciones formativas en ambientes virtuales incluyendo formación de recursos humanos, evaluación de aprendizajes en entornos virtuales.

Los integrantes del equipo de investigación son docentes investigadores de distintas áreas disciplinares y alumnos de grado y posgrado. Se han realizado trabajos referidos a educación superior y proyectos de vinculación con organización públicas y privadas. En 2017 se inicia un proyecto continuidad del anterior ampliando líneas sobre innovación en procesos de enseñanza y aprendizaje en ambientes mediados.

MODELO BLENDED LEARNING PARA LA GESTIÓN DE CONOCIMIENTO.

En la actualidad la utilización de *e-learning* en los sectores educativos como en las organizaciones laborales ha ido creciendo con el paso de los años, pues, se toma conciencia de la necesidad de plataformas tecnológicas que respaldan los procesos de enseñanza y aprendizaje.

Al referirse a las comunidades de aprendizaje Wenger (2001) lo hace siempre en el marco de lo que permite generar aprendizaje en una comunidad de práctica [3]. Plantea que las comunidades de práctica son un lugar privilegiado para la adquisición de conocimiento cuando pueden ofrecer a los principiantes acceso a la competencia y dicha competencia se incorpora a la identidad de participación. La afiliación con éxito a una comunidad de práctica supone aprendizaje, pero también se conciben como contextos para transformar nuevas visiones en conocimiento: participando de la propia práctica y en ese ejercicio de los saberes, generando nuevas ideas.

Desde la perspectiva de comunidades de práctica se habla de dos niveles o contextos de aprendizaje: el nivel de incorporación a la comunidad y el nivel de lo que la comunidad construye en las prácticas que desarrolla, ambos bajo el siguiente postulado: el aprendizaje en una comunidad de práctica aparece como producto de la tensión necesaria entre competencia y experiencia.

En la comunidad de práctica se pueden reunir diversas perspectivas y en el proceso de buscar un poco de coordinación entre ellas se podrá aprender algo único que no pasaría sin ese proceso: *"...al negociar la alineación entre discontinuidades nos podemos ver obligados a percibir nuestras propias posiciones de nuevas maneras, a plantearnos nuevas preguntas, a ver cosas que no habíamos visto antes y a deducir nuevos criterios de competencia que reflejan la alineación de las prácticas"* [3].

Es necesario, entonces, introducir un nuevo modelo de organización más acorde con las demandas y necesidades de la sociedad actual. Hay que avanzar hacia instituciones que aprenden, es decir, organizaciones inteligentes que según Senge (1998) son "organizaciones donde la gente expande continuamente su aptitud para crear los resultados que desea, donde se cultivan nuevos y expansivos patrones de pensamiento, donde la aspiración colectiva queda en libertad, y donde la gente continuamente aprende a aprender en conjunto" (p.1).

Para la construcción de dicha organización, según este autor, es necesario que los profesionales adquieran cinco disciplinas entendidas como "una senda de desarrollo para adquirir ciertas competencias", que son: dominio personal, modelos mentales, construcción de una visión compartida, aprendizaje en equipo (inteligencia colectiva y lo que Stepper y Loudon (2016) llaman *Working Out Loud*) y pensamiento sistémico [12, 13].

MODELO PEDAGÓGICO EN AMBIENTES MEDIADOS

Las modalidades de formación apoyadas en las TIC implican concepciones del proceso de enseñanza aprendizaje que acentúan la participación activa del estudiante en el proceso de construcción de conocimiento, la atención a las destrezas emocionales e intelectuales a distintos niveles, la preparación de los jóvenes para asumir responsabilidades en un mundo en constante cambio, la flexibilidad para desempeñarse en un mundo laboral que demandará formación a lo largo de toda la vida y las competencias necesarias para el aprendizaje continuo [12].

Desde la perspectiva pedagógica, los planteamientos relacionados con la educación flexible pueden suponer una nueva concepción, que independientemente de si el modelo pedagógico es presencial, semipresencial o a distancia, proporciona al alumno una variedad de medios y posibilidades para la toma de decisiones durante el proceso de construcción de conocimiento [12].

La aplicación de las TIC a acciones de formación bajo la concepción de enseñanza flexible, implica cambios e innovaciones tales como:

- Cambios en las concepciones (cómo funciona el aula, definición de los procesos didácticos, identidad del docente, etc).
- Cambios en los recursos básicos: Contenidos (materiales, infraestructuras, acceso a redes, uso abierto de recursos).
- Cambios en las prácticas de los profesores y de los alumnos.

Un aspecto que debe considerarse ante estos cambios es la importancia del enfoque con el cual se pretendan llevar a cabo las acciones de formación. Al respecto Pimienta (2008) identifica tres enfoques posibles dentro de los cuales convergen la mayoría de las acciones que comienzan a generarse:

a. Enfoque hacia la tecnología: cuyo énfasis es en los medios más que en los fines, lo que supone una limitada visión de la formación.
b. Enfoque hacia contenidos y aplicaciones: desde el cual se garantizan productos, pero no los cambios sociales que se requieren desde una perspectiva complejizadora de las competencias que los procesos de formación deben favorecer.
c. Enfoque hacia el cambio de paradigma: a través del cual se tiene como propósito un cambio desde una mirada compleja sobre los factores asociados al desarrollo de competencias, relevantes en la sociedad de la información [13].

Los retos que supone la organización del proceso de enseñanza aprendizaje, dependen en gran medida de las intencionalidades que guíen las propuestas y del escenario de aprendizaje (el hogar, el puesto de trabajo o el centro de recursos de aprendizaje), es decir, del marco espacio-temporal en el que el usuario desarrolla actividades de aprendizaje y del enfoque que sustenta toda acción emprendida.

Tres opciones son posibles cuando se plantea la importancia de invertir en desarrollos tecnológicos aplicables en contextos educativos para promover procesos de aprendizaje; estos son:

- *Inversión en infraestructura:* recursos destinados a la adquisición de dispositivos para la transmisión de datos, a la compra de sistemas de computación y a la consecución de dispositivos para el acceso individual o compartido.
- *Inversión en infraestructura:* se generan acciones para el desarrollo de programas, bases de datos y páginas web, y para el fomento de la conformación de comunidades virtuales (no comunidades de práctica).
- *Inversión en infocultura:* se entiende como el conjunto de acciones orientadas a favorecer la apropiación de contenidos, métodos y prácticas de uso para el manejo de las tecnologías. Aquí resulta relevante la alfabetización digital así como la informacional, y todas aquellas

prácticas relevantes de uso que hacen parte del entorno de los usuarios de la información. Concepto clave aquí es el de apropiación que supone la toma de control por parte de las personas sobre las tecnologías en coherencia con los entornos a los que pertenecen.

La última de estas opciones, inversión en infocultura, es la que guía la experiencia de formación que se presenta en este trabajo.

UNA EXPERIENCIA DE FORMACIÓN DE RECURSOS HUMANOS Y GESTIÓN DE CONOCIMIENTO

Desde una de las líneas de investigación se realizó, a través de un convenio de vinculación tecnológica bilateral entre Argentina, Brasil, entre la Universidad Nacional de la Patagonia Austral Unidades Académicas Caleta Olivia, Unidad Académica Río Gallegos y una empresa productora de petróleo ubicada a 800 kms. de la sede del proyecto de investigación.

Se implementó un modelo blended learning para la gestión de conocimiento en una empresa productora de petróleo, en el ambiente virtual Unpabimodal, basado en Moodle de la UNPA (Figura 1). De la actividad de vinculación participó un experto del área Ergonomía de la Universidad Federal de Río de Janeiro (Brasil), para ello se diseñó e implementó un aula virtual en el Unpabimodal con el propósito de generar una comunidad de práctica y así determinar factores de riesgo ergonómicos en las tareas de producción de petróleo de la empresa y de las pymes al servicio de esta. [14]

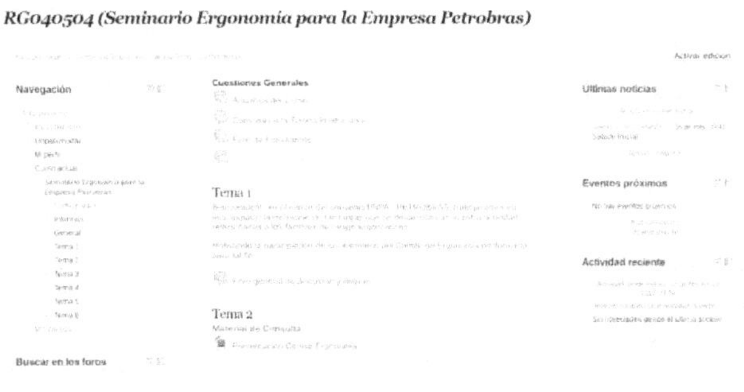

Figura 1 – Aula Virtual

En ese contexto se realizó un plan de formación a través del ambiente virtual de aprendizaje a todo el personal directivo, de ingeniería de diseño y de supervisión para generar las herramientas que les permitan identificar los factores de riesgo problema para luego generar las medidas correctivas, preventivas y de modificación, según el caso, propiciando una gran interacción de los participantes fortaleciendo el concepto de comunidades de práctica aplicada a una organización laboral (Figura 2).

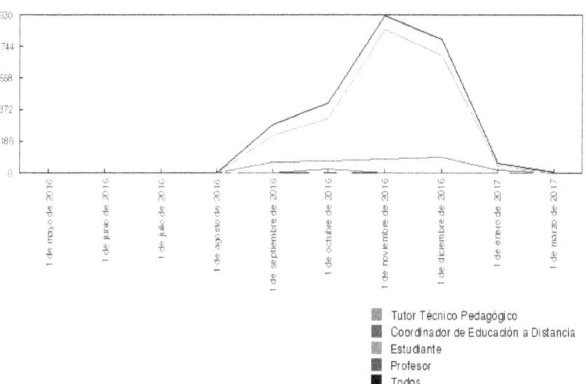

Figura 2 – Interacción en la comunidad de práctica

El modelo pedagógico utilizado se basó en componentes planteados por Salinas (2004):

a) Comunicación mediada por ordenador (componente tecnológico);
b) Medios didácticos;
c) Flexibilidad (elementos del aprendizaje abierto);
d) Entorno organizativo (componente institucional);
e) Aprendizaje y tutoría (componente didáctico). [15]

Monserrat, Gisbert e Isus (2007) sintetizan los principales objetivos de la acción tutorial en entornos tecnológicos de Enseñanza y Aprendizaje de la siguiente manera:

- Potenciar la personalización y la individualización de los procesos de EA adaptándose a las necesidades, intereses, motivaciones y capacidades de los alumnos.
- Potenciar la adquisición de aprendizajes funcionales y significativos.
- Potenciar el desarrollo de actitudes inter e intrapersonales positivas independientemente del medio de comunicación utilizado
- Prever la aparición de posibles dificultades de aprendizaje y, en caso de producirse, diseñar, implementar y evaluar las acciones educativas

adecuadas.
- Potenciar el desarrollo y el uso de sistemas de comunicación fluidos entre los diferentes agentes que intervienen en el proceso educativo formativo potenciando la implicación y la participación activa de todos ellos. [16]

Se implementó un plan e-tutorial con los siguientes objetivos:

- Facilitar al participante la adquisición de destrezas básicas para el estudio, y más especialmente para el estudio independiente.
- Formar en habilidades básicas para la toma de decisiones.
- Informar respecto de los factores de riesgo ergonómicos en sus puestos de trabajo. [17]

El diseño instruccional como proceso es el desarrollo sistemático de los elementos instruccionales, usando las teorías del aprendizaje y las teorías instruccionales para asegurar la calidad de la instrucción. Incluye el análisis de necesidades de aprendizaje, las metas y el desarrollo materiales y actividades instruccionales, evaluación del aprendizaje y seguimiento [18]. Para el desarrollo de un diseño de la instruccional es necesaria la utilización de modelos que faciliten la elaboración y desarrollo de la instrucción.

Para el presente caso de estudio, se utilizó el Modelo de Dick y Carey (Figura 3), el modelo inicia con la identificación de metas instruccionales, se basa en el establecimiento de objetivos de aprendizaje absolutamente concretos y finaliza con evaluaciones sumativas al concluir la instrucción. Su metodología es pragmática y puede resultar rígida. [19]

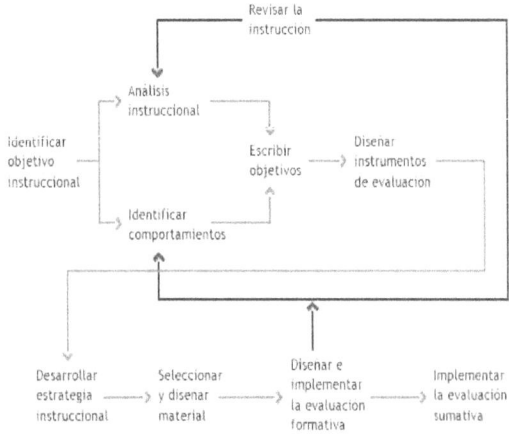

Figura 3 - Modelo de Dick y Carey

En la aplicación del proceso de enseñanza aprendizaje enfocado a la formación de recursos humanos es de considerar las estrategias que desarrolla una ciencia interdisciplinaria como la Ergonomía (o Factores Humanos), definición esta de la IEA (International Ergonomics Association) aplicada a las Tecnologías de la Información y Comunicación (TICs), las cuales proporcionan cambios en la organización del trabajo y el diseño organizacional enfocándose en el trabajo en equipo, generando un aumento del trabajo colaborativo a distancia, principalmente en la región objeto de estudio.

Por ello los especialistas en HFE (Human Factors/Ergonomics) contribuyen en el diseño de sistemas que permitan que las personas trabajen compartiendo información colaborativamente, además influyen en el diseño virtual de sistemas sociotécnicos que trabajan en forma remota a través del uso de la tecnología [20].

CONCLUSIONES

El estudio estuvo centrado principalmente en las Pymes regionales que son las que carecen de este tipo de formación, solamente un 20% de este rubro de empresas tiene la formación a través de e-learning, esta situación se contrapone al hecho de que estas empresas están relacionadas con organizaciones laborales transnacionales que en sus países de origen ya están implementando sistemas de formación con el uso de Ambientes Virtuales de Aprendizaje, pero no las aplican en nuestra región.

Para el caso presentado el involucrar a las Pymes que realizan los servicios auxiliares a la operadora productora de petróleo permitió que la interrelación que ya tenían mejoró en el aspecto de que no solo el personal directivo y de supervisión interactuara sino que los operarios pudieran a través del Ambiente Virtual de Aprendizaje generar información que no constaba en las revisiones iniciales de los procesos.

Esto se evidenció con el aumento de factores de riesgo ergonómicos reconocidos en las tareas comúnmente realizadas, asimismo a nivel de ingeniería se participó colaborativamente de los nuevos diseños a realizar para modificar puestos de trabajo desde una perspectiva ergonómica (Figura 4)

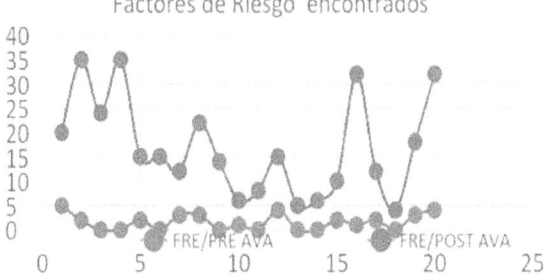

Figura 4 – Resultados de la Gestión de Conocimiento

Por otra parte se manifestó sobremanera el involucramiento de los participantes a través del trabajo colaborativo entre áreas de trabajo compartiendo a través de los foros, fotos y videos las tareas operativas involucradas en el proceso, para ser más gráficos a la hora de la evaluación de los factores de riesgos presentes (Figuras 5 y 6)

Figura 5 - Operación en equipos de torre

Figura 6 - Diseño Salas de Control Planta de Gas

La implementacion de las Comunidades de Aprendizaje mediante la utilizacion de un LMS se corresponde, dado que existe como objetivo basico, el intercambio de información y construcción de conocimiento compartido, de ahí que también sean necesarias las habilidades de exposición de los pensamientos, procesamiento de la información, su gestión, comprensión de la información, y síntesis; entre otras [21]. En definitiva el alumno, en este caso el receptor de los contenidos curriculares, deberá estar capacitado para:

- Conocer cuando hay una necesidad de información.
- Identificar la necesidad de información.
- Trabajar con diversidad de fuentes y códigos de información.
- Saber dominar la sobrecarga de información.
- Evaluar la información y discriminar la calidad de la fuente de información.
- Organizar la información.
- Habilidad de exposición de los pensamientos, procesamiento de la información, gestión de la información, comprensión de la información, y síntesis.
- Usar la información eficientemente para dirigir el problema o la investigación.
- Y saber comunicar la información encontrada a otros.

El poder implementar nuevas teorías asociadas a las Tecnologías de la Información y la Comunicación, entendemos, generan cambios en los modelos de negocios locales apoyadas por la implementación de Ambientes Virtuales de Aprendizaje observándose mejoras en la empleabilidad, mejoras en la permanencia en el tiempo de la empresas locales compitiendo en igualdad de condiciones, en cuanto a una mejor formación de sus recursos humanos, con organizaciones foráneas.

Además. se propuso en el proyecto la generación de mecanismos de formación en las organizaciones tanto públicas como privadas respecto al desarrollo organizacional, como factor de mejora productiva.

Proponemos desde el proyecto de investigación un enfoque diferente, que ve a la innovación tecnológica aplicada a la educación como un instrumento que debe estar pensado, diseñado, desarrollado y distribuido para apoyar procesos de mejora de los aprendizajes, desde las necesidades y características de los propios alumnos, y que respalda la vivencia de nuevas experiencias educativas, en las que los roles de cada actor y los objetivos educativos deben ser revisados.

Desde esta perspectiva, vale la pena preguntarse si tenemos los instrumentos necesarios y si estamos buscando los impactos en el lugar correcto. Es probable que hasta ahora, con respecto al uso de la innovación tecnológica en educación, enfrentemos una realidad de "subimplementación" de las iniciativas (en la que estas no alcanzan a desplegar su potencial) y "subevaluación" de los resultados (ya que se busca el impacto en muy pocos ámbitos y con limitados instrumentos).

En publicaciones recientes el BID ha propuesto un marco para apoyar el diseño, la implementación, el monitoreo y la evaluación de proyectos que buscan incorporar tecnologías [22,23], con el objetivo específico de lograr mejoras en la calidad educativa, medidas por el incremento en los aprendizajes de los estudiantes o los receptores de los procesos de enseñanza aprendizaje, en el caso de organizaciones laborales.

El caso expuesto de vinculación Universidad-Empresa resalta la importancia de considerar las iniciativas de uso de la innovación tecnológica en educación en el contexto de las políticas educativas y propone incorporar, de manera mucho más atenta y rigurosa de lo que se ha hecho hasta ahora, el proceso de seguimiento y evaluación de cada intervención. Esto incluye los datos relevantes antes de la intervención específica (línea base), durante el proceso de implementación (seguimiento o monitoreo) y al concluir la intervención formal del proyecto (evaluación final de impacto).

BIBLIOGRAFÍA

[1] Confederación Empresarial de Madrid CEOE (2001). La innovación: un factor clave para la competitividad de las empresas. ISBN 84-451-1992-3

[2] Rosenberg, M. J. (2005). *Beyond E-Learning: Approaches and Technologies to Enhance Organizational Knowledge, Learning, and Performance.* John Wiley & Sons, 2005. ISBN 0787982881, 9780787982881.

[3] Wenger, E. (2001) Comunidades de práctica. Aprendizaje, significado e identidad. Cognición y desarrollo humano, Coda II: comunidades de aprendizaje. (pp.259-266) Paidos, Barcelona.

[4] Nonaka, I., & Takeuchi, H. (1995): The Knowledge-creating company. How Japanese companies create the dynamics of innovation. Oxford University Press. New York.

[5] Huber, G. P. (1991). Organizational learning. The Contributing Processes and the literatures. Organization Science, 2, 88-115.

[6] Cabero Almenara, J. (2007). Las Nuevas Tecnologías en la Sociedad de la Información. En J. Cabero Almenara (Ed.), Nuevas Tecnologías Aplicadas a la Educación (pp.1-20).España: Interamericana de España.

[7] Magro, C. (2016). Organizaciones que aprenden. Ponencia presentada al curso Crear, innovar, emprender, Universidad de Granada, España. Recuperado el 21 febrero 2017 de https://carlosmagro.wordpress.com/2016/02/09/organizacionesque-aprenden/

[8] Parejo, N.; Olmedo Moreno, E. (2017). Memorias de la Décima Sexta Conferencia Iberoamericana en Sistemas, Cibernetica e Informatica. ISBN 978-1-941763-62-9

[9] Mertens, L. (2000). La Gestión por competencia laboral en la empresa y la formación profesional. En: www.cinterfor.org.uy

[10] Jin, Z. (1999) *Organizational innovation and virtual institutes*. Journal of Knowledge Management Volume 3, Number 1, pp. 75–83.

[11] Universidad Nacional de Educación a Distancia (UNED) (2013). Sociedad del conocimiento y comunidad virtual. Recuperado de http://portal.uned.es/pls/portal/ docs/

[12] Salinas, J., Negre F., Gallardo A., Escandell C., Torrandell I. (2007). Análisis de elementos que intervienen en el proceso de enseñanza aprendizaje en un entorno virtual de formación: Propuesta de un modelo didáctico. Congreso internacional. EDUTEC'07 Inclusión digital en la Educación Superior. Desafíos y oportunidades en la Sociedad de la Información.

[13] Pimienta, D. (2008). Brecha digital, brecha social, brecha paradigmática. En: J.A. Gómez Hernández, A. Calderón Rehecho, y J.A. Magán Wals. Brecha digital y nuevas alfabetizaciones. El papel de las bibliotecas. Madrid: Biblioteca Complutense.

[14] Vilanova G., Varas J. (2014). Pedagogical Model for online learning: The case of System Engineering Subjects at National University of Southern Patagonia. The 5th International Multiconference on Complexity, Informatics and Cybernetics. March 4-7 Orlando, Florida. USA. ISBN 978-1-936338-97-9.

[15] Salinas, J. (2004): Innovación docente y uso de las TIC en la enseñanza universitaria. Revista de Universidad y Sociedad del Conocimiento (RUSC). UOC, 1 (1), http://www.uoc.edu/rusc/dt/esp/salinas1104.pdf

[16] Monserrat, Gisbert, Isus (2007). E- Tutoría: Uso de las Tecnologías de la información y comunicación para la tutoría académica universitaria.

[17] Seoane, A.M. y García Peñalvo, F. (2006): Criterios de calidad en formación continua basada en eLearning. Una propuesta metodológica de tutoría on-line. Actas del Virtual Campus 2006. V encuentro de Universidades & eLearning.

[18] Berger, C., & Kam, R. (1996). Definitions of instructional design. *Retrieved January, 30,* 2006.

[19] Dick, W., Carey, L. Y Carey, J. (2005). The systematic design of instruction, (6th ed.). USA: Person.

[20] Jan Dul , Ralph Bruder , Peter Buckle , Pascale Carayon , Pierre Falzon , William S. Marras , John R. Wilson & Bas van der Doelen (2012): A strategy for human factors/ergonomics: developing the discipline and profession, Ergonomics, 55:4, 377-395

[21] Cabero Almenara, J. (2006). Comunidades virtuales de aprendizaje. Su utilización en la enseñanza. Edutec, Revista Electrónica de Tecnología Educativa. Num. 20 Enero 2006.

[22] Severin, E. 2010.Conceptual Framework: Projects for the Use of Information and Communication Technologies in Education. Washington, D.C.: BID. Disponible en: http://www.iadb.org/ document.cfm?id=35185543.

[23] Severin, E. (2011). Technologies for Education (TEd): A Framework for Action. Washington, D.C.: BID. Disponible en: http://www.iadb.org/document.cfm?id=36614442.

Teste Adaptativo Informatizado Como Recurso Tecnológico para Alfabetização Inicial

Ocimar M. ALAVARSE
Faculdade de Educação, Universidade de São Paulo
São Paulo, São Paulo, 05508-040, Brasil

Érica M. T. CATALANI
Faculdade de Educação, Universidade de São Paulo
São Paulo, São Paulo, 05508-040, Brasil

Douglas de R. MENEGHETTI
Faculdade de Educação, Universidade de São Paulo
São Paulo, São Paulo, 05508-040, Brasil

Rodrigo TRAVITZKI
Faculdade de Educação, Universidade de São Paulo
São Paulo, São Paulo, 05508-040, Brasil

RESUMO

O presente artigo é uma adaptação de Alavarse et al (2017) e aponta parte dos resultados da pesquisa em andamento, realizada pelo Grupo de Estudos e Pesquisas em Avaliação Educacional (Gepave), da Faculdade de Educação da Universidade de São Paulo (Feusp) em parceria com órgãos públicos. O estudo delineou a construção do Teste Adaptativo Informatizado (TAI) para a Provinha Brasil. A Provinha é um teste padronizado, disponibilizado na versão impressa pelo órgão federal e respondido por crianças brasileiras em processo de alfabetização. Teoricamente, os TAI têm características que superam limites dos testes impressos, entre elas, captação eletrônica das respostas, permitindo apuração automática das pontuações e apresentação de um teste diferente para cada nível de proficiência do respondente. O desenvolvimento do TAI pressupôs o envolvimento de especialistas de diferentes áreas, configurando uma atuação interdisciplinar e articulada no uso das Tecnologias da Informação e Comunicação (TIC). Incorporou-se as TIC no processo de avaliação educacional e consequentemente no de aprendizagem. O TAI desenvolvido da PB possibilitou: testes com menor número de questões comparado ao teste impresso; sequência de questões mais ajustadas aos domínios dos alunos; e algoritmo de seleção que permitiu maior precisão na alocação dos respondentes nos níveis de proficiência, contribuindo para melhorar e intervenção pedagógica, objetivo central da avaliação.

Palavras-chave: TAI, Avaliação da aprendizagem, Alfabetização, Tecnologia da informação e comunicação, Plataforma de avaliação educacional.

1. INTRODUÇÃO

A alfabetização é um dos principais objetos de ensino nos anos iniciais do ensino fundamental e um dos objetivos mais salientes da educação no mundo inteiro, pois é essencial para democratizar o acesso a uma das mais importantes competências de nossa cultura, conforme destacou Williams (2000). Contudo, no Brasil, vários indicadores apontam que a plena alfabetização parece tratar-se de uma meta longe de estar totalmente atingida, quer quando nos reportamos às taxas de aprovação nos anos iniciais, fruto de decisões de professores, muito focadas nessa competência, quer quando nos fixamos nos resultados de avaliações externas em larga escala tais como a Avaliação Nacional da Alfabetização (ANA) e a Prova Brasil, aplicadas para alunos do 3º e 5º anos, respectivamente, que revelam baixas proficiências para a imensa maioria das crianças matriculadas. Ademais, constata-se a própria dificuldade em avaliar a alfabetização na sala de aula, sobretudo, quando se considera a conceituação de avaliação defendida por Luka Mujika e Santiago

Etxeberria (2009), que a concebem como julgamento de algo visando sua melhoria, ou por Nevo (1998), que considera o diálogo entre avaliações externas e internas. Esses problemas foram fundamentais para a proposta de desenvolvimento de um Teste Adaptativo Informatizado (TAI) para a Provinha Brasil (PB) em leitura, conduzida pelo Gepave, envolvendo 15 escolas da Rede Municipal de Educação de São Paulo (RMESP) e aproximadamente 2000 alunos, 80 professores e 20 pesquisadores durante o ano de 2016. Essas escolas foram escolhidas a partir de dois critérios: o primeiro foi o interesse em participar do estudo, manifestado primeiramente pelos gestores e o segundo, de natureza mais técnica, deveu-se à existência de alunos que apresentassem grande variabilidade nos resultados da aprendizagem em leitura, observados em aplicações anteriores da PB nessas unidades educacionais.

A PB na versão impressa, de responsabilidade do Instituto Nacional de Estudos e Pesquisas Educacionais Anísio Teixeira (Inep), autarquia do Ministério da Educação brasileiro, é oferecida anualmente desde 2008 para ser aplicada aos estudantes do segundo ano do ensino fundamental. Cabe ressaltar que sua distribuição foi suspensa no segundo semestre de 2016, devido a "restrições financeiras", de acordo nota publicada pelo Inep, na qual foi dito que a prova não seria aplicada até que a publicação das Bases Curriculares Nacionais, em fase de elaboração em 2017 e 2018. Nessa prova, para atender ao propósito de ser um diagnóstico da progressão da competência leitora, são fornecidos aos professores dois cadernos de prova diferentes durante o ano letivo, sendo um para ser aplicado no início e outro no final de cada ano letivo. A aplicação da PB é uma decisão de cada escola ou mesmo de cada professor, atendendo à sua formulação original, caracterizando-a como instrumento para auxiliar os professores e tornando-a expressão de uma política pública que, oficialmente, proclama a necessidade de instituir instrumentos e procedimentos a serviço da democratização do conhecimento.

O principal objetivo da PB é permitir o diagnóstico rápido e mais preciso dos problemas no processo de aprendizagem e possibilitar instrumento padronizado que auxilie em intervenções potencializadoras para que o processo inicial de alfabetização seja concretizado até o final do terceiro ano do ensino fundamental, conforme expresso nos documentos que tratam da PB, mas que podem ser alterados tendo em vista que a Base Curricular especifica período diferente. Os instrumentos formulados para os testes da PB são elaborados segundo as normas de elaboração de medidas educacionais em larga escala, contando com cuidados que visam proporcionar uma aferição mais precisa das competências leitoras, no entanto, ainda se constatam os limites convencionais da apresentação linear de um conjunto de itens, próprios da administração de testes em lápis e papel, denominação para versões impressas.

Assim, a escolha da PB para o desenvolvimento do TAI, além das premissas pedagógicas e político-educacionais destacadas na seção a seguir, se pautou no fato dela possuir todos os elementos necessários para uma avaliação educacional: uma matriz de avaliação, na qual se estabelece o que será objeto de avaliação e que serve de guia para a elaboração dos itens e constituição do teste; uma escala de resultados, quando se adota procedimentos de medida, que permita aquilatar diferenças de desempenho; um critério para efetuar o julgamento dos resultados; um conjunto de itens com boa cobertura da matriz e parametrizados pela escala de resultados; uma interpretação pedagógica para que esses resultados não sejam apenas valores numéricos e facultem ações pedagógicas em decorrências dos mesmos; e a fundamentação teórica documentada de todos esses elementos.

Mencionados os aspectos da PB que favoreceram a construção do TAI, outra consideração essencial na pesquisa era de que esse TAI pudesse ser disseminado entre professores dos anos iniciais do ensino fundamental, consistindo em verdadeiro instrumento de enfrentamento do desafio da alfabetização. O envolvimento dos (as) professores(as) alfabetizadores(as) em encontros formativos durante a produção do TAI problematizou os vários aspectos da PB e da avaliação, especialmente porque não se queria difundir a ideia de desenvolver um dispositivo que dispensasse a participação de professoras em sua aplicação e, principalmente, no entendimento dos resultados e seus desdobramentos. Por isso, foi interessante proporcionar o amplo debate sobre a PB, suas características, fundamentos e implicações na etapa denominada de formação em avaliação da alfabetização com professores, cujos detalhes não serão objeto desse artigo, mas que igualmente constituíram etapa da pesquisa.

O debate sobre as contribuições do TAI da PB em leitura seriam elementos adicionais nos processos de formação dos professores e gestores no âmbito da pesquisa e contribuiria para o processo de incorporação das TIC, com o diferencial de ultrapassar o contexto de desenvolvimento da aula. Concordamos com artigos publicados nesta revista, como o de González Mariño et al (2018) e de Vargas (2018), que defendem a incorporação das TIC no desenvolvimento da aula, contudo, este estudo propõe a incorporação das TIC no processo de avaliação educacional, cuja principal função é a de permitir a identificação dos avanços e dificuldades na aprendizagem, possibilitando intervenção pedagógica satisfatória.

Os pesquisadores envolvidos na pesquisa, concentraram seus esforços para verificar: *Quais são as limitações da versão impressa da PB que o TAI consegue superar, considerando a participação de professores no seu desenvolvimento?*

Considerando a questão proposta, a discussão com professores e gestores sobre a incorporação da TIC no processo de avaliação, certamente agregou nova perspectiva para inclusão das TIC no âmbito educacional.

Na próxima seção salienta-se a importância da alfabetização e da avaliação educacional no contexto do projeto. Na seção 3, destacam-se o desenvolvimento do TAI para a PB em leitura e os desafios da sua implementação nas escolas, identificando os limites tecnológicos e a atuação articulada e interdisciplinar de pesquisadores das áreas de alfabetização, avaliação, psicometria, desenvolvimento de softwares e programação. Na seção 4, denominada - discussões finais -, apresentam-se parte das análises dos resultados.

2. AVALIAÇÃO, ALFABETIZAÇÃO E A FORMAÇÃO DE PROFESSORES NO CONTEXTO DO PROJETO

Um dos produtos culturais mais notáveis se materializa na escrita e nas práticas de leitura, adensando social e politicamente, portanto, as tarefas e objetivos da escolarização, particularmente, com vistas à alfabetização.

Para romper com algumas simplificações (Cf. Soares, 2016) no que tange ao seu ensino e para dar o devido peso à questão da leitura e escrita, um projeto pedagógico consequente implica, entre outros elementos, cuidar dos procedimentos avaliativos, considerando suas potencialidades formativas. Se a própria concepção de alfabetização é fator que pode restringir sua consecução (Cf. Kleiman, 1995), não menos verdade é constatar que a maneira como se avalia os domínios da leitura e escrita pode se constituir entrave em sua apropriação, particularmente, para se evitar que a escola se transforme numa agência social seletiva desde os anos iniciais, marcando-se pelo fracasso de seus alunos, precocemente considerados como incapazes de leitura autônoma. Para isso, as atividades escolares devem ser pautadas pelo objetivo de inclusão social quanto aos domínios cognitivos e, em decorrência, a proposta de avaliação deve dar à leitura importância política e cultural, por ser uma competência indispensável para a apropriação de vários conteúdos escolares, ademais de suas implicações sociais.

No entanto, demarcar o objetivo de autonomia leitora das crianças não significa desconsiderar os apontamentos de Street (1993) sobre os riscos de considerar a alfabetização de modo mecânico e acrítico, sem levar em conta o contexto e as expectativas dos alunos. Essa visão reducionista nos levaria ao que se denomina modelo autônomo de alfabetização, com consequências que não poderiam passar despercebidas pelo sistema escolar.

Se o rompimento com a seletividade e as práticas fragmentadas não é um objetivo que se resolva no campo da avaliação, nela aparecem elementos que podem, pelo debate e novos procedimentos, incorporar estratégias para processos pedagógicos inclusivos. Nesse sentido, a produção do dispositivo eletrônico para aplicação de provas adaptadas não significa transferir para uma máquina os desafios de avaliar; ao contrário, estes continuavam a repousar nas ações docentes.

Considerou-se que a construção do TAI para o teste em leitura da PB, em diálogo com professores e gestores de escolas, seria um importante espaço de enfrentamento do desafio, simultaneamente, teórico e prático de que a competência leitora constitui traço latente, cujas habilidades a serem desenvolvidas são expressas em sua Matriz de Referência para a Língua Portuguesa.

Os documentos que fundamentam a matriz para a competência leitora e escritora explicitam os seguintes eixos:

> Eixo 1 – Apropriação do sistema de escrita.
> Eixo 2 – Leitura.
> Eixo 3 – Compreensão e valorização da cultura escrita. (BRASIL, 2015)

Não obstante, nesses documentos é apontado que a escrita não tem sido objeto da PB por questões técnico-metodológicas, pois, seria difícil garantir padronização em uma coleta de informações que, envolvem cerca de dois milhões de respondentes. Outras importantes considerações apresentadas para a matriz se referem ao desenvolvimento da oralidade, que, apesar de sua importância no trabalho pedagógico, não é avaliada devido às limitações impostas à versão impressa da PB e, quanto às habilidades vinculadas ao Eixo 3, explicita-se no documento oferecido aos professores junto com os instrumentos que as mesmas não se constituem em habilidades separadas dos eixos 1 e 2, permeando a concepção do teste, mesmo que os itens façam referência direta às habilidades dos Eixos 1 e 2 e o teste concebido para o diagnóstico da leitura.

Pode-se ponderar que essas considerações são específicas para a versão em lápis e papel, uma vez que a construção de itens para ambiente informatizado possibilitaria superar, em parte, esses limites, ao permitir a realização e correção automatizada de ditados de frases e palavras e de reconhecimento de voz/som dos respondentes em manifestações da oralidade, desdobramentos possíveis para o desenvolvimento de futuras versões para o TAI da PB.

Com apoio em Nevo (1998), ponderou-se que avaliação externa e interna não são necessariamente excludentes e que deve ocorrer um diálogo entre elas, sendo que a PB poderia ser tomada como uma avaliação externa pelos professores, pelo fato de que sua formulação, elaboração e distribuição são definidas por órgão externo às escolas. Não obstante, no projeto incentivou-se esse diálogo entre a PB e as avaliações desencadeadas pelas professoras das escolas participantes. É na escola que a avaliação encontra seus grandes desafios e as avaliações externas não podem pretender suplantá-los, como, aliás, destacam Adelson, Dickinson e Cunningham (2016), ao evidenciarem que os grandes fatores para efeito de resultados e para a incorporação de novas metodologias, concentram-se nas salas de aula.

Nesse panorama, objetiva-se com o TAI, especificamente com o uso da tecnologia, eliminar algumas deficiências dos testes lineares em lápis-e-papel ou eletrônicos, superar algumas limitações metodológicas, criando condições mais favoráveis para processos avaliativos em pequenas ou grandes escalas, sustentando-se na definição de avaliação de Lukas Mujika e Santiago Etxebarría (2009, p. 91-92):

> A avaliação é o processo de identificação, levantamento e análise de informação relevante de um objeto educacional – que poderá ser quantitativa ou qualitativa –, de forma sistemática, rigorosa, planificada, dirigida, objetiva, crível, fidedigna e válida para emitir juízo de valor baseado em critérios e referências preestabelecidos para determinar o valor e o mérito desse objeto a fim de tomar decisões que ajudem a otimizar esse objeto.

Nessa definição, a avaliação deve ser desencadeada para permitir melhorias no processo de alfabetização das crianças e dada a importância da sistematização do ato avaliativo, salienta-se que devem ser levantadas informações relevantes acerca de um objeto educacional. Isso lança luzes nos elementos que constituem os traços efetivamente vinculados à alfabetização, reforçando as preocupações com atividades de pesquisa que atravessam a avaliação, sem com ela se confundir (Cf. Mathison, 2008). Isso reforçou junto às professoras a necessidade de se estudar e refletir aspectos sobre a alfabetização que concentravam os verdadeiros desafios do TAI.

2.1 A Formação dos Professores e Gestores na pesquisa

Paralelamente ao desenvolvimento do TAI e da prova eletrônica, cujas diferenças são definidas em 3,1, as atividades de formação dos professores focaram, em um primeiro momento, em aspectos conceituais e técnicos da medida educacional e seu lugar na avaliação da aprendizagem.

Na sequência, estudou-se a temática da avaliação na alfabetização, buscando-se alternativas para superar lacunas nos processos avaliativos da competência leitora, levando-se em conta aspectos que fundamentam as decisões da PB para esse aspecto, como uma das etapas da construção do TAI. Nesse momento da formação, ficaram evidentes dois desafios a serem enfrentados: a compreensão por parte dos professores sobre os pressupostos que embasam as habilidades descritas na matriz de Língua Portuguesa da PB bem como sua relevância para o processo de alfabetização e a necessidade de ampla discussão sobre o currículo praticado no final da educação infantil e nos anos iniciais do ensino fundamental.

Percebeu-se, também, que os manuais e documentos que acompanham a PB, ainda que sejam nacionalmente disseminados, necessitam de apropriação pelos professores.

3. O DESENVOLVIMENTO DO TAI PARA A PROVINHA BRASIL

Nessa seção, pretende-se argumentar que o TAI da PB pode suplantar parte dos problemas encontrados em sua versão impressa, também denominada lápis e papel.

O TAI (Cf. Piton-Gonçalves, 2013) é uma maneira diferenciada de avaliar, pois o teste seleciona e apresenta as questões conforme o desempenho (acertos e erros) do respondente. Para Olea, Ponsoda e Prieto (1999), o TAI depende essencialmente, mas não unicamente, de dois elementos: existência de banco abrangente de itens, parametrizados, preferencialmente, por modelos da Teoria da Resposta ao Item (TRI), e dispositivo eletrônico para seleção e apresentação do item. A exigência de um Banco de Itens parametrizados pela TRI, associado ao seu lugar na alfabetização, foi decisivo na escolha do teste de leitura da PB, tendo em vista a disponibilização de itens parametrizados pelo Inep, que nos apoiou no fornecimento de informações essenciais sobre o banco de itens. Com base nas potencialidades e limitações para o emprego de plataformas baseadas em TAI, apresentadas em Alavarse e Melo (2013) e Alavarse e Catalani (2016), procurou-se organizar as etapas de aplicação dos testes, utilizando parte dos itens existentes na versão impressa. Primeiramente, foi elaborada uma plataforma para apresentação da versão eletrônica dos itens de uma prova em lápis e papel, denominado Teste Baseado em Computador (TBC) da Provinha Brasil, no qual houve a transposição do conteúdo dos itens existentes no papel para uma versão idêntica no *tablet*. Os 20 itens que integraram o TBC da Provinha Brasil correspondiam ao teste 1 de leitura de 2016 e ele foi aplicado para uma parte dos alunos, enquanto a outra realizava, paralelamente, o mesmo teste, mas na versão em lápis e papel. A aplicação paralela tinha por objetivo a verificação da permanência ou não das características psicométricas dos itens. Posteriormente, para a versão TAI do teste, foi incorporada à plataforma o dispositivo/algoritmo de aferição de proficiência, seleção de itens e critério de parada do teste. Os itens que compuseram o TAI eram diferentes do TBC, para evitar acertos que não estivessem relacionados com a proficiência, ou seja, resultantes da memorização das respostas. Em ambas aplicações houve o diálogo com professores e gestores, na perspectiva de evitar que esse recurso tecnológico fosse visto como algo que substituiria a ação docente.

3.1 O Teste Baseado em Computador (TBC) da PB

Para atender aos pressupostos psicométricos subjacentes à constituição do TAI da PB, construiu-se primeiramente um TBC do teste impresso para diagnóstico da leitura, que foi aplicado para os alunos do 2º ano do ensino fundamental das 15 escolas participantes, cujo objetivo foi observar se as características psicométricas como índice de dificuldade/facilidade, índice de discriminação e percentual de acerto ou erro ao acaso dos itens, obtidos na aplicação em lápis e papel se mantinham quando esses itens eram disponibilizados no meio digital, um *tablet*.

O TBC é um teste em meio eletrônico que continua tendo as características lineares do teste em lápis e papel, com uma sequência de itens pré-definida e idêntica para todos os respondentes. Uma das vantagens do TBC é a imediata obtenção de resultados do teste, sendo que duas etapas existentes na aplicação em lápis e papel são eliminadas com o teste informatizado: a) o transporte das respostas para uma folha de respostas, aspecto que adquire especial importância para respondentes de determinadas faixas etárias, por exemplo, crianças e idosos, ou inexperientes na realização de testes; e b) a digitação ou digitalização das respostas para constituição do banco de dados para análise estatística, pois a interação dos respondentes com o dispositivo eletrônico permite que as respostas passem para o banco de dados de forma automatizada, conferindo rapidez na obtenção dos resultados, especialmente em testes realizados em larga escala.

A segunda vantagem do TBC consiste em permitir a incorporação de ferramentas tecnológicas na elaboração dos itens, diversificando e ampliando as tarefas ou problemas propostos aos respondentes. Os itens construídos para o teste computadorizado podem lançar mão das ferramentas tecnológicas de duas diferentes maneiras, sempre possibilitando a ampliação: a) nos modos de apresentar os contextos e/ou objetos auxiliares/suportes na reflexão proposta pelo item e que mobilizam uma resposta do respondente, podendo integrar multimídias e agregar movimento e som às figuras, gráficos, textos e ilustrações já utilizados nos itens de testes de lápis e papel; e b) nas operações cognitivas solicitadas, suplantando as possibilidades de expressar escolhas, descrições, identificações, comparações, relacionamentos, análise e avaliações em torno dos fatos, fenômenos, ou linguagens, objetos da aferição pretendida. Neste estudo nem todas essas vantagens foram plenamente exploradas, tendo em vista a necessidade de partir do banco de itens já existente da PB em leitura, portanto, de itens construídos para a prova impressa.

Assim, para a etapa do TBC da PB em leitura foram formados, aleatoriamente, dois subgrupos de alunos, um para o teste em lápis e papel e outro para o TBC, tendo sido constatado que não existem diferenças significativas nos parâmetros dos itens quanto a esses dois subgrupos, exceto em determinados descritores que requerem maiores cuidados na apresentação em meio digital.

O software para aplicação do TBC da PB foi criado em plataforma WEB, garantindo que qualquer dispositivo com navegador de Internet pudesse ser utilizado para aplicação do teste. Para garantia da comparabilidade das aplicações no lápis e papel e no TBC, uma das necessidades do sistema era a exibição da totalidade do item na tela do dispositivo. Essa necessidade ocasionou testes com itens em diferentes formatos, para que o examinando sempre fosse capaz de visualizar todos os elementos do item: o número de ordem, o enunciado, todas as alternativas e o botão para avançar para o próximo item.

A transposição dos itens para a tela do *tablet* foi feita utilizando o material disponibilizado pelo Inep em seu portal *online*. O material era composto de arquivos em formato PDF – *Caderno do aluno* e *Caderno do aplicador* –, dos quais foram retirados os textos para os itens.

Um dos desafios na construção da versão TBC assentou-se na existência de três tipos diferentes de itens em relação à autonomia de leitura exigida dos (as) alunos (as). O teste em lápis e papel é composto por itens cujos textos são lidos: totalmente pelo professor, parcialmente pelo professor e totalmente pelo aluno.

A leitura feita pelo professor foi substituída pela locução automatizada do texto e foi introduzido um botão de áudio para que o aluno pudesse reproduzir novamente a locução, na mesma quantidade de vezes que o professor poderia repetir a leitura (duas vezes) para a versão impressa da prova. A locução dos textos no TBC da PB usou a Interface de Programação de Aplicativos em inglês *Application Programming Interface* (API) de síntese de voz do Google. Como a leitura feita pelo professor era alternada com a exigência de leitura autônoma do aluno em alguns itens, foram identificadas duas formas de locução informatizada: locução única e dupla locução, sendo que a primeira refere-se aos itens que exigiam uma única locução automatizada, realizada logo que o item era apresentado na tela (p.e. "marque um 'xis' no quadradinho que ..."); e a segunda, consistia em uma locução inicial apenas para solicitar que os alunos prestassem atenção (p.e. "leia o texto silenciosamente") e uma locução secundária, que ocorria após o aluno realizar a leitura do texto-base do item, contendo a enunciação da tarefa cognitiva a ser realizada (p.e. "qual o assunto do texto?").

Na aplicação do TBC, bem como do TAI da PB, os/as alunos/as não poderiam retornar aos itens já respondidos. Essa decisão foi tomada para aproximação do TBC da PB à dinâmica de aplicação da PB em lápis e papel, na qual todos os alunos são conduzidos pelo professor, que realiza a leitura necessária a cada tipo de item, determinando um tempo médio para as respostas e definindo o avanço de todos para o próximo item.

Na aplicação do TAI, essa decisão se justificou pelo argumento de que o algoritmo do TAI utiliza o histórico de respostas do aluno para escolher os itens futuros e, portanto, voltar no item já respondido e alterar a resposta dificultaria a constituição do algoritmo de seleção do próximo item.

Para o item que requeria uma única locução automatizada (Figura 1), ela era realizada no momento que o texto-base e as alternativas do item eram carregados na tela. O aluno poderia selecionar a repetição dessa locução ou selecionar a alternativa desejada. Somente depois de selecionada a resposta, o botão de próximo item era habilitado.

Figura 1. Tela com item que requer uma única locução, sendo respondido por criança do segundo ano de uma escola.

Para o item que requeria dupla locução, a aplicação carregava o texto-base do item na tela e o aluno poderia selecionar a repetição dessa locução inicial ou pressionar o botão para a segunda locução, momento em que as alternativas eram carregadas na tela. Somente depois de selecionada a resposta do item, o botão de próximo item era habilitado.
Conforme apontado, o TBC contou com 20 itens, dispostos numa sequência pré-definida para coincidir com a versão lápis e papel da PB em leitura.

As aplicações foram realizadas com a utilização de *tablets* da marca *Samsung Galaxy Tab* P7510, com tela de 10", já existentes nas escolas, e o navegador *Google Chrome*, versão 49. Para garantir que cada aluno/a ouvisse apenas o áudio de sua prova, foram utilizados fones de ouvido durante as aplicações (Figura 2).

A configuração do volume dos dispositivos e dos fones de ouvido foi uma dificuldade adicional e exigiu o auxílio de estagiários no momento da aplicação.

Figura 2. Crianças do segundo ano realizando o TBC da PB em uma das escolas.

Para acessar o sistema de aplicação da Provinha, os *tablets* eram conectados na rede sem fio das escolas. A heterogeneidade na quantidade, disposição e limite de acesso dos pontos de acesso de rede sem fio das escolas configurou outro obstáculo, requerendo a distribuição dos alunos de uma turma em mais de uma sala.

O dispositivo previa o encerramento automático do teste após transcorridas 2 horas, caso o teste não fosse encerrado pelo aluno por motivos adversos.
No TBC da PB, foram aplicadas 524 provas eletrônicas, com um tempo médio de aplicação de aproximadamente 15 minutos e com 43 segundos para cada item. O tempo total de aplicação por turma costumou ser de 30 a 45 minutos, devido à necessidade de se esperar que todos os alunos de uma turma terminassem a prova para se chamar a turma seguinte, sendo que os primeiros 5 a 10 minutos eram destinados às instruções básicas para inserção do código do aluno e ajuste do volume dos fones de ouvido. Em média, o tempo para aplicação do TBC por turma foi de 25 minutos, enquanto o tempo médio para a aplicação da prova na versão em lápis e papel foi de uma hora.

Observa-se que a construção do TBC, e posteriormente do TAI, apresentou desafios tecnológicos: por utilizar os dispositivos já existentes nas escolas, por acessar um banco de itens remoto, e pela própria migração de conteúdo de um formato para outro, em especial, as instruções sonoras.

3.2 A incorporação do algoritmo para efetivação do TAI da PB

Um TAI agrega todas as vantagens apontadas para um TBC, mas representa um aprimoramento, pois supera, entre outras características, a linearidade do teste, caracterizada por um conjunto de itens dispostos numa sequência fixa, mesmo quando o respondente pode decidir qual item responder.

O TAI necessita, além de uma plataforma tecnológica, como o TBC, um programa ou algoritmo para administrar os itens.

Para o TAI da PB utilizou-se a mesma plataforma construída para o TBC, agregando um banco com 46 itens e aumentado o número de vezes que o aluno poderia repetir a locução automatizada do texto para 10 vezes.

O algoritmo foi programado para usar as respostas dadas aos itens respondidos a fim de estimar a proficiência e escolher o próximo item com um nível de dificuldade cada vez mais próximo da aferição obtida para o respondente.

O TAI admite que o teste seja diferenciado na quantidade e na complexidade dos itens para cada respondente. Isso é possível porque a seleção dos itens procura aproximar a complexidade do item ao conhecimento do respondente. Mais do que proporcionar desafios possíveis ao respondente, esse procedimento confere maior fidedignidade às estimativas da proficiência. O algoritmo desenvolvido tem como fundamento para aferição da proficiência a Teoria da Resposta ao Item (TRI) (Baker, 2001) e seu objetivo é proporcionar uma dinâmica adaptativa ao teste. O formato concreto do algoritmo é um pacote desenvolvido na linguagem R, em um ambiente (*Linux, Windows* ou *Mac*) que tenha instalado o software estatístico R, versão 3.0 ou superior. Foram utilizadas algumas funções provenientes dos pacotes '*catR*' (Magis & Raîche, 2012) e '*irtoys*' (Partchev, 2016), devidamente adaptadas aos objetivos do projeto. O algoritmo deve apresentar três componentes: 1) método de estimação de proficiência; 2) critério para seleção de itens; e 3) critério para finalizar o teste.

No TAI da PB em leitura, o algoritmo que gerenciou a seleção dos itens foi programado para apresentar um primeiro item, alocado no centro da escala de proficiência. Vale lembrar que foi utilizada a escala já existente para a prova na versão em lápis e papel, uma vez que as características psicométricas dos itens não se alteraram na transposição para o teste eletrônico. Após obter a resposta ao primeiro item, o algoritmo, além de estimar a proficiência, calcular sua precisão e, caso o critério de finalização do teste não seja atingido, seleciona o próximo item, A seleção é feita entre os itens que mais se aproximam da proficiência aferida. Além disso, também foi previsto que o algoritmo garanta a cobertura da matriz de referência, aspecto essencial para o processo de validação na medida educacional e para a consistência pedagógica da estimativa.

A estimação da proficiência foi realizada com base na distribuição esperada a posteriori (EAP) de Bock e Mislevy (1982) com 21 pontos de quadratura. O critério escolhido para seleção de itens foi o da Máxima Informação de Fisher (Barrada, 2010). Conforme já dito, adicionou-se ao critério de Máxima Informação de Fisher, o critério relativo à articulação entre itens e matriz de habilidade, garantindo que os itens respondidos tivessem como condição atender aos eixos 1 e 2 da Matriz de Referência da PB em leitura. Com isso, o algoritmo escolhe os itens mais informativos, equilibradamente, entre os dois eixos de habilidades da matriz, com objetivo de atribuir maior validade de conteúdo ao teste.

Para a finalização do teste, foi utilizado um critério adicional aos aspectos mais utilizados, que são: a) número de itens do teste (mínimo de 8 e máximo de 20 itens); b) limite permitido de incerteza (Erro Padrão máximo, sendo considerado o valor máximo de 35 pontos na estimação da proficiência em uma escala que vai de 0 a 1000, O critério adicional trata do intervalo de confiabilidade na estimação da proficiência e da verificação se ele está contido em um único nível, dentre os cinco níveis de proficiência existentes da PB em leitura.

A Figura 3 ilustra o funcionamento do critério de finalização do teste ao aferir se o intervalo de confiabilidade para a proficiência estimada estava contido em um dos cinco níveis de proficiência da escala da PB em leitura. Esse critério foi usado de forma complementar ao de Erro Padrão máximo.

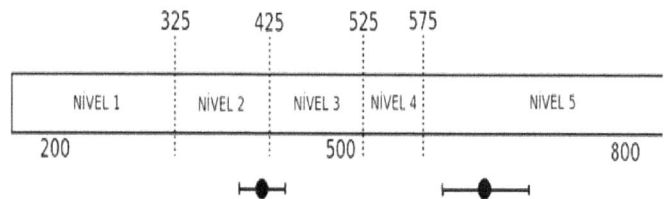

Figura 3. Representação dos intervalos de confiança das proficiências estimadas para os respondentes A e B.

Embora a proficiência do respondente B apresente um intervalo de confiança maior do que a proficiência do respondente A, nota-se que o intervalo de B está inteiramente contido no nível 5. O encerramento do teste para o respondente B ocorreu após responder e acertar apenas cinco itens no teste adaptativo, pois o intervalo já se encontra alocado inteiramente no nível 5, permitindo a interpretação pedagógica e consequente intervenção para esse nível de proficiência em leitura. Para o respondente A, a estimativa ainda não alcançou o objetivo de alocar o intervalo em um único nível de proficiência, ou seja, ainda não está definido se a proficiência estimada pertence ao nível 2 ou 3, mesmo que o número de itens respondidos seja maior (11 itens).

Os dois primeiros critérios são amplamente utilizados em TAI (Barrada, 2012). O terceiro critério, usado para a finalização do teste, por sua vez foi desenvolvido tendo em vista que a PB em leitura visa principalmente informar o professor sobre o nível de proficiência dos alunos, tendo cada nível da escala uma interpretação pedagógica. Nessa perspectiva, o critério de parada que, nos demais TAI, leva em consideração minimizar o erro de medida na estimação da proficiência, estabelecendo um valor máximo para esse erro, no TAI da PB em leitura, diferentemente, priorizou-se a minimização do erro para circunscrever tanto a proficiência como o intervalo de confiança da mesma a um único nível interpretado da escala.

Para aumentar a quantidade de estudantes que participariam da aplicação do TAI da PB em leitura, além dos alunos dos segundos anos, uma parte dos alunos do primeiro ano das 15 escolas também foi chamado para realizar o teste. As aplicações não contemplaram todas as turmas de primeiro ano devido às restrições de datas para aplicação. Era necessário realizar essa aplicação com apenas uma visita por escola e considerando que a permanência do aluno não pudesse ultrapassar 5 horas, conseguia-se atender um limite máximo de 6 turmas por escola, com tempo médio para aplicação do TAI de 30 minutos para cada turma. Nesse período de tempo, privilegiou-se a aplicação para turmas de segundo ano, tendo em vista constituírem público-alvo desse teste, avaliando as turmas de primeiro no período restante para encerramento do atendimento diário.

O TAI da PB em leitura foi aplicado para 1983 alunos, distribuídos em 78 turmas pertencentes às 15 escolas. A proficiência média para o segundo ano que participou da pesquisa, estimada em 495,28 pontos (numa escala de 0 a 1000 pontos) é próxima ao esperado, dado que foi previamente determinado para os (as) alunos (as) do Brasil a proficiência média de 500 pontos na PB em leitura, conforme relatórios do órgão federal. Por outro lado, o desvio padrão da média para estudantes do segundo ano que participaram da pesquisa foi estimado em 79,04, sendo um valor menor do que o esperado para os estudantes do Brasil, estimado em 100 pontos. Isso pode refletir uma variância menor da população analisada em relação à população original de todo Brasil, para a qual a PB foi delineada. Nota-se, além disso, que a média do primeiro ano foi menor que 500, média da escala de proficiência, validando as metodologias subjacentes à construção do algoritmo, à adequação da plataforma e à elaboração dos itens.

No TAI, verificou-se que os estudantes do segundo ano, fizeram provas pouco maiores (média de 17,75 itens) que os estudantes do primeiro ano (16,74 itens), fato que explica também o tempo maior de prova (11,98 minutos para o segundo ano e 10,88 para o primeiro ano). A redução no tempo médio pode ser devido ao rápido alcance do critério de parada, tendo em vista a existência de nível inferior da escala com intervalos de amplitude maiores, acarretando rápida alocação da proficiência e seu intervalo de confiança nesses níveis.

Comparando o tempo médio do TAI com o do TBC, notou-se ganho médio de 3 minutos, proporcionado pela dinâmica adaptativa do algoritmo. Esta ocorrência pode ser atribuída a diversos fatores, entre eles, que os alunos são expostos a uma quantidade menor de itens no TAI, sendo em média 17,75 itens, uma diminuição de 11% na extensão do teste em relação ao TBC, para alunos (as) do segundo ano. A diminuição na extensão do teste é fator positivo, uma vez que impede que os alunos errem os itens ao final do teste em virtude do efeito cansaço. As implicações pedagógicas dessa diminuição no tempo total do teste permitem entender que o teste via TAI abrange menor tempo do período de aula, deixando espaço maior para atividades destinadas à aprendizagem.

4. DISCUSSÕES FINAIS

Os resultados preliminares do estudo sugerem que as estimativas das proficiências geradas pelo TAI da Provinha Brasil em leitura se mostraram consistentes relativamente ao arcabouço conceitual da TRI e às metodologias adotadas pelo órgão federal responsável pela elaboração das provas e escalas.

Foi possível destinar momentos de participação de professores alfabetizadores e gestores das 15 escolas na reflexão sobre os aspectos técnicos e metodológicos da medida em avaliação e suas relações com a avaliação diagnóstica proporcionada pela PB em leitura.

O processo de constituição do TBC e do TAI da PB em leitura exigiu encontros periódicos que articulassem a atuação dos pesquisadores das diferentes áreas. Primeiro, na transposição do teste em lápis e papel para o TBC, permitindo atender aos aspectos psicométricos e pedagógicos necessários na elaboração da prova eletrônica (TBC). Segundo, na elaboração do algoritmo, acrescentando etapa ao critério de seleção do item para atender ao processo de validação da matriz de avaliação e alterando etapa no critério de parada para atender ao fato de ser mais relevante pedagogicamente no contexto da intervenção pedagógica para promoção da alfabetização, a maior exatidão na determinação do nível na escala de proficiência no qual se insere tanto a proficiência como seu o intervalo de confiança. Terceiro, o processo desenvolvido para envolver os gestores e professores no estudo, vislumbrando que o incremento de uma plataforma de avaliação não prescinde da atuação dos educadores, posto que sem o debate e envolvimento desses atores, não há incorporação das TIC no processo avaliativo.

Com relação aos resultados dos alunos do segundo ano do ensino fundamental, o TAI reduziu tempo de realização do teste e permitiu que alunos respondessem número menor de itens comparado ao teste em lápis e papel. Também possibilitou teste mais adequado ao desempenho do aluno, visto que o algoritmo selecionou itens, cuja dificuldade se assemelhava à proficiência do respondente, característica que provas frequentemente não conseguem atender e que, por sua vez, garantem menor erro de medida.

Quanto ao erro de medida na estimação da proficiência, cabe destacar que, embora seja inerente a toda e qualquer medida, sua diminuição pode trazer consequências relevantes para o julgamento que está na base do processo de avaliação realizado pelo professor.

O TAI PB em leitura mostrou seu potencial em suprimir algumas limitações na avaliação diagnóstica da alfabetização e letramento iniciais e possibilitou evidências de que é uma ferramenta de avaliação que pode diagnosticar com maior precisão e abrangência o desempenho em leitura dos alunos da rede. Nesse sentido, de um lado, enseja patamares adequados para implementação de políticas de avaliação para redes de ensino como um todo, no caso de avaliação de sistema, ou para disseminação de processos avaliativos, no caso do uso no interior de escolas e salas de aula, associadas, inclusive, à formação de professores em avaliação da aprendizagem. Por outro lado, evidencia a necessidade de um trabalho articulado e interdisciplinar entre pesquisadores e educadores de diferentes áreas do conhecimento para que as TIC sejam incorporadas também no âmbito da avaliação educacional.

5. REFERÊNCIAS

[1] J. L. Adelson; E.R. Dickinson; B.C. Cunningham, A multigrade, multiyear statewide examination of reading achievement: examining variability between districts, schools and students. **Educational Researcher**, v. 45, n. 4, p. 258-262, May 2016.

[2] O. M. Alavarse; E. M. T. Catalani. Alfabetização e TIC: os testes adaptativos informatizados (TAI) como recurso, In: COMITÊ GESTOR DA INTERNET – CGI.br. **Pesquisa sobre o uso das**

tecnologias de informação e comunicação no Brasil – TIC Educação 2015. Coord. Alexandre F. Barbosa, São Paulo: Comitê Gestor da Internet no Brasil, 2015, pp. 35-44.

[3] O. M. Alavarse; W. C. de Melo, Avaliação educacional e testes adaptativos informatizados (TAI): desafios presentes e futuros, In: COMITÊ GESTOR DA INTERNET – CGI.br. **Pesquisa sobre o uso das tecnologias de informação e comunicação no Brasil** – TIC Educação 2012, Coord. Alexandre F. Barbosa, São Paulo: Comitê Gestor da Internet no Brasil, 2013, pp. 103-112.

[4] F. B. Baker, The Basics of Item Response Theory (2nd Ed.), Washington: ERIC Clearinghouse on Assessment and Evaluation, 2001.

[5] J. R. Barrada, A Method for the Comparison of Item Selection Rules in Computerized Adaptive Testing, 2010.

[6] J. R. Barrada, Tests adaptativos informatizados: una perspectiva general, 28, 289–302, 2012.

[7] R. D. Bock &R. J. Mislevy, Adaptive EAP Estimation of Ability in a Microcomputer Environment, Applied Psychological Measurement, 6(4), pp. 431-444, 1982.

[8] Brasil, Ministério da Educação.Instituto Nacional de Estudos e Pesquisas Nacionais Anísio Teixeira (Inep), **Guia de interpretação de resultados**: Provinha Brasil – Leitura, teste 1, 2015.

[9] A. Kleiman, Introdução: o que é letramento? In: _____ (Org.), Os significados do letramento: uma nova perspectiva sobre a prática social da escrita. Campinas, SP: Mercado de Letras, 1995, pp. 13-61.

[10] J. F. Lukas Mujika; K. Santiago Etxeberria, **Evaluación educativa**.2. ed. Madrid: Alianza, 2009. pp. 91-92.

[11] D. Magis; G. Raîche. Random Generation of Response Patterns under Computerized Adaptive Testing with the {R} Package {catR}, Journal of Statistical Software, 48(8), 1–31, 2012. Retrieved from http://www.jstatsoft.org/v48/i08/

[12] D. Nevo, Avaliação por diálogos: uma contribuição possível para o aprimoramento escolar. In: TIANA, Alejandro (Coord.). **Anais do Seminário Internacional de Avaliação Educacional, 1 a 3 de dezembro de 1997**, Tradução de John Stephen Morris, Brasília: Instituto Nacional de Estudos e Pesquisas Educacionais (Inep), 1998, pp. 89-97.

[13] J. Olea; V. Ponsoda; G. Prieto (Ed.). **Tests informatizados**: fundamentos y aplicaciones, Madrid: Pirámide, 1999.

[14] I. Partchev, (2016). Irtoys: A Collection of Functions Related to Item Response Theory (IRT). Retrieved from https://cran.r-project.org/package=irtoys

[15] J. Piton-Gonçalves, Desafios e perspectivas da implementação computacional de testes adaptativos multidimensionais para avaliações educacionais, 2013,153 f. Tese (Doutorado)- Instituto de Ciências Matemáticas e de Computação, Universidade de São Paulo, São Carlos, 2013.

[16] M. Soares, Alfabetização: a questão dos métodos, São Paulo: Contexto, 2016, 384 p.

[17] B. V. Street, Alfabetización y cultura. Boletín Proyecto Principal de Educación en América Latina y el Caribe, Santiago, n. 32, pp. 39-46, dic. 1993.

[18] S. Mathison. What is the difference between evaluation and research – and why do we care?. In: N. L.Smith; Paul R. Brandon (Ed.), Fundamentals issues in evaluation, New York: The Guilford, 2008, pp. 183-196.

[19] R. Williams, **Cultura**. 2. ed. Tradução de Lólio Lourenço de Oliveira, Rio de Janeiro: Paz e Terra, 2000.

[20] C. González Mariño; M. de L. Cantú Gallegos; H. E. Camacho Cruz; J. A. Maldonado Mancillas, Prácticas innovadoras de aprendizaje emergentes en el siglo XXI. In: Revista Ibero-Americana de Sistemas, Cibernética e Informática: RISCI, 2018.

[21] J. R. Vargas, Estrategias para la gestión del conocimeiento em ambientes mediados, caso de aplicación em la industria petrolera. In: Revista Ibero-Americana de Sistemas, Cibernética e Informática: RISCI, 2018.

[22] O. Munhoz Alavarse et al. Teste Adaptativo Informatizado como recurso Tecnológico para Alfabetização Inicial, In: Séptima Conferencia Iberoamericana de Complejidad, Informática y Cibernética, 2017, Orlando. **Memorias** [S.l.: s.n.], 2017. p. 165-169.

SEGIC: Un Sistema Electrónico para Mejorar la Calidad en las Universidades Ecuatorianas

José M. LAVÍN
Facultad de Jurisprudencia y Ciencias Sociales. Universidad Técnica de Ambato.
Ambato. Tungurahua. 180103. Ecuador.
josemaria.lavin@uta.edu.ec

Cristina MANZANO-MARTINEZ
Facultad de Auditoría y Contabilidad. Universidad Técnica de Ambato.
Ambato. Tungurahua. 180103. Ecuador.
mariacmanzano@uta.edu.ec

Santiago LÓPEZ-ZURITA
Facultad de Auditoría y Contabilidad. Universidad Técnica de Ambato.
Ambato. Tungurahua. 180103. Ecuador.
slopez@uta.edu.ec

Adolfo CALLE-GÓMEZ
Facultad de Ingeniería Industrial, Electrónica y Sistemas. Universidad Técnica de Ambato.
Ambato. Tungurahua. 180103. Ecuador.
axcg8@hotmail.com

RESUMEN

El Gobierno de Ecuador ha creado una serie de parámetros para alcanzar mayores cuotas de calidad de los estudios que ofrecen las distintas universidades del país. Estos parámetros han sido establecidos a través de una serie de criterios de calidad que se validan con evidencias. El proceso de recolección de dichas evidencias es bastante laborioso y conlleva muchos recursos: económicos, humanos y sobre todo en términos de tiempo.

Para mejorar esta recolección, en la Universidad Técnica de Ambato se ha creado un nuevo proceso electrónico, utilizando un BPMS, en este caso Bonita BPM. Además de recolectar las evidencias, el proceso permite validar su calidad y asigna tiempos y responsables a cada tarea.

Después de ser usado durante dos semestres, los resultados que arroja el sistema son una recolección mucho más rápida y eficiente y una mayor calidad en las evidencias recogidas. En este aspecto, la innovación tecnológica ha sido esencial para mejorar el proceso de calidad dentro de la universidad.

Palabras claves: Calidad en la educación superior, innovación electrónica, BPMS, Bonita BPM, SEGIC

1. INTRODUCCIÓN

En la actualidad, las Instituciones de Educación Superior (IES) del Ecuador pasan por una etapa de evaluación y acreditación. Dicha evaluación la lleva a cabo el Consejo de Evaluación, Acreditación y Aseguramiento de la Calidad (CEAACES), en el que cae la responsabilidad de medir los desempeños de cada universidad así como de las carreras que oferta en una evaluación separada. Para la acreditación de las carreras, cada institución de educación superior debe adoptar el modelo de estándares exigido por el CEAACES. Los estándares son cinco: academia, eficiencia académica, investigación, organización e infraestructura. Este modelo se presenta en forma de matriz y es proporcionada a todas las universidades y se especifica cuáles son las evidencias requeridas para cada uno de los criterios. El modelo es variado periódicamente según los criterios que el CEAACES aplique.

En este contexto, la Universidad Técnica de Ambato (UTA) realiza autoevaluaciones periódicas internas de evaluación de carreras para conocer sus posibles fallas y corregirlas. Estas evaluaciones se hacían tradicionalmente de manera física, recogiendo en papel las evidencias del modelo, lo que generaba una gran cantidad de documentación física que era almacenada, con el consiguiente problema de amontonamiento de información, restricciones de espacio, dificultad para encontrar datos concretos… La dependencia, dentro de la UTA, encargada de estas autoevaluaciones es la Dirección de Evaluación y Aseguramiento de la calidad (DEAC) que asesora a todas las facultades de la institución y a sus carreras. Los formatos son entregados por el DEAC a las facultades, existiendo en demasiadas ocasiones, errores de interpretación, lo que hace perder estandarización de formatos e información.

También hay que hacer notar que, cuando se inició el proyecto, no existía un proceso formal de recogida de evidencias documentado en la universidad. Eso derivaba en una serie de problemas que se detallan a continuación:

- Falta de coordinación entre actores, desperdiciando tiempo, recursos y provocando inconsistencia en la información.
- Las actividades y tareas se llevan a cabo de acuerdo al conocimiento del personal de administración y a las arbitrariedades de las autoridades en cada facultad.
- Hay indefinición en los roles y las competencias de los actores ya sean trabajadores o actividades. Esta indefinición se debe bien a la falta de documentos escritos, bien a las decisiones de las autoridades.
- No es posible medir los desempeños individuales de cada empleado ni su efectividad personal ya que no existen métricas de evaluación.

Bajo el auspicio y la dirección de la DEAC, se desarrolló el Proyecto "Sistema de Garantía Interna de Calidad (SEGIC) para la Universidad Técnica de Ambato (UTA)". Este Proyecto buscaba identificar y automatizar el proceso de recolección y validación de evidencias necesarias para la evaluación de las carreras. Se quería mejorar el desempeño de una institución pública de educación ecuatoriana, al menos en este apartado, introduciendo conceptos más afines a la empresa privada, aplicando principios de economía, eficiencia y efectividad [1]. La solución propuesta tenía como fin encontrar un balance entre las actividades operacionales estrictamente necesarias y las decisiones y documentación que sostienen dichas actividades. Además, la introducción de un software para esta tarea supondría un paso innovador, tecnológicamente hablando, donde se evitarían problemas generados por las confusiones de los seres humanos encargados de la tarea.

Pero para ello, se requeriría, en un primer momento, de la formalización de un proceso de recogida de evidencias en las facultades y su entrega a la DEAC. Este proceso es el que más tarde, sería informatizado. Para ello, la Universidad Técnica de Ambato, inmersa ya en un proceso de innovación educativa que incluía como uno de sus ejes principales, la introducción de los elementos tecnológicos para facilitar el cambio requerido, aprobó mediante resolución del Honorable Consejo Universitario el proceso necesario.

La Universidad Técnica de Ambato seguía, de esta manera, un camino en el que se respondía a las exigencias en calidad que exigía el gobierno ecuatoriano, tanto en calidad educativa, innovación tecnológica y adecuación a la matriz productiva de la región [2].

En paralelo a este cambio de mentalidad y de paradigma en las instituciones públicas, la llegada de las TICs y su introducción en los procesos burocráticos incrementan de manera real los beneficios de este nuevo acercamiento a las tareas administrativas [3]. Debido a ello, SEGIC se planteó como un *Business Process Management System* (BPMS) [4] que automatiza el proceso de recogida de evidencias y crea una metodología ya documentada en una institución que carecía de ello.

Así, SEGIC funciona de acuerdo al enfoque de gestión por procesos. Este tipo de enfoque obliga a las compañías, sean públicas o privadas a identificar indicadores numéricos que evalúan el rendimiento de las actividades de manera integral dentro del proceso y no de forma separada [5]. Eso permite a los actores usuarios fijar metas globales en la organización y evitar problemas como el solapamiento de actividades y su repetición y el fijar objetivos contradictorios.

La implementación de un BPM en una institución educativa incluye, como se ha visto, la aplicación de nuevas estrategias aplicadas a los procesos académicos y administrativos, estableciendo e imponiendo un conjunto de técnicas y métodos para la integración eficiente de esos procesos. Estos pueden variar de acuerdo a los modelos de gestión y la tecnología elegidos, lo que obliga a crear herramientas que proporcionen agilidad a los negocios y generen un valor agregado a estos.

Este trabajo describe, en primer lugar, una revisión rápida de la literatura acerca de la filosofía *Business Process Management* (BPM), y cómo se puede informatizar a través de un BPMS. A continuación, se muestran las características del BPMS elegido, Bonita Software. Más adelante, se describe cuál fue la aplicación de Bonita Software en el sistema SEGIC en la UTA. Por último, se presentan resultados y conclusiones.

2. BPMS Y BPM. BONITA BPM

BPM es una solución de trabajo que contiene una serie de métodos, herramientas y tecnologías que se utilizan para diseñar, representar, analizar y controlar procesos de negocio y que integra en sí mismo a actores humanos, procesos y sistemas de información [6]. Su fin es mejorar el rendimiento de la organización combinando las tecnologías de la información con metodologías de proceso y gobierno.

Para ello, un BPM descompone la actividad integral de la organización en un conjunto de procesos, que tiene unas tareas repetitivas susceptibles de ser automatizadas, tanto el sistema como en los actores que intervienen [7].

Un BPMS es un software que facilita todos los aspectos de de la gestión de procesos de negocio como diseño de procesos, flujo de trabajo, aplicaciones, integración y supervisión de la actividad para entornos centrados tanto en los sistemas como en el ser humano [6]. Este tipo de sistema coordina flujos de trabajo a la vez que captura información en tiempo real acerca la ejecución de los procesos y estableciendo una mejora continua en los mismos [8].

Para poder automatizar los procesos de negocio reales a las herramientas BPMS, se necesita utilizar una serie de estándares como:

- Business Process Modeling Notation (BPMN): Es una notación gráfica que describe la lógica secuencial de un proceso de negocio. Así, los usuarios pueden representar gráficamente aspectos como el inicio y finalización de un proceso, los pasos intermedios entre ellos, subprocesos, tareas, decisiones o mensajes véase [9]. Esta notación está diseñada para configurar secuencias de procesos y la comunicación entre actores [10]. El objetivo central de este estándar es suministrar un lenguaje común que pueda ser entendido entre los participantes en el negocio, es decir, la gente que será responsable de la identificación, definición y modelización del proceso de negocio y de los responsables de la automatización del proceso.

- XML Process Definition Language (XPDL): Es un lenguaje que define procesos basados en XML y que permite una representación y edición de modelos de procesos a través de la creación de esos modelos, de manera coherente [6].
XPDL y BPMN encaran el mismo problema de modelización, pero desde diferentes ángulos. XPDL provee de recursos en formato XML usados para intercambiar modelos de procesos entre herramientas, mientras que BPMN proporciona una notación gráfica para facilitar la comunicación entre usuarios de negocios y usuarios técnicos [11].
- Business Process Execution Language (BPEL): Es un lenguaje XML usado para especificar la ejecución de los procesos de negocio, y que se aplica principalmente en la instrumentación de servicios web [6].

La siguiente decisión fue elegir una herramienta BPMS que diera satisfacción a los requisitos de funcionalidad, seguridad, disponibilidad y de economía, de acuerdo con la situación actual de la UTA y a los criterios gubernamentales. Investigando en el mercado se encontraron diferentes plataformas de programación que podían ser utilizados Bonita BPM [12] y [13]; Bizagi [14]; AuroraPortal [15] o ProcessMaker [16] entre otros.

La elección de Bonita BPM se debe a que se consideró que era la herramienta que mejor se ajustaba a las necesidades del Proyecto [17], que incluían soportar el ciclo de vida de BPM, su comunidad de usuarios, la sencillez de su curva de aprendizaje y los lineamientos del Gobierno de la República del Ecuador que promueven el uso de software libre en las instituciones públicas como se establece en el Decreto Presidencial 1014 [18]. Además, es compatible con SQL Server 2008 DBMS, de lo cual la UTA posee licencias, lo que hacía más sencillo el uso de Bonita BPM.

Bonita BPM tiene un gran número de conectores que permiten el uso de sistemas de información de terceras partes como bases de datos, servidores, sistemas de gestión de contenidos y servicios web, entre otros.

Bonita BPM es un proyecto maduro, con una numerosa comunidad de usuarios y de documentación on line. Su código es libre y puede ser implantada tanto en plataformas Unix como en plataformas Windows. Para su notación utiliza BPMS 2.0. y su interfaz es muy amigable.

En Bonita BPM se integran tres herramientas [19]:

- Bonita Studio: un entorno gráfico que hace posible la modelización. Su ambiente de desarrollo con elementos BPMN permite dibujar diagramas, definir etapas, transiciones, puntos de decisión y otros elementos necesarios en el proceso. Además, permite a los desarrolladores crear la interfaz con la que interactuará el usuario.
- Bonita Execution Engine: es el motor de ejecución de Bonita BPM, cuenta con APIs (Java, EJB, Web Services) que permiten compilar y ejecutar los procesos diseñados.
- Bonita User Experience: es una interfaz similar a un correo electrónico.

Bonita BPM Portal es similar a un gestor de correo electrónico, lo que permite un manejo accesible y desarrolla en la aplicación a través de un servidor de aplicaciones y un navegador web. Por último, será la interfaz que le permitirá a los actores gestionar y ejecutar las actividades diarias cuando la aplicación está en funcionamiento.

El motor de Bonita BPM se encarga de compilar cada una de las diversas actividades del proceso, que podrán ser realizadas por un humano, otro proceso o una aplicación. En cada una de estas actividades y tareas, se detallarán entradas y salidas de información y en el caso de que el ejecutante sea una persona, puede identificarse. Así, y como ya se dijo, el motor de Bonita BPM aglutina personas, datos y servicios de software para lograr la ejecución de cada actividad.

En las dos primeras fases de Diseño y Modelado se aplicó la metodología BPM: RAD, véase [20], aplicada a las necesidades del proyecto por los investigadores [21].

3. APLICACIÓN AL CASO PRÁCTICO

Creación del Proceso de Recolección de Evidencias
En primer lugar, se determinó cual era el proceso final que programar. Para ello, hubo que diseñar un proceso nuevo y común a todas las facultades ya que cada una lo hacía según su voluntad. La secuencia final fue la siguiente:

- La DEAC es responsable de cargar la información sobre los modelos de evaluación y los periodos académicos a evaluar, asignados a cada carrera en el sistema SEGIC. También asigna el cronograma.
- El decano de cada facultad inicia el proceso, enviando una notificación al coordinador de carrera que autoriza a este para pedir los archivos digitales a los responsables de las mismas.
- El responsable de cada evidencia carga el archivo digital en SEGIC y lo envía al coordinador para una primera revisión.
- El coordinador revisa la evidencia y puede devolverla y pedir cambios en el caso de que no esté correctamente hecha. Si considera que es correcta, envía el archivo a la Unidad de Planificación y Evaluación (UPE) de la carrera.
- La UPE revisa de nuevo la información y determina si es válida o no lo es, basado en puntos específicos que toda evidencia debe tener. Si la evidencia se aprueba, pasa al repositorio centra. En caso de no ser aprobada, se devuelve la evidencia al coordinador con las observaciones correspondientes.
- El decano de la facultad cierra el proceso interno para la Carrera en el periodo asignado.

Todo este proceso es monitorizado por la DEAC, mediante informes sobre el estado de cada etapa. El decano y el coordinador también pueden vigilarlo, pero solo para las evidencias de su carrera.

Informatización del Proceso
La aplicación informática de este proceso se divide en dos fases. En primer lugar, se analiza y modeliza el proceso usando Bonita Studio. En segundo lugar, se implementa a través de la plataforma Bonita BPM.

Para el desarrollo de la primera fase se realizó un estudio *a priori* de la institución, concretamente de las actividades que realiza el personal encargado de la acreditación y validación de las carreras, las tareas a realizar y su orden y los tipos de documentos que soportan las evidencias. Con toda la información recopilada, se trazó un diagrama de flujo preliminar, véase figura 1 del anexo.

El diagrama representa las tareas llevadas a cabo por miembros de la institución y el orden de ejecución de cada una ya descritas anteriormente. El diagrama pretende dar a conocer el proceso de manera completa, el conocimiento del Que y Por Qué se hacen las cosas [22].

Una vez definidas las reglas de negocio y dibujado el proceso, se utiliza la notación BPMN para el modelado conceptual.

La siguiente tarea es secuenciar todas las actividades y toda la información necesaria. Comienza con una tarea automática de validación del usuario quien inició el proceso, para luego obtener la información de los períodos académicos de los cuales se van a subir las evidencias. Se actualiza la información en la base de datos indicando que la evidencia esta almacenada. Pero la evidencia puede no estar completa y este dato debe ser llenado por el actor del proceso. Si la evidencia está completa, pasa al subproceso de validación.

La segunda fase es la implementación utilizando la plataforma Bonita BPM, lo que lleva a dar diversos pasos en el Ciclo de Vida del BPM.

Diseño
En la etapa de diseño, se analizó la situación con los encargados de la evaluación interna de la DEAC, definiendo el nombre del proceso de negocio utilizado.

Posteriormente, fueron señalados quienes eran todos los actores y las labores ejercidas por cada una en el proceso de negocio.

Una vez obtenido el modelo definitivo, se traslada al software para su automatización. Se especifica minuciosamente cada aspecto (actividades, tareas y reglas de negocio), la integración de modelos de procesos y datos del diseño de pantallas, entre otras necesidades. El modelo indica cuál será el rol y la actividad necesaria y correspondiente. El resultado final es un diseño de los procesos orientados a tecnología BPM, independiente del software de implementación elegido.

El objetivo principal en este paso es conseguir un diagrama completo. Así, el diagrama inicial se completa y enriquece con detalles como los roles y actividades específicas de los actores.

Los roles clave son:

- Decano
- Coordinadores de carrera
- Comisión de validación
- Consejo Directivo de Facultad
- Honorable Consejo Universitario

A modo de ejemplo, se muestran las labores del decano que son las siguientes:

- Comenzar el proceso de recolección de evidencias de la Carrera de su facultad.
- Cargar en el Sistema las evidencias correspondientes a su rol.
- Recibir notificaciones de otros roles.
- Finalizar el proceso de recolección de evidencias.

Además, en esta etapa se definieron aspectos como el diseño del proceso, el modelo de la base de datos o el modelo de funcionamiento de la aplicación...

Modelización
En este paso, el Diagrama del Proceso de Negocio (DPN) se modela, convirtiendo cada actividad en un símbolo gráfico, utilizando el estándar BPMN, lo que incluye todos los eventos y decisiones a tomar. Todo ello se plasma en un gráfico donde se identifican a los actores encargados de cumplir cada actividad dentro del proceso, véase figura 2 del anexo.

Se manejan dos tipos de tareas: las tareas realizadas por las personas actores del proceso y las tareas automáticas ejecutadas por el BPMS sin intervención de seres humanos. Estas primeras tareas se ejecutaron en la parte inicial del proyecto [20].

Implementación y Ejecución
El DPN se introduce en Bonita BPM, utilizando el panel de elementos de BPMN. En este paso, las tareas automáticas requeridas para la interacción con la base de datos se incluyen en el diagrama de proceso, además de las tareas humanas ya adjuntadas anteriormente. El resultado se muestra en la figura 3 del anexo.

Para el caso de las tareas humanas en las que el sistema interactúa con el usuario, se implementó la interfaz gráfica, en la que se ingresa o visualiza información de las etapas del proceso.

Más adelante, se implementó el modelo de la base de datos en SQL Server 2008. Para ello, se interactuó con la base de datos tanto en las tareas automáticas como en las tareas humanas, mediante la inserción de conectores y la utilización de código SQL y código groovy. Se realizaron las llamadas correspondientes a subprocesos, la definición de fechas de cierre del proceso y la ejecución de estas tareas automáticamente mediante programación con temporizadores. En la ejecución se comprobó la compilación correcta del Diagrama de Proceso de Negocio y su despliegue en el navegador web, probando la funcionalidad de todas las pantallas de las tareas humanas y automáticas del proceso.

Bonita BPM utiliza un servidor de aplicaciones JBOSS para la ejecución del proceso, y aunque se despliega sobre cualquier navegador, se recomienda el uso de Mozilla Firefox para una mejor optimización del software.

Monitoreo

La fase de monitoreo se hace a través de reportes del proceso y se desarrolló al margen de Bonita BPM, en un módulo programado en ASP.NET. Uno de los principales informes es el de seguimiento del proceso para cada evidencia, donde se informa en qué punto del proceso se encuentra el caso, las tareas ya realizadas, sus actores responsables y la fecha y hora de ejecución.

El sistema SEGIC posee un reporte de verificación del cumplimiento por cada carrera, mediante un tablero de control con valoraciones por porcentajes, y un semáforo indicador (verde, amarillo o rojo). La estructura jerárquica del tablero de control Criterio, Indicador, Evidencia, está en función al modelo de evaluación propuesto por el CEAACES. Cada vez que una evidencia pasa por el proceso de negocio automatizado y es aprobada, esta suma al porcentaje de cumplimiento del Indicador.

Hay, además, un informe histórico de cuantas evidencias fue validadas por carrera en los distintos `periodos académicos, permitiendo las comparaciones entre periodos. También se puede identificar y contabilizar el número de evidencias en proceso, tanto aprobadas como no aprobadas.

Optimización

Durante todo el desarrollo del proyecto se fueron creando distintas versiones, en especial del Diagrama de Proceso de Negocio, con el fin de minimizar tareas, minimizar recursos y agilizar el flujo del proceso. Se pretende que, más adelante, se identifiquen puntos que puedan ser perfeccionados, tanto en el Diagrama de Procesos de Negocio como en aspectos técnicos de la implementación, y así mejorar el rendimiento.

4. CONCLUSIONES

El Sistema SEGIC ya ha sido usado durante cuatro semestres, con excelentes resultados, mejorando la calidad de las evidencias por el doble filtro de revision y siendo mucho más rápido que el método físico de entrega tradicional.

El principal inconveniente encontrado fue la falta de un proceso institucional de recolección y verificación de evidencias con la consiguiente variación de los mismos según las facultades. Establecer un nuevo proceso, como se mencionó anteriormente, fue fundamental.

Con SEGIC, la DEAC y las facultades cuentan con un proceso institucional único y automatizado que permite la recolección y validación de evidencias (parte operativa), y generar una visión general de cumplimiento para la toma de decisiones (parte gerencial).

Se identificaron diversos puntos débiles y fuertes de cada carrera en concordancia con los criterios de evaluación propuestos por el CEAACES en los modelos de evaluación. Además se determinaron los actores responsables en la ejecución de las tareas del proceso y se creó un cronograma. Además, se ha creado un repositorio digital organizado de evidencias aprobadas. Todos estos resultados hacen que el sistema no solo haya servido para la recopilación de evidencias, sino para controlar la calidad de estas.

5. AGRADECIMIENTOS

Este trabajo ha sido auspiciado por el Proyecto de la Universidad Técnica de Ambato "Diseño, desarrollo e implementación de un Sistema de Garantía Interna de Calidad (SEGIC) para la Universidad Técnica de Ambato (UTA)".

REFERENCIAS

[1] A. Rhys y S. Van de Walle, "New Public Management and Citizens' Perceptions of Local Service Efficiency, Responsiveness, Equity and Effectiveness", Public Management Review, Vol 15, No. 5, 2013, pp 65-82.

[2] J.M. Lavín, Julio E. Balarezo-López, Galo Naranjo-López y V.H. Molina-Dueñas, "Innovación Frente al Nuevo Paradigma en las Universidades Ecuatorianas: la Experiencia de la Universidad

Técnica de Ambato", Proceedings de la Décima Sexta Conferencia Iberoamericana en Sistemas, Cibernética e Informática, CISCI 2017. Orlando; Estados Unidos; 8 -11 julio de 2017

[3] M. E Milakovich. Digital governance: New technologies for improving public service and participation. New York: Routledge. 2012.

[4] R. Uahi y J. L. Pereira, "Task allocation in Business Processes supported by BPMS: Optimization perspectives", 11th Iberian Conference on Information Systems and Technologies (CISTI), 2016.

[5] M. Rosemann y J. Vom Brocke. The Six Core Elements of Business Process Management. En: Handbook on Business Process Management 1. Series International Handbooks on Information Systems. M. Rosemann and J. Vom Brocke, Eds. Springer: Berlin Heidelberg, pp 105-122. 2015.

[6] P. Lohmann y Michael Zur Muehlen, "Business Process Management Skills and Roles: An Investigation of the Demand and Supply Side of BPM Professionals", International Conference on Business Process Management BPM 2015: Business Process Management pp 317-332. 2015. DOI: 10.1007/978-3-319-23063-4_22

[7] M. Mattila y A. Mattila, "Business Process Management in the context of a higher education institution", Proceedings in EIIC - The 3rd Electronic International Interdisciplinary Conference Volume: 3, Issue: 1, Septiembre, 2014.

[8] University of Michigan. Business process management acronyms and terminology. 2010. Disponible en: http://www.mais.umich.edu/methodology/process-improvement/process-improvement-glossary.docx. Última visita: 6 de enero de 2016.

[9] Object Management Group. Business Process Model and Notation (BPMN). Version 2.0. Document Number: formal/2011-01-03. 2011. Disponible en http://www.omg.org/spec/BPMN/2.0/ Última visita: 6 de enero de 2016.

[10] C. Alfaro, J. M. Lavín, J. Gómez y D. Ríos Insua, "ePBPM: A graphical language supporting interoperability of participatory process", Proceedings of Second International Conference in e-Democracy and e-Government – ICEDEG. 2015.

[11] WfMC. Process Definition Interface – XML Process Definition Language. Workflow Standard, Workflow Management Coalition. Technical Report. 2012. Disponible en: http://www.xpdl.org/standards/xpdl2.2/XPDL%20 2.2%20(2012-08-30).pdf. Última visita: 6 de enero de 2016.

[12] Alvarado, P. BONITA SOFT: Gestor de procesos de negocios BPM. 2011. Disponible en: http://www.ciens.ucv.ve/portalasig/sistemas_de_in formaci%C3%B3n/2014/descarga/descargar_archi vo/549 . Última visita: 6 de enero de 2016.

[13] Bonitasoft Community (website). Disponible en: http://community.bonitasoft.com/ Última visita: 6 de enero de 2016.

[14] Bizagi (website). http://www.bizagi.com/ Última visita: 6 de enero de 2016.

[15] AuraPortal (website) http://www.auraportal.com/ . Última visita: 6 de enero de 2016.

[16] ProcessMaker (website). http://www.processmaker.com Última visita: 6 de enero de 2016.

[17] A. Flores, E. Álvarez, X. Calle y J. M. Lavín, "Buscando la excelencia educativa: Gestión de procesos académicos y administrativos en Instituciones Públicas de Educación mediante BPM", MASKANA. No. Especial – TIC.EC: Congreso Ecuatoriano de Tecnologías de la Información y Comunicación. Volumen 5. 199-209. 2014. Disponible en: http://dspace.ucuenca.edu.ec/handle/123456789/2 1405

[18] Subsecretaría de Informática. Gobierno del Ecuador. Decreto 1014. 2008. Disponible en: http://www.espoch.edu.ec/Descargas/programapub /Decreto_1014_software_libre_Ecuador_c2d0b.pd f.

[19] R. L. Claro Escalona y A. Suros Vicente. Automatización de Procesos de Negocio con Bonita Open Solution. Proceedings of VII Simposio de Ingeniería Industrial y Afines. 2013. Disponible en: http://ccia.cujae.edu.cu/index.php/siia/siia2012/rt/ metadata/2609/0

[20] Club BPM. El libro del BPM, Tecnologías, Conceptos, Enfoques Metodológicos y Estándares. En El Libro del BPM. Club BPM (Ed). Madrid: Print Marketing. 2011

[21] A.X. Calle, F. Mayorga, A. Flores y J. M. Lavín, "Aplicación de la metodología BPM: RAD en una institución de educación superior. MASKANA", No. Especial – TIC.EC: Congreso Ecuatoriano de Tecnologías de la Información y Comunicación. Volumen 5. 223-234. 2014. Disponible en

http://dspace.ucuenca.edu.ec/handle/123456789/21407

[22] R. Laurentiis. Metodología BPM: RAD - Rapid Analysis & Design para la modelización y diseño de procesos orientados a tecnologías BPM. En El Libro del BPM. Club BPM (Ed). Madrid: Print Marketing. 2011

ANEXO
FIGURA 1: DIAGRAMA DE FLUJO INICIAL

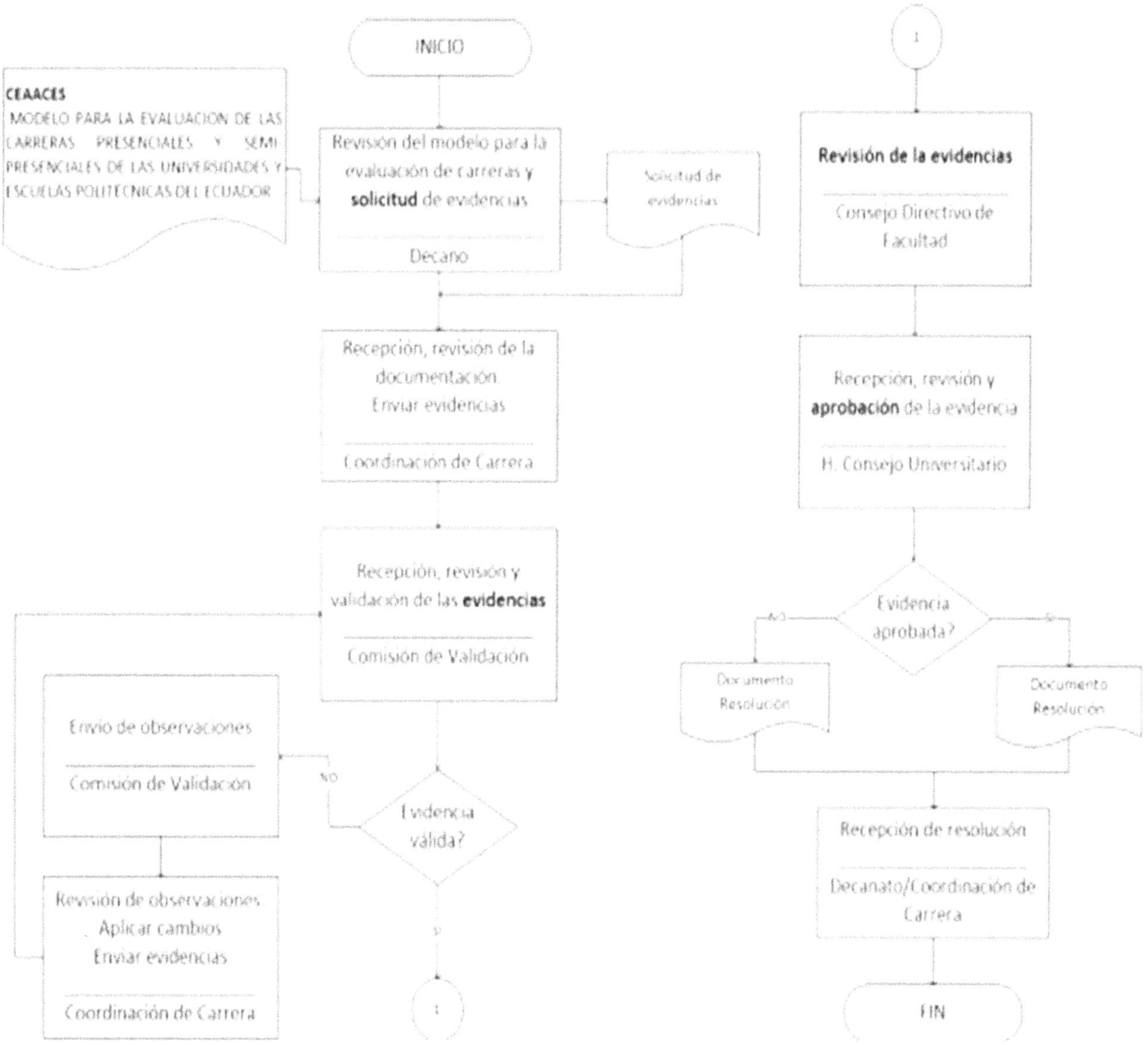

FIGURA 2: DIAGRAMA DEL PROCESO DE NEGOCIO

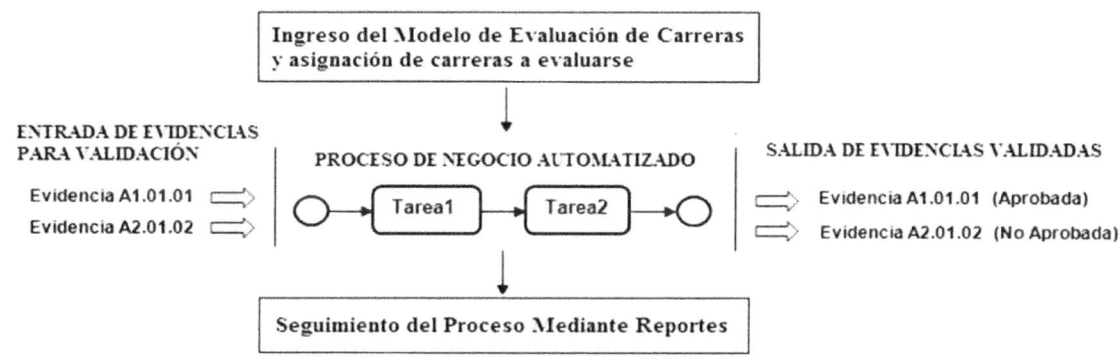

FIGURA 3: DIAGRAMA DE PROCESO DE NEGOCIO INCLUIDO EN BONITA BPM

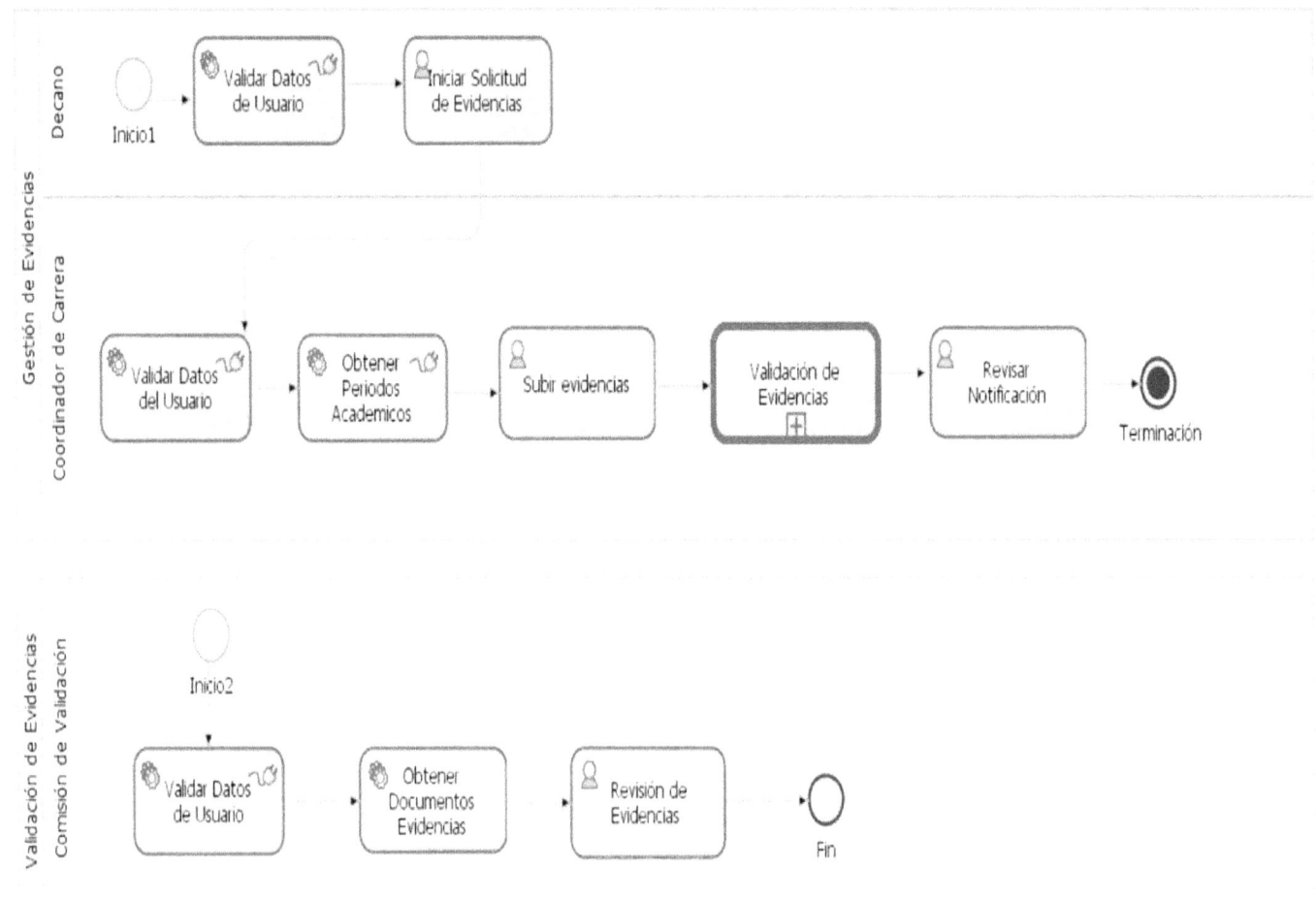

Experiencias de 23 Años de Educación en Innovación Tecnológica en Chile

José O. MALDIFASSI

Facultad de Ingeniería y Ciencias, Universidad Adolfo Ibáñez

Viña del Mar, Chile

RESUMEN

Teniendo en cuenta el objetivo de la presente edición especial de esta Revista, el cual es la Innovación Tecnológica y la Educación para el Desarrollo, en este artículo expongo mi experiencia de 23 años relacionada con la educación en innovación tecnológica en universidades chilenas. Se exponen los contenidos de los cursos dictados, la metodología de enseñanza y las evaluaciones empleadas en los mismos. Cabe destacar dentro de esta temática el empleo del método de aprendizaje basado en el estudio de casos, el desarrollo de trabajos grupales para llevar a cabo análisis de innovaciones existentes, y el desarrollo de la capacidad de síntesis, mediante la propuesta de una innovación para una empresa existente en Chile. Se hace hincapié en la estrecha relación entre innovación y marketing, motivo por el cual no es posible separar ambas actividades. La principal conclusión de esta experiencia es que si es posible enseñar a innovar, lo que reduce en forma importante el esfuerzo para los futuros profesionales universitarios y para aquellas empresas que quieran llevar a cabo estas actividades.

Palabras Claves: Educación, Innovación, Tecnología, Estudio de Casos, Trabajos Grupales, Marketing, Chile.

1. INTRODUCCIÓN

No cabe duda que la condición actual de ciertos países, denominados coloquialmente como "desarrollados", ha sido lograda gracias a la creación, difusión y perfeccionamiento de ciertas tecnologías que han resultado claves para el avance industrial, económico y social del resto de la humanidad. Los estándares de vida de los ciudadanos de tales países se han transformado en los objetivos, en ciertos casos utópicos, de las otras naciones que no ostentan tal estatus. Por lo tanto, el anhelado desarrollo económico-social es un objetivo nacional y personal, que para lograrlo requiere de múltiples esfuerzos y capacidades.

A nivel de las empresas, aquellas de clase mundial que día a día inundan los mercados con productos de primera calidad y que ostentan altas utilidades son, a su vez, el paradigma para empresas que se ubican en posiciones menos ventajosas a lo ancho y largo del mundo. Al analizar los procedimientos que han sido empleados para alcanzar tales posiciones de privilegio, se constata que la capacidad nacional y empresarial de crear nuevas y mejores tecnologías, de perfeccionar aquellas ya existentes, y de incorporar tal cambio tecnológico en productos y procesos modernos son tal vez los mecanismos más relevantes de todos. A tal conjunto de procesos se les conoce, genéricamente, como Innovación Tecnológica.

Tal como el ajedrez se le puede enseñar a jugadores mediocres, permitiéndoles así mejorar en forma importante su desempeño, surge la interrogante de si es posible enseñar a innovar tecnológicamente, con el propósito de mejorar la calidad de vida de los ciudadanos de países en "vías de desarrollo" y de la rentabilidad de las empresas ubicadas en tales sociedades. Por estos motivos, el objetivo de la presente edición especial de esta Revista se centra en la Innovación Tecnológica y la Educación para el Desarrollo. Cada uno de los cuatro conceptos que conforman esta frase, en forma separada, han tenido una importancia significativa en lograr que la humanidad haya evolucionado a lo largo de la historia. A contar del siglo XIX se transformaron en las herramientas que llevaron primero a Inglaterra, y luego a Estados Unidos, Alemania, Francia, Japón, Corea del Sur y, más recientemente, a China, a transformarse en potencias económicas. Por lo tanto, para América Latina la Innovación Tecnológica y la Educación para el Desarrollo se presentan como un reto social, político, económico y técnico que debe ser abordado con urgencia para permitir que los ciudadanos de la región logren estándares de calidad de vida del primer mundo.

Para ayudar a cumplir con el objetivo de esta edición especial, en el presente artículo expongo mi experiencia personal de los últimos 23 años en la enseñanza de la innovación tecnológica en Chile. A partir de esta trayectoria ha sido posible perfeccionar un programa académico universitario que es capaz de lograr este aprendizaje. De esta experiencia puedo concluir que si es posible enseñar a innovar tecnológicamente, lo que facilita a las empresas su desarrollo y crecimiento en base a procesos más eficientes y productos más competitivos. Esta educación permite a los futuros profesionales efectivamente facilitar y acelerar los procesos organizacionales para resolver problemas reales, y para transformar las innovaciones tecnológicas en beneficio social para los consumidores y económico para las empresas.

2. ANTECEDENTES

Teniendo una formación académica de pre y post grado en tres áreas de la ingeniería y habiéndome involucrado en Chile tempranamente en temas de investigación y desarrollo, al momento de decidir postular a un doctorado mi decisión fue de hacerlo centrado en el tema de la innovación tecnológica. Becado por la Armada de Chile para ello[1], encontré en el Resselaer Polytechnic Institute del estado de New York, EE.UU., un programa de Doctorado en Management que me dio la oportunidad de concentrarme en esta área.

Fue así que en tal programa tuve la oportunidad de cursar ramos tales como: Gestión de la Investigación y Desarrollo, Tecnología y Estrategia, Economía del Cambio Tecnológico, Finanzas, Marketing, Marketing Industrial, Gestión Estratégica, Gestión de Proyectos, etc. En mi calidad de candidato a doctor por esa universidad y en ausencia del profesor titular tuve la oportunidad de dictar el ramo Administración de Investigación y Desarrollo como profesor del mismo. Uno de los aprendizajes importantes que logré en esa época fue el del valor del marketing como parte relevante del proceso de innovación tecnológica, disciplina que hasta entonces y desde la perspectiva de la ingeniería "dura"

había percibido como superficial e innecesaria.

Finalizado el programa de doctorado fui destinado por la Armada de Chile a la Dirección de Programas, Investigación y Desarrollo, donde me desempeñé en el área de Investigación y Desarrollo Tecnológico de la misma en calidad de Jefe de Proyectos, Jefe de Departamento y, finalmente, como Sub Director de esa misma Dirección. Estas actividades de desarrollo real de innovaciones complementaron efectivamente mi formación académica, permitiéndome comprender cabalmente la realidad y las dificultades de transformar conocimiento técnico en innovaciones tecnológicas concretas.

Con esta formación avanzada en temas de gestión e innovación, más la formación previa en temas de ingeniería, me fue posible, en el año 1994, amalgamar todo esto en el programa de curso Gestión de la Innovación Tecnológica, ramo optativo de pregrado para alumnos de quinto año de ingeniería, que dicté en la Pontificia Universidad Católica de Chile. Este primer curso abarcaba las siguientes temáticas:

- Tecnología (definiciones y clasificación)
- El proceso de innovación tecnológica
- Tecnología y estrategia empresarial
- Tecnología al interior de la empresa
- Transferencia de tecnología
- El proceso de desarrollo de nuevos productos
- Gestión de investigación y desarrollo
- Economía del cambio tecnológico

Se puede apreciar lo amplio de las temáticas, por lo que con el correr del tiempo se eliminaron las secciones de Transferencia de tecnología, Gestión de investigación y desarrollo y Economía del cambio tecnológico, particularmente teniendo en cuenta que las dos últimas corresponden a ramos completos. En el primer semestre que el ramo fue dictado el número de alumnos fue de tan solo 15, principalmente de la carrera de Ingeniería Civil Industrial. Este mismo programa de curso se empleó por cerca de ocho años, siendo dictado en forma semestral en esa universidad. La aceptación del ramo resultó ser positiva, llegando a tener en algunos semestres cerca de 50 alumnas/os de diversas carreras de ingeniería, lo cual, para un ramo optativo, se consideraba bastante alto. Este ramo también fue cursado por alumnas/os del programa de Magister de la Escuela de Ingeniería

---

[1] El autor fue Oficial de la Armada de Chile por 30 años, habiéndose retirado de la misma con el grado de Capitán de Navío a fines del año 2002.

de la PUCCH.

La evaluación académica de este primer curso consistía en una prueba escrita acerca de los contenidos del ramo y el estudio del caso de una empresa internacional relativo al uso y desarrollo de tecnología con fines estratégicos. La evaluación final consistía en un trabajo grupal acerca de cómo en una empresa local (Chile) se gestionaba la tecnología, empresa que los mismos alumnos y alumnas debían conseguir para poder efectuar tal estudio. Este trabajo era evaluado en base a un informe escrito y una exposición acerca del mismo a todo el curso.

En paralelo con esta actividad docente fui contactado por la Universidad de Valparaíso para incluir dentro de su MBA el ramo en cuestión. Esto se llevó a cabo durante tres años, en el último de los cuales el MBA fue impartido en la Universidad de San Juan, Argentina. En este programa de MBA se eliminó la exigencia de exponer el trabajo grupal al resto del curso por motivos de tiempo de los alumnos para ello.

Dentro de lo más destacable de este primer ramo se encuentra el uso de casos, tipo Universidad de Harvard, para presentar a los alumnos ejemplos reales de la gestión de la tecnología al interior de las empresas y los resultados positivos posibles de ser obtenidos por las mismas, al explotar la innovación y el cambio tecnológico en forma estratégica. Lo segundo rescatable fue que el trabajo grupal que debía ser centrado en una empresa local. Este estudio llevaba a los alumnos al plano real de la gestión de la tecnología y cómo en la práctica las empresas nacionales la empleaban para mejorar sus procesos productivos y el desarrollo de nuevos productos, a partir de innovaciones locales o de incorporación de tecnología moderna para ello.

En el caso de los alumnos del MBA de la Universidad de Valparaíso, el enfoque del estudio resultaba ser más avanzado, exigiéndoles un enfoque más conceptual en sus análisis y conclusiones. Muy buenas experiencias se obtuvieron de estos estudios grupales por parte de los alumnos/as, ya que se presentaban todo tipo de casos reales, que servían como ejemplo del uso efectivo de la tecnología para fines específicos, siendo un excelente complemento a los contenidos teóricos impartidos. Un muy buen caso que recuerdo fue el de un grupo que analizó una empresa y su camino descendente en sus ventas y rentabilidad, debido a que se había quedado estancada en el empleo de tecnología por cerca de 20 años, mientras que una empresa competidora, en el mismo lapso, se había convertido en una compañía pujante y rentable al incorporar nueva tecnología en forma exitosa en productos y procesos.

Un acontecimiento interesante ocurrió al finalizar un seminario de un día sobre innovación tecnológica que se me solicitó dictar para una empresa. El seminario se basó en el programa del ramo GIT, pero en forma resumida. Al finalizar el día se me acercó un ejecutivo de edad mediana y, un tanto arrogantemente, me dijo que le había gustado mucho el contenido del mismo y que, efectivamente, coincidía con lo que él había aprendido al respecto en sus años de vida profesional. Lo interesante de esta aseveración es que corroboraba que los contenidos teóricos de las materias analizadas correspondían a la realidad que enfrentan las empresas en términos de la innovación, y que su enseñanza en un seminario de un solo día ¡sería equivalente a la experiencia de un ejecutivo a lo largo de su vida profesional! Un cumplido excepcional para cualquier educador.

3. YA EN LA UNIVERSIDAD ADOLFO IBÁÑEZ

En el año 2003 fui contratado como profesor de planta de la entonces Escuela de Ingeniería Industrial de la Universidad Adolfo Ibáñez, debiendo dejar de lado los cursos impartidos en las otras universidades ya mencionadas. En el año 2004 comencé a dictar para alumnos de quinto y sexto año de Ingeniería Industrial, como ramos optativos, Gestión de la Innovación Tecnológica (GIT) y, como otro ramo aparte, Desarrollo de Nuevos Productos (DNP). El programa de GIT era básicamente el mismo del dictado previamente en la Universidad Católica, excepto que dentro de las referencias se incluía además un libro denominado "Marketing Lateral", reflejando la creciente importancia de esta disciplina en la innovación tecnológica. Entre los años 2004 y 2005 el ramo GIT fue incorporado dentro del MBA internacional de la UAI, agregándole a la temática un módulo de tecnologías de la información.

El ramo Desarrollo de Nuevos Productos (DNP)

profundizaba y expandía los temas vistos en GIT al respecto. Los contenidos de este ramo eran los siguientes:

- Los consumidores: bases sociales del desarrollo de nuevos productos
- ¿Qué es un producto?
- Estrategia y nuevos productos
- El proceso de desarrollo de nuevos productos
- Diseño de nuevos productos
- Diseño industrial
- Pruebas y evaluación de nuevos productos
- Aspectos industriales de los nuevos productos
- Aspectos económicos del diseño
- Aspectos legales
- Marketing de nuevos productos

Dos aspectos relevantes de este ramo eran que no había controles escritos acerca de la materia impartida en clases, sino que su evaluación se basaba básicamente en la lectura y discusión de casos relacionados con la temática. El segundo aspecto era que los alumnos, trabajando en grupos, debían elaborar tres informes consistentes en el desarme de un producto electrodoméstico (tipo licuadora), un juguete moderno tipo auto a control remoto y un producto industrial tipo interruptor de alto voltaje o betonera pequeña[2]. Para ello debían identificar técnicamente sus partes, piezas y componentes, y elaborar los planos del producto. Además, se bebían analizar los aspectos de necesidades de los consumidores y el marketing relacionado con el producto.

La evaluación final del ramo DNP consistía en llevar a cabo el diseño preliminar de un producto de media a media-baja complejidad para una empresa local, desde la concepción de la idea del mismo, pasando por el diseño preliminar del producto, llegando a las consideraciones de manufactura y comercialización del mismo. El producto, sus características y el diseño debían ser el resultado del esfuerzo creativo del grupo.

Ambos cursos, siendo optativos, tuvieron buena aceptación por parte de los alumnos/as que cursaban Ingeniería Civil Industrial. Estos ramos optativos fueron descontinuados cuando la malla curricular de la Facultad adoptó, como columna vertebral, una línea de talleres obligatorios que, empleando la filosofía de "aprender haciendo", los incorporó como Taller de Diseño de Productos y Taller de Innovación Tecnológica, del segundo de los cuales el autor ha sido profesor desde el año 2010 hasta la fecha.

4. EL TALLER DE INNOVACIÓN TECNOLÓGICA

Este Taller es el continuador del ramo GIT impartido con anterioridad. Los contenidos actuales del mismo son los siguientes:

- Introducción y motivación
- Definiciones de ciencia, tecnología e innovación tecnológica
- El proceso de innovación tecnológica
- Difusión de las innovaciones
- Innovación de nuevos productos
- Impacto de la tecnología al interior de la empresa
- Tecnología y estrategia de negocios
- Gestión de la investigación y el desarrollo (en caso de quedar tiempo para ello).

Como se puede apreciar, los contenidos son similares al primer curso impartido en la Universidad Católica en 1994, salvo que se han eliminado algunos temas para permitir profundizar en otros. En la motivación se muestran casos de empresas chilenas que en el pasado y en el presente se han destacado por sus innovaciones. Se muestra como empresas locales de diversos tamaños y en diversas industrias han logrado desarrollar productos que han tenido impacto comercial y mediático por sus ventajosas características técnicas. Estos casos ejemplares permiten, a lo largo del semestre, poner algún tema particular en el contexto bajo análisis sirviendo de ejemplo, pero más importante, permiten demostrarle a los alumnas/os que la innovación tecnológica si es posible en nuestro país.

La evaluación de este taller se lleva a cabo en parte por la lectura y control de lectura correspondiente, de cuatro casos emblemáticos en el ámbito de la innovación tecnológica. El primero de ellos es un informe de la CEPAL, del año 2006, relativo al análisis de la innovación tecnológica en la industria vitivinícola y agroindustrial de Chile [1]. Se muestra en este documento como la industria vitivinícola chilena había logrado ir mejorando su competitividad internacional gracias a la incorporación de tecnologías ya adoptadas en otras partes del mundo, con esbozos de desarrollos tecnológicos propios en los distintos ámbitos respectivos. Asimismo, los autores muestran una

---

[2] Revolvedora de cemento de tamaño reducido para hacer mezcla en el sitio de construcciones menores.

agroindustria bastante atrasada en relación a otros países con los cuales se compite en el ámbito mundial. Dentro de los aspectos teóricamente destacables de este documento es la aseveración de los autores de que la innovación "es un proceso social", aseveración que es empleada a lo largo del curso para mostrar la necesidad de trabajo colectivo, tanto al interior de la empresa como a nivel industrial, para que las innovaciones logren ser realmente importantes para la economía y la sociedad.

El segundo y tercer caso a leer por los alumnos corresponden a dos innovaciones radicales de gran importancia en el ámbito mundial, que son el de la tinta electrónica, empleada hoy en día por diversos equipos electrónicos tales como lectores de libros, y el de la masificación de los implantes óseos bioabsorbibles, que cambiaron la industria de los implantes óseos y la ortopedia reconstructiva.

El cuarto caso analizado consiste en dos lecturas acerca de una empresa coreana, la cual, en sus comienzos de los años 30 del siglo pasado, se dedicaba a la comercialización de pescado seco y que hoy en día es una multinacional de miles de millones de dólares en ventas de teléfonos celulares y electrónica de consumo. La importancia de este último caso es que muestra cómo, a través de la innovación tecnológica sostenida por décadas y de un marketing efectivo, una empresa primitiva y pequeña logra adaptarse y crecer en un ambiente tecnológico cambiante y complejo. En el caso de los estudiantes chilenos, el objetivo de este último caso es demostrarles que si es posible convertirse en una empresa de clase mundial, pese a que se comienza modestamente en un país en vías de desarrollo.

Dentro de las evaluaciones de este taller se incluye el análisis de dos innovaciones tecnológicas a ser elegidas por los mismos integrantes de cada grupo. La primera de ellas es acerca de una innovación importante ya existente en el mercado. Respecto de la misma los alumnos/as deben responder en forma imaginativa y especulativa, a partir de información existente básicamente en Internet, preguntas tales como:

- Descripción detallada del producto bajo análisis, con planos en base a dibujo artístico y técnico, detalle de partes, piezas, componentes.
- ¿Qué hace que el producto analizado sea innovador respecto a los de la competencia y respecto a los anteriores de la misma empresa?
- ¿Quiénes son los consumidores finales del producto?
- ¿Tienen necesidades exclusivas o especiales los consumidores finales?
- ¿Qué función cumple el producto en las manos de los consumidores? ¿Qué necesidades satisface? ¿Qué problemas resuelve?
- ¿En qué lugares se comercializa el producto?
- ¿Cuál fue o es el precio de venta del producto a los consumidores finales?
- ¿Cómo se lleva a cabo el marketing del producto innovador? ¿En qué aspectos principales se centra la publicidad del producto analizado?
- ¿Qué tecnologías destacables incorpora el producto?
- ¿Cómo se fabrica el producto?
- ¿Qué particularidades tiene el diseño físico y estético del producto que lo hace parecer innovador?

El propósito de este estudio es la comprensión de las alumnas/os de qué implica la innovación tecnológica en la práctica, es decir, desarrollar la capacidad de análisis del fenómeno de la innovación de un producto existente.

El segundo estudio es el análisis de una innovación desarrollada localmente e introducida por una empresa en el mercado chileno. Para ello los/as alumnas/os deben concurrir a una empresa, entrevistar a algún ejecutivo de la misma y obtener respuestas a preguntas similares a las planteadas en el primer estudio. El propósito de esto es llevar al plano real y práctico el comprender cómo las innovaciones efectivamente se llevan a cabo y comercializan por las empresas, teniendo en cuenta las restricciones de todos tipos que esto conlleva. Nuevamente, lo que se pretende es desarrollar la capacidad de análisis y de comprensión del fenómeno de la innovación, pero esta vez en forma real y aplicada en el contexto de una empresa chilena.

La evaluación final de este Taller es en base a una propuesta de innovación para una empresa local. La especificación general de esta propuesta, tal y como aparece en el syllabus correspondiente es: "Los alumnos/as, trabajando en grupos de cuatro a cinco integrantes, deberán llevar a cabo la especificación, el diseño y la fabricación del prototipo de un producto innovador de media complejidad, desde la concepción de la idea del mismo, pasando por el diseño preliminar del producto, llegando a la fabricación de un prototipo y la especificación de los aspectos de su comercialización (marketing)... El producto innovador, sus características y el diseño del mismo deberán ser el resultado del esfuerzo creativo del grupo, considerando los productos que la empresa actualmente comercializa, los productos similares que comercializa la competencia y las necesidades de un grupo particular de consumidores (mercado objetivo)." Como se puede apreciar, la propuesta no es solo en términos abstractos, sino que deben incluso desarrollar el prototipo de la innovación propuesta, obviamente dentro de las restricciones técnicas, económicas y prácticas que esto conlleva.

Cabe destacar que en los tres estudios aludidos los grupos deben hacer una presentación oral del trabajo realizado, esto con el fin de que, además de explicar su metodología y trabajo, logren desarrollar su capacidad de expresión y oratoria en público. Finalizada la exposición el profesor realiza diversas preguntas relativas a la innovación particular analizada y las implicancias de esta actividad al interior de la empresa. Otro propósito de las exposiciones es presentar al resto del curso las ideas, análisis y metodologías desarrolladas por sus propios compañeros para analizar una innovación tecnológica en el ámbito local.

Recientemente se ha incorporado un cambio en las bases y en la exposición del proyecto final. Para ello se ha establecido que todos los grupos deberán estructurarse formalmente de la siguiente forma: un/a gerente, un/a encargado de diseño, un/a encargado de fabricación, un/a encargado de marketing y un/a encargado de estudios de la competencia. Con esta diferenciación funcional se espera que la propuesta desarrollada pueda ser llevada a cabo de forma más focalizada y profesional. Se ha exigido además que la exposición misma, que antes la realizaba uno solo de los miembros de cada grupo, elegido por el profesor en forma aleatoria, ahora sea realizada por todos los integrantes del grupo según su especialización funcional dentro del equipo. El resultado de esta innovación pedagógica ha sido positivo, lográndose algunos proyectos más depurados que en el pasado. Este Taller, al igual que el curso GIT que lo precedió, han tendido a ser bien evaluados por los alumnos, llegando a tener alumnos extranjeros visitantes en la Universidad Adolfo Ibáñez dentro de sus integrantes.

5. EXPERIENCIAS DERIVADAS DE LOS 23 AÑOS

Lo primero que se debe decir es que si es posible enseñar y aprender a innovar. Si bien para aquellos que en el pasado llevaron a cabo innovaciones importantes este proceso fue algo intuitivo y favorecido por diversas circunstancias, para aquellos individuos, empresas y países que no tienen una tradición innovadora el aprendizaje acerca de cómo innovar es muy relevante, ya que permite acelerar la creación de tales capacidades al interior de las empresas y de la sociedad toda. Esto coincide con los objetivos del nuevo programa curricular de la Universidad VERITAS de Costa Rica, que en esta misma revista presentan los autores Chaves, Matarrita y Cardoso. Esto queda de manifiesto cuando ellos dicen que la innovación curricular se fundamenta en 'el paradigma emergente que acompaña al ser humano para resolver problemas complejos... convirtiendo las necesidades en ideas creativas y con la consideración de la articulación de las tecnologías con la gestión de estrategias de emprendimiento...' Luego más adelante ellos sostienen que '...las competencias movilizan e integran los conocimientos, habilidades, actitudes y valores, hacia la consecución de propósitos concretos...' Dentro de tales competencias se encuentra el saber cómo llevar a cabo actividades de innovación basados en un aprendizaje efectivo de la temática y sus implicancias.

Lo segundo que se debe decir es que la innovación tecnológica es, efectivamente, "un proceso social". Esto tiene implicancias internas para las empresas, como también para las industrias y la sociedad. Internamente ya que la empresa, como "sistema social" debe desarrollar las capacidades organizacionales, personales y técnicas para inducir y facilitar la innovación. Dentro del proceso interno, a lo largo del Taller se recalca el rol fundamental que tienen los gerentes en propiciar e incentivar a los empleados de la empresa para que propongan y materialicen innovaciones. La decisión inicial para la innovación radica en los gerentes, si la gerencia de la empresa no está interesada en innovar entonces nada de todo esto será posible. Además, se debe destacar que la innovación involucra riesgos para la empresa, los cuales deben ser asumidos por los dueños y gerentes si quieren que su empresa tenga rentabilidades superiores a la competencia.

Para que este "proceso social" de la innovación sea fructífero, es fundamental que dentro de las empresas y organizaciones participantes existan individuos bien capacitados en los aspectos técnicos relativos a cada tecnología en particular, es decir, en tecnologías "duras" que materializarán efectivamente la innovación. Realmente no es posible innovar tecnológicamente sin contar con ingenieros y técnicos calificados, de eso se debe encargar la educación post secundaria de cada país.

Otra necesidad a cubrir es la de los espacios para innovar; deben existir en cada empresa los talleres y laboratorios equipados con los medios técnicos y humanos adecuados para facilitar la investigación, la experimentación y las pruebas; la innovación tecnológica no se puede llevar a cabo en la mente de los individuos, se debe materializar físicamente en prototipos y productos a ser fabricados y evaluados físicamente. Estas inversiones serán elevadas en un comienzo, pero se amortizan rápidamente al contar con procesos más productivos y productos más competitivos.

A nivel industrial el "proceso social" es importante al reconocer que muchas innovaciones requieren de la participación colectiva de varias empresas que proveen partes, piezas, insumos y servicios en apoyo a la empresa que lleva a cabo el proceso central de innovar. Esto implica la necesidad de crear lazos de confianza con las empresas proveedoras y con los consumidores para facilitar la materialización de la innovación.

A nivel nacional, en la medida que el "sistema social" innovador colectivo se vaya desarrollando será posible que la economía crezca y la sociedad prospere. La innovación no se trata del juego aislado de unas pocas empresas e instituciones de educación superior, ya que florece cuando existe confianza mutua entre las personas de diversas organizaciones, que comparten conocimientos, habilidades y experiencias en ámbitos técnicos y de mercado. Exige también habilidades interpersonales de aquellos que la practican para facilitar los intercambios. A nivel social se debe destacar la importancia de la educación universitaria y técnica de las ingenierías tradicionales consideradas "duras", es decir, mecánica, eléctrica, electrónica, metalurgia, computación, sin lo cual el proceso de innovación tecnológica hoy en día se hace inviable.

La teoría de la Innovación
La enseñanza de la innovación debe ser llevada a cabo considerando tanto la teoría como la práctica, es decir, se debe formalizar conceptualmente lo que se debe presentar a los estudiantes. No se trata de obligarlos a memorizar las definiciones conceptuales, pero si lograr que sean capaces de comprender las diferencias entre conceptos tales como invento, descubrimiento, innovación; que comprendan las diferencias entre ciencia y tecnología que hoy en día se utilizan erróneamente como sinónimos; en que se diferencian y qué implicancias tienen las innovaciones radicales e incrementales; por qué el marketing es tan relevante cuando se habla de innovaciones; por qué la innovación tecnológica es de importancia estratégica, etc. Estas conceptualizaciones teóricas son el sustento en el cual se basa la comprensión del fenómeno innovador. Para ello existe una amplia literatura que se extiende desde Shumpeter hasta nuestros días.

Toda esta conceptualización teórica se espera que sea incorporada en los estudios prácticos que los grupos llevan a cabo y en el análisis de los casos de lectura que los/as alumnas/os deben realizar.

Importancia de los Casos
Como ejemplos extendidos de la realidad en la cual se lleva a cabo la innovación, los casos son de gran utilidad al momento de contextualizar el trabajo de investigadores, gerentes, ingenieros, investigadores de mercado, el rol del mercado y los consumidores, los costos, los plazos, la competencia y las dificultades dentro de las cuales la innovación se debe llevar a cabo. Como la mayoría de los casos tratan sobre empresas de países desarrollados, muestran además cómo se trabaja en esos contextos económicos, sociales, técnicos y organizacionales, mostrando buenas y malas prácticas que se analizan con los alumnas/os para derivar experiencias y lecciones.

La lectura y análisis de los casos también obliga a los alumnos/as a poner en contexto los aspectos conceptuales impartidos en clases, comprobando de qué manera la teoría y la realidad son concordantes y se refuerzan. En nuestro contexto educacional se ha podido comprobar que no basta con establecer la lectura de los casos como mandatoria, sino que además se debe asegurar su lectura realizando un control escrito acerca del caso y sus implicancias. Solo asegurando que todas/os hayan leído el caso respectivo es que el análisis y la discusión colectiva del mismo son posibles y rinden los frutos esperados.

Un aspecto a tener en cuenta es que no basta cualquier caso, éstos deben ser concordantes con el contenido teórico que se está impartiendo en cada ocasión y tener además una enseñanza a ser recalcada al curso, por ello es necesario seleccionar los casos adecuadamente para que cumplan su objetivo.

Evaluaciones
La realización de pruebas formales acerca de los contenidos conceptuales de la temática se ha eliminado a lo largo del tiempo. Este fue un esfuerzo importante para el autor ya que, formado en temas técnicos de la ingeniería, tendía a favorecerlas por sobre actividades más lúdicas, tales como el estudio de casos o de proyectos grupales. La transformación del curso GIT en un Taller aplicado implicó la eliminación de las pruebas como método de evaluación. Los controles de lectura acerca de los casos ya mencionados han permitido que los aspectos conceptuales de los contenidos puedan ser contextualizados en forma mucho más práctica. Se ha dejado de lado la memorización por mejorar la capacidad de análisis. De igual forma, se espera que los conceptos impartidos en clases sean aplicados en la realización de los estudios grupales, objetivo que se cumple pero solo parcialmente, aspecto que debe ser todavía mejorado.

El hecho de que los grupos deban escribir sus informes y exponer sus respectivos estudios al resto del curso los obliga a mejorar su capacidad de redacción y expresión en público. Cabe destacar que tanto el informe escrito como la exposición oral son evaluados a nivel de todo el grupo, induciendo en los integrantes de los mismos el desarrollo de habilidades interpersonales y trabajo en equipo.

Trabajos grupales
Los dos primeros estudios grupales exigidos efectivamente permiten que los alumnas/os desarrollen su capacidad de análisis respecto de la temática del curso. En ambos estudios se obliga a las alumnas/os a analizar innovaciones reales desde distintos ámbitos, logrando así una comprensión global del fenómeno innovador.

En el proyecto semestral final se le exige a los alumnos/as el desarrollo de la capacidad de síntesis, esto es, proponer una innovación realista a una empresa existente a partir del estudio de su línea de productos, las necesidades de los consumidores y las capacidades y productos de los competidores. Este análisis avanzado le otorgaría a los alumnas/os la capacidad de efectivamente poder participar en proyectos de innovación al interior de empresas nacionales y eventualmente internacionales, objetivo fundamental del Taller en su concepción. La exigencia de que la innovación propuesta deba ser presentada a nivel de prototipo obliga a los grupos a materializar físicamente una conceptualización abstracta de su propuesta. Esto último otorga un sentido de realidad a lo que se debe hacer en una empresa para poder comercializar productos más competitivos.

6. CONCLUSIONES FINALES

En el presente artículo se han presentado las experiencias del autor como profesor de innovación tecnológica en universidades chilenas, centrando su análisis final en su actual puesto como profesor de la Facultad de Ingeniería y Ciencias de la Universidad Adolfo Ibáñez en Chile. A lo largo de los 23 años analizados el autor ha podido comprobar personalmente que la innovación tecnológica si se puede enseñar y que su aprendizaje efectivamente permite reducir el costo y tiempo que deben invertir las empresas para lograr que sus esfuerzos en innovación tecnológica sean fructíferos. Se comprueba así que el objetivo de la presente edición especial de esta Revista es completamente válido, a innovar tecnológicamente se puede enseñar y se puede aprender, cooperando así a que los esfuerzos hacia el tan anhelado desarrollo socio-económico que se llevan a cabo en cada país se hagan más expeditos y reditúen beneficios mayores en menor tiempo.

Desde el punto de vista pedagógico cabe mencionar que la lectura de casos reales y el tener que llevar a cabo dos proyectos grupales centrados en empresas chilenas le permiten a los alumnos/as efectivamente poner en contexto las conceptualizaciones teóricas impartidas en clases. De esta forma el aprendizaje se logra en varios ámbitos, tanto académicos como prácticos. Dejar los contenidos sólo a nivel de conceptos teórico no logra un aprendizaje efectivo.

Desde el punto de vista práctico es necesario recalcar dos aspectos adicionales. El primero de estos es la necesidad de que las tecnologías desarrolladas mediante el proceso innovador adoptado sean llevadas a cabo por ingenieros especialistas[3]; el trabajo artesanal puede cooperar en ciertos aspectos, pero para realmente lograr innovaciones tecnológicas efectivas y de impacto comercial es necesario que la tecnología sea desarrollada por ingenieros profesionales. El segundo aspecto práctico es el relativo al marketing. Desde un punto de vista conceptual una innovación se considera efectivamente lograda cuando el nuevo invento o cambio tecnológico ha sido efectivamente adoptado por la sociedad; es aquí donde el marketing adquiere real importancia, ya que como disciplina tiene la capacidad de informar a los consumidores y de persuadirlos de las bondades y beneficios de la nueva propuesta. Si dentro del proceso innovador a nivel empresarial el marketing es dejado de lado, será muy difícil que una nueva propuesta comercial efectivamente llegue a masificarse a nivel de toda la sociedad.

Dedicatoria: Dedico este artículo a mi profesor, mentor y amigo, de quien aprendí mucho, Dr. Pier Abetti, en su cumpleaños número 97.

7. REFERENCIAS

[1] Moguillansky, Graciela; Juan Carlos Salas y Gabriela Cares (2006). "Capacidad de innovación en industrias exportadoras de Chile: la industria del vino y la agroindustria hortofrutícola". Comercio Internacional N°79. CEPAL, División de Comercio Internacional e Integración, Santiago, Chile, 65 p.

---

[3] En algunos casos se hace también necesaria la participación de científicos en los proyectos.

Tecnologías Complementarias y Necesarias: Las Máquinas y El Cerebro

Lic. Prof. Flabiana D.RODERA
flabianarodera@gmail.com
Departamento de Filosofía, inglés y Matemática - Instituto del Profesorado Pbro. Dr. Antonio María Sáenz
Lomas de Zamora, 1832 Buenos Aires, Argentina

Prof. Adriana M. GANDOLFI
adrianamgandolfi@gmail.com
Departamento de Matemática - Instituto del Profesorado Pbro.Dr.Antonio María Sáenz
Lomas de Zamora, 1832 Buenos Aires, Argentina

RESUMEN

La era tecnológica en la que estamos inmersos evoluciona a pasos agigantados. Lo que hace unas pocas décadas se hubiese asemejado a la ciencia ficción, hoy nos incita a que todos los aspectos de nuestra vida estén bajo su influencia, conviviendo con dispositivos "inteligentes". El hombre instigado a la conectividad global genera que la educación se vea obligada a insertar el uso de las TIC'S desde edades más tempranas para favorecer los aprendizajes, reforzarlos y enriquecerlos.Los alumnos del nivel secundario, jóvenes-adolescentes, que son los más atraídos por ella, están perdiendo tiempos y espacios de búsqueda reflexiva en pos de gratificaciones inmediatas provocadas por agentes tecnológicos externos.Contar en las aulas con las generaciones Y o Millennials y Z, avalan esta atracción. La generación Y, no recuerda un mundo sin internet ya que fue atravesada por el rápido desarrollo tecnológico y la segunda, generación Z, por crecer arraigada a la tecnología. En ambos casos, es vista como una herramienta indispensable para alcanzar sus ideales. Es por ello que en un proceso tan importante como es el de enseñanza y aprendizaje, se debe estar atento y no se puede estar ajeno a la toma de conciencia sobre su uso ,sin menospreciar al funcionamiento del cerebro en respuesta a los estímulos externos derivados de las condiciones ambientales, que disparan la impaciencia por responder a ellos para luego, disfrutar del placer que esto genera.Su incorporación en esta etapa escolar, da lugar a que el desafío y la innovación, sean los ejes fundamentales del mismo, garantizando así una posterior cursada universitaria que sea generadora del paso de la Smart City a la Smart Humans City .Con esta interesante proyección se debe atender a la forma o medio al que podrá recurrirse para atrapar la atención en lo que se enseña y despertar el interés por lo que se aprende, lo que implica también comprender algo de nuestra propia tecnología humana: "el cerebro". Interiorizarse en su funcionamiento, para generar atención sostenida y lograr resultados a largo plazo, que favorezcan las metas de las generaciones involucradas en este proceso, es sumamente importante. Si los estímulos y el contexto en que están inmersos inciden directamente en el individuo modificando su cerebro, las tecnologías actúan en él como un agente externo.Si la cantidad de estímulos es excesiva se dificulta la atención y se activa la ansiedad por la llegada de un nuevo estímulo más interesante aún. Teniendo en cuenta que la corteza prefrontal aún está en pleno desarrollo, por lo que se dificulta apropiarse de contenidos abstractos, será más comprensible desde la enseñanza, la necesidad de estar atentos al aporte que ofrece la tecnología en la aprehensión de dichos contenidos. A través de ella pueden integrarse conocimientos, desarrollar habilidades, adquirir actitudes; en síntesis, se despiertan competencias tendientes a un objetivo concreto: un aprendizaje innovador y significativo.

Para muchas generaciones el libro ha sido el único recurso empleado para los aprendizajes, tornándose en varias ocasiones como una herramienta tediosa y aburrida. Con ésta idea, tomar la tecnología como único recurso para dicho proceso, sin dar lugar a la creatividad e innovación de los agentes participantes, se corre el riesgo de convertirla en aquel libro. Con la intención de motivar a través de la sorpresa y la acción, donde la tecnología y la creatividad de los adolescentes son protagonistas, se generan resultados sorprendentes.

Este artículo es ampliación y adaptación de un trabajo de la misma autorìa.
Palabras Claves: Tecnologías, innovación, enseñanza, aprendizaje, estímulo y creatividad.

1. INTRODUCCIÓN

El adolescente del nivel secundario, por sus características evolutivas, trasgresor, cuestionador y a su vez muy creativo, es el que casi inconscientemente abre las puertas para que nuevas propuestas permitan que la tecnología tenga el protagonismo, y que, considerando la existencia de las diferentes inteligencias el desafío y la innovación, sean los ejes fundamentales en el proceso del aprendizaje.Pero para innovar es necesario conocer, es decir, aprender permanentemente, manejar información y enfrentarse a situaciones complejas que puedan resolverse. El sujeto necesita saber, hacer y ser, porque esto es lo que exige una sociedad inclusiva. Asumiendo desde la enseñanza un compromiso responsable y serio que permita la integración de contenidos en propuestas novedosas, motivadoras y sorprendentes, se da lugar a la tecnología para permitir diversidad, conectividad y acción en red, desarrollando no solo relaciones intra e interpersonales, sino dejando poner en acción las otras inteligencias que posee el ser humano. Éstas combinadas, potencian el impulso necesario para hacer del proceso enseñanza - aprendizaje una óptima relación y un excelente resultado a futuro.

2. REFLEXIONANDO UN POCO…

En nuestra época, angustia ver el frecuente fracaso de la juventud en su intento por ingresar o permanecer en una carrera universitaria.
Pensar que la escuela secundaria no los ha preparado bien, sería tan injusto como considerar que la universidad exige demasiado. Pero también es común escuchar a adultos mayores decir "hoy con toda la tecnología con la que cuentan no es posible éstos resultados", "en mis tiempos no teníamos nada y aprendíamos mejor".

¿Será verdad que antes se aprendía mejor? O tal vez ¿se aprendía por temor, por presión, por obligación, por deber o por un simple trámite? Tanto las críticas como los cuestionamientos, obligan a retomar las diferencias generacionales, debiendo agregar a las ya mencionadas, a las generaciones inmediatas anteriores, baby boomers y X o satelital, cuyo objetivo era la familia y el trabajo, y, por ende, la educación tenía ese fin, pudiendo comprender entonces, lo planteado por los actuales adultos, que incluyen a algunos docentes. Es por eso que puede considerarse a aquel aprendizaje como un aprendizaje en vacío, ya que todo queda en la memoria a corto plazo que varía según las características y necesidades de los sujetos.

Hoy con la tecnología existente sea cual fuere el ámbito, los resultados de los aprendizajes siguen siendo los mismos frente a una enseñanza que permanece casi invariable a pesar del tiempo. Y está nuestra sociedad bastante alejada de aquella Smart city a la que se aspiraba mundialmente.

Dichos cuestionamientos llevan a reflexionar sobre lo que habrá que modificar para que el proceso de formación de un viraje que revierta dicha situación, y el aprendizaje se convierta en un proceso interesante, lleno de desafíos, inspiración, descubrimientos y la enseñanza, en un proceso innovador que motive a ese aprendizaje y a su vez permita educar para el éxito tanto local como global, sin importar si su destino es progresar en la profesión, en el desarrollo familiar y dar lugar a nuevas oportunidades o simplemente en su afán de enriquecerse en la vida.

3. TECNOLOGÍAS, DIFERENCIAS Y ANALOGÍAS

Es frecuente calificar desde el ámbito empresarial, al alumno de hoy, como consumidor de tecnología, ya sea por su interés por ella o por convertirse en una parte inseparable de su vida.

Un nuevo escenario se manifiesta donde los cambios en la ciencia, la tecnología, la inmediatez de los tiempos impactan en los jóvenes en la manera de actuar, de pensar y de sentir. Su vida se encuentra atravesada de ámbitos donde hacen explícitos los conocimientos y los hábitos adquiridos en las diversas disciplinas. Es aquí donde se produce el paso a la producción, se implementan diversas formas de trabajo y se deja de ser un agente pasivo y consumidor de lo exógeno.

Eso lleva a plantear dos realidades simultáneas, a través de dos tecnologías diferentes, sobre el mismo sujeto que busca aprender. Adopta a la "tecnología artificial" como parte de sí, busca conocerla y profundizar en ella, porque es de su interés dominarla y utilizarla con un fin deseado o tan solo por una simple búsqueda. Por otro lado, usa a la "tecnología natural" con la que se nace y se dispone de manera inconsciente, el cerebro, por quien no muestra interés en conocerlo, en dominarlo y en utilizarlo para ese mismo fin deseado o a determinar. Es aquí donde se evidencia que ambas tecnologías son necesarias y a su vez complementarias, lo que no debe dar lugar a pensar en una educación puramente tecnológica, virtual y sin mediación humana, ya que se estaría transformando al hombre en un ser aislado, frío, robotizado, donde su aporte al mundo globalizado no sería enriquecedor sino tan sólo eficaz.

Dar información sobre el funcionamiento del cerebro y de las partes intervinientes de dicho proceso, permitirá al docente enfocar su mente hacia proyectos creativos que despierten en el alumno producciones y resultados innovadores y positivos. Volvamos a recordar que no se puede crear si no se conoce.

Entre las tecnologías definidas, artificial y natural, existen analogías y diferencias. El ser humano está influenciado permanentemente por el mundo exterior a través de los sentidos. Las máquinas, refiriéndonos a cualquier tecnología, están influenciadas casi permanentemente por un mundo exterior a través del hombre. En él, lo captado por los sentidos es sometido a una evaluación rápida a través del S.A.R.A. (Sistema Activador Reticular Ascendente) que actúa como filtro dando la orden de respuesta o alerta al Tálamo. Análogamente, la directriz dada a las máquinas, será sometida a una rápida evaluación a través del antivirus, quien dará al sistema la señal de respuesta o alerta. Volviendo a la naturaleza humana, el Tálamo, activará al Núcleo Accumbens si la orden recibida es positiva o en caso contrario irá reaccionar la Amígdala, la activación de cualquiera de ellos hará que el Hipotálamo actúe de una y otra manera, emitiendo señales al cuerpo. En el caso de la tecnología artificial, si el antivirus detecta peligro dará orden al sistema para alertar, accionar, bloquear y/o restaurar; caso contrario, el sistema responderá a lo solicitado, quedando la evidencia en la pantalla y frente a los ojos del usuario. En este primer estadío de evaluación, tal como se lo denomina a este proceso de percepción, recepción y reacción, puede marcarse la primera diferencia entre ambas tecnologías .Si bien hay analogías, las "emociones", tanto las que generan nuestros sentidos como las respuestas a los estímulos captados, hacen que trabaje nuestro cerebro activamente.

Si se focaliza en el proceso del aprendizaje, se sabe que éste puede dar lugar a conocimientos totalmente nuevos o más complejos apoyados sobre los previos. En el primero de los casos, generará en el cerebro la activación de una neurona la que va a comprometer a otra en tanto ésta sea accionada, y cuanto mayor sea su recurrencia más numerosa será la conexión, dando lugar a una red neuronal, que cuanto más reforzada sea, implicará mayor seguridad y durabilidad del aprendizaje. En el caso del paso de conocimientos previos a otros más complejos, el cerebro buscará la red neuronal correspondiente al tema en cuestión, la activará y sumará nuevas neuronas para incrementar su potencial. El uso de las redes neuronales garantiza que perduren en la memoria a largo plazo.

Si comparamos este proceso con el ejecutado en las máquinas, existe una analogía en cuanto a la aproximación a un tema, ya que la necesidad de búsqueda para conocer, ampliarlo o simplemente navegar, será ejecutada a través de redes, en este caso computacionales, que permiten transitar por los distintos aportes que el sistema ofrece, pudiendo seleccionar lo que sea de interés, creando lazos de den origen a adquisiciones creativas y significativas. Entre dichas similitudes en el proceso, vuelven a denotarse diferencias importantes entre ambas. La primera es que la activación y suma de neuronas se produce a través de neurotransmisores que son, elementos químicos con funciones específicas que generan impulsos eléctricos, mientras que las máquinas solo trabajan con circuitos computacionales que se activan por energía eléctrica. La otra diferencia importante es que el cerebro, es la máquina natural por excelencia y podría decirse que hasta sabio, ya que lo que no utiliza lo descarta automáticamente a fin de generar espacio, mientras que lo que se preserve en las máquinas, dependerá de la orden externa que se indique y así el espacio podrá ser aumentado o disminuido artificialmente.

En el proceso del aprendizaje se dijo que debe tenerse muy en cuenta la motivación, ya que es fuente inspiradora a la innovación por parte del alumno. Esto no solo es importante por ello, sino porque cerebralmente existen neuroquímicos que pueden alentar o no el camino hacia el objetivo planeado, como es lograr la atención y el estímulo necesario para que sea alentado a crear una producción ingeniosa. Un muy buen estímulo, puede ser la "sorpresa" que podrá transformarse en disparador de la imaginación. Pero para poder sorprender, es necesario que anteriormente haya existido un buen período de observación por parte del docente, para poder identificar las características del grupo y a su vez la de cada integrante del mismo, permitiéndole encontrar aquello con lo que pueda atrapar la atención y generar compromiso. El proceso de observación (ver + interpretación) y el descubrimiento que lleva a cabo el docente, dan lugar a un proceso cerebral idéntico al que se pretende generar en el alumno, pues la funcionalidad del cerebro es única.

Si se abriera la posibilidad de incluir en el proceso, a la tecnología como herramienta de aprendizaje cotidiana y permanente, se mostraría otra versión de su uso, donde el alumno pudiera recurrir en busca de lo que necesita y ser creativo en el momento de exponer sus resultados. Y ello lo sorprendería. Si bien el uso del celular en los establecimientos escolares, es instrumento de tentación para mostrar su rebeldía adolescente a través de acciones y/o usos incorrectos, que no sólo lo exponen, sino que, además, en varias oportunidades, arriesga a sus pares, puede transformarse en apto para sorprender con su uso en actividades muy bien organizadas.

Si pensamos en un trabajo de tipo cooperativo y colaborativo no debemos perder de vista que detrás de lo antedicho subsisten una serie de estructuras preestablecidas para la tarea y la consecución del o los objetivos a alcanzar. Pero el aspecto socio-afectivo se destaca, ya que los alumnos trabajan en conjunto para alcanzarlos y desarrollan capacidades tanto en lo individual como en lo social. Se produce un trabajo conjunto, un sentido de grupo, de pertenencia, de colaboración y de felicidad. Para ello es necesario un cambio de tipo organizacional sumado a uno de tipo individual. El culto al silencio, a la tarea individual, al aislamiento y a la fragmentación ha cedido su lugar al desarrollo de capacidades y destrezas interpersonales, no sólo entre alumnos sino también entre docente y estudiante.

4. DOCENTES EN CONSTRUCCIÓN DE INNOVACIÓN. LAS VENTAJAS DEL CAMBIO.

Se considera que tanto la tecnología natural como la artificial son necesarias para el desarrollo personal, la comunicación y el mundo laboral, pero también son complementarias siempre y cuando se comprendan sus funcionamientos para poder generar situaciones y descubrir recursos. Es así que se despiertan emociones positivas que motivan a buscar creativamente lo deseado, con la seguridad y la confianza de llegar a la meta, dando lugar al placer de haber logrado un aprendizaje ingenioso.

Hoy escuchamos hablar de la pedagogía del afecto y de las emociones, del mundo de las vivencias, de la risa y del sentir, en la búsqueda de aquello que ya los primeros filósofos creían tenía sentido; la felicidad. Un alumno feliz aprende mejor. Para ello no se necesita dinero, ni tecnología ni ser un eximio profesor. Es tan sólo necesario tener en cuenta algunas cuestiones.

¿Cuándo se es un docente innovador? ¿Quién puede serlo? Todo docente es factible de ser innovador. No se nace como tal, es una cuestión de construcción. Esto genera una actitud dirigida a desarrollar nuestras capacidades en función de intereses propios y ajenos.

Gracias a las tecnologías se ha modificado el estilo profesional docente. Éste redescubre lo ya producido, dado que lo nuevo radica en la forma de trabajar. Se puede tener un equipo de última generación, pero aplicar un método tradicional. Pero creer que, por subir cosas a la nube, emplear diferentes programas, tener un blog, hacer debates, usar un ordenador, celulares inteligentes, etc. se es innovador, es una gran falacia.

El innovador es un docente actualizado, que se interesa por lo novedoso o tan solo busca trabajar de manera diferente, sin aburrirse ni aburrir, alguien que modifica el contexto, lo comprende y lo adapta en función de los fines a alcanzar. Cambia el escenario áulico y el de la institución en general. Es una nueva práctica que se produce con ayuda de la tecnología. Él cambia, la herramienta colabora. Emplea el instrumento más adecuado en el momento indicado. Logra más apertura, se deja sorprender por lo imprevisto, aunque éstos sean contratiempos. Sabe cómo actúa su cerebro, el del otro y optimiza resultados.

¿Por qué un docente innova? Porque cree que es un cambio válido. El hecho de estar convencido de hacerlo contagia de entusiasmo al resto de sus colegas y proyectará más sus logros y beneficios que los costos que conlleve. Alguien de estas características es quien mejora la educación.

¿Se pueden aplicar todas las innovaciones en las aulas? No. ¿Están todos los colegios preparados o dispuestos? No. ¿Qué provoca un docente innovador en el alumno? Ganas de aprender, de participar, de que llegue el horario de dicha clase, de que no termine la misma, de no querer salir al recreo, etc.etc.

Es conveniente analizar lo que siente un alumno frente a las tecnologías. En primer lugar, cree que aprende mejor que de la manera tradicional. Si bien es cierto que aumenta el interés de los alumnos por aprender, también los contenidos se tornan más significativos.

Comprender como trabajar es vislumbrar que aumenta la agudeza visual, la coordinación de ojo y mano, la estimulación del razonamiento lógico y la toma de decisiones. Frente a todo esto sentirá que es capaz de trabajar de una mejor manera, que puede enfrentar los nuevos desafíos de hacerlo en equipo.
Un alumno aprende comparando diferentes puntos de vista, a través del juego, los videojuegos, con o sin intervención de un adulto y no siempre teniendo claras las finalidades e intencionalidades.

Un docente que emplea todo el espacio físico del aula no sólo el pizarrón y trasciende las fronteras de la misma saliendo a otros espacios institucionales, rediseña los aprendizajes, involucra a sus alumnos en ellos y es generador de nuevas estrategias didácticas.

Desde épocas antiguas se asocia el color con las emociones ya que cada uno de ellos aporta un significado al sujeto que lo percibe y actúa en consecuencia de manera favorable u hostil.
El uso de ciertos colores, variaciones de la voz, formas, personajes u objetos en las propuestas son estimulantes. Si a ello le sumamos resolver actividades en conjunto, explicarle a sus pares, leer y corregir a otro, es más enriquecedor aún y se comparten las dificultades y los aciertos.

5. CONCLUSIONES

Las escuelas poseen docentes "entrenados" en la enseñanza de su respectiva disciplina. Es un reto la apertura frente a esta formación académica. El entusiasmo por aprender no debe ser unilateral ni totalmente autogestionable. La participación y el trabajo cooperativo favorecen y dignifican la tarea.
Trabajar en equipo y con la tecnología de por medio, mejora los vínculos de uno consigo mismo y con los demás, se disfrutan los éxitos, se reconstruyen los errores, se toman decisiones conjuntas y se fortalece el grupo.

Un docente que considera estas cuestiones planea sus prácticas educativas con empatía, teniendo en cuenta un acompañamiento y seguimiento del alumno a nivel general e individual, recorriendo el aula y mediando entre los grupos afines o disímiles, dando también lugar a aprendizajes semipresenciales, que introduzcan al estudiante a una formación globalizada inteligente.

Un docente imaginativo, creativo, que le ayude a entender el por qué y el para qué de lo que hace, comprendiendo el sentido y la importancia de las conexiones internas y externas, fomenta alumnos innovadores y deseosos de aprender.

6. BIBLIOGRAFIA

[1] Chadwick, C.; Tecnología Educacional para el docente. Buenos Aires: Paidós, 1992.
[2] Bruner, J.; Realidad mental y mundos posibles. Barcelona: Gedisa, 1994.
[3] Gandolfi, A. M.; Entrenemos al cerebro para un mejor aprendizaje. Publicación 2013, Asociación Educar, http://www.asociacioneducar.com/monografias-docente-neurociencias/monografia-neurociencias-adriana.monica.gandolfi.pdf/
[4] Johnson, D. y otros; El aprendizaje cooperativo en el aula. Buenos Aires: Paidós, 1999.
[5] Manes, F. & Niro, M.; Usar el Cerebro. Ciudad Autónoma de Buenos Aires: Grupo Editorial Planeta, 2014.
[6] Rodera, F. D.; El sueño de transformar el mundo. http://www.formdores.org/rediparc.htm. Publicación de las I Jornadas de Investigación en Educación: Sujetos Prácticas y alternativas, 2007
[7] Rodera, F. D.; La escuela un lugar para ser feliz: un niño feliz pese a las dificultades…aprende. http://www.formdores.org/rediparc.htm. Publicación de las I Jornadas de Investigación en Educación: Sujetos Prácticas y alternativas. 2007
[8] Rodera, F. D., Gandolfi, A. M.; http://www.iiis.org/CDs2017/CD2017Spring/papers/CB386QR.pdf.
[9] Wittrock, M.; La investigación en la enseñanza I. Madrid, Barcelona: Paidós, M.E.C, 1989.
[10] Olmedo Moreno, E. M., Expósito López, J.; Entornos Personales de Aprendizaje en los Jóvenes de las Smart Cities Actuales y Futuras,

Número Especial de la Revista Innovación Tecnológica y Educación para el Desarrollo, Volumen 14-Número 3-Año 2017.

[11] Chaves, M. E., Matarrita, Cardoso, M. R.; Curriculum Exponencial por Competencias. La Fábrica de Cursos Innovadores para la Generación Creativa: Millennials, Z y Alfa, Revista Innovación Tecnológica y Educación para el Desarrollo, Volumen 14-Número 3-Año 2017.

Fabricación y Venta de Productos Hechos con Material de Reciclaje, una Propuesta para La Creación de Planes de Negocio

Nancy Esperanza CASTRO CORTES
Institución Educativa Distrital, Colegio Cundinamarca,
Bogotá, D.C., Colombia

RESUMEN

La Enseñanza de la Gestión Empresarial, para fomentar un pensamiento empresarial, lamentablemente es un campo poco abordando en la educación básica y media en Colombia. Este tipo de formación cobra importancia en sectores populares como Ciudad Bolívar, ubicada en Bogotá, localidad de estrato social con elevados índices de pobreza, aspecto que determina que un significativo número de niños, niñas, y adolescentes que residen allí, se encuentran enfrentados al mundo laboral. Esta situación, genera la necesidad de buscar métodos específicos para el aprendizaje de las prácticas de emprendimiento como: Gestión Empresarial, Liderazgo y Empresarialidad. La propuesta pedagógica que constituye la parte central del proyecto muestra una necesidad de plantear Innovación Tecnológica y Educación para el Desarrollo, ya que en su primera f ase presenta, conceptos como, identificación de necesidades, investigación de mercados, diseño, fabricación, planeación y organización, entre otros, para fortalecer la toma de decisiones. En las otras dos fases, se describen actividades que tienen como objetivo principal, el desarrollo del proyecto de aula, que responde a las acciones formuladas por la Secretaria de Educación de Bogotá, relacionadas con la Participación Ciudadana, que plantean trabajar con iniciativas de innovación, y la solución de problemas del contexto real.

Palabras Clave: Gestión Empresarial, Negocios, Liderazgo, Autonomía, Aprendizaje, Emprendimiento.

1. INTRODUCCIÓN

Hablar de la construcción de planes de negocios en la educación básica y media en el contexto colombiano, implica referirse a los lineamientos curriculares de la educación en ciencia y tecnología del Ministerio de Educación Nacional (MEN, 2014), en los cuales se indica que el estudio de la informática y la tecnología hace parte de las asignaturas obligatorias y promocionales de los planes de estudio. En este espacio de formación, se imparten procesos de emprendimiento, liderazgo y gestión empresarial, conceptos básicos que brindan herramientas a los estudiantes para introducirlos en el mundo empresarial.

El propósito fundamental del área de informática y tecnología es contribuir a mejorar la calidad de vida del ser humano, poniendo al servicio del hombre todos los avances tecnológicos y la apropiación y organización de la información. En concordancia con lo anterior, se propone para los estudiantes de grado 7° y 8°, el acopio y reutilización de residuos sólidos para la fabricación de productos, para su comercialización, junto con ello, los estudiantes plantean planes de negocios partiendo de un elaborado estudio de mercadeo, identificación de necesidades, diseño de producto, creación de imagen corporativa y lanzamiento al mercado.

Como resultado de este trabajo implementado por más de 15 años, se ha logrado incentivar a los estudiantes a tener una mayor conciencia ambiental, a entender la importancia del aprovechamiento de los recursos, a fortalecer su liderazgo y a visualizarse como futuros empresarios, aspectos que favorecen a estos niños que pertenecen a sectores menos favorecidos.

2. CONTEXTO GENERAL

La enseñanza y el aprendizaje de la Gestión Empresarial, con fines de creación Microempresarial, es hasta ahora un campo que apenas se está abordando en algunas instituciones de educación básica y media en Colombia. En la experiencia que se ha realizado, se demuestra que, en sectores con población vulnerable, el conocimiento en esta área es de gran utilidad, no solo por la supervivencia a la que se enfrentan los niños y jóvenes de esta localidad, sino porque muchos niños de sectores populares en Colombia ya se encuentran enfrentados al mundo laboral.

Este contexto, exige la necesidad buscar nuevos caminos y métodos que faciliten el aprendizaje de las prácticas de emprendimiento, tales como, "La Gestión Empresarial, El Liderazgo, La Empresarialidad, etc".

Del mismo modo, se hace presente, en este Proyecto de Creación de Micro Empresa, la propuesta de Participación Ciudadana que surge desde la Secretaria de Educación Distrital de Bogotá (SED), teniendo en cuenta con estas prácticas de Proyectos de Aula; plantear y trabajar con iniciativas ciudadanas que permitan la transformación de realidades sociales de niños, niñas y jóvenes de Bogotá.

La experiencia que se reporta inicia desde el año 2008 con propósitos que van mas allá de la apropiación de contenidos, esta propuesta también pretende dar respuesta a ciertos problemas detectados en los estudiantes de 6º a 8º Colegio Cundinamarca IED (Institución Educativa Distrital), tales como la falta de tolerancia, el no saber trabajar en equipo, respetar el trabajo del compañero y no manejar la cooperación mutua en el proceso de aprendizaje.

Como mecanismo para reforzar el uso de las habilidades se diseña actividades (en donde se integran los saberes de las otras asignaturas, para trabajar con el enfoque interdisciplinar, en donde se exige transferencia de los conocimientos adquiridos en otros saberes.

- **La contabilidad**: desde esta asignatura se cuenta con el apoyo de la docente de contabilidad, quien orienta procesos de pensamiento hacia el desarrollo de habilidades como el cálculo de la utilidad del proceso de producción, de acuerdo con costos directos e indirectos y al número de unidades producidas.
- **La matemática financiera**: con el apoyo de la docente de matemática, se orientan procesos de pensamiento hacia el desarrollo de habilidades como el cálculo del punto de equilibrio para la producción, y el cálculo del costo y del precio y utilidad del producto con el cual debe salir al mercado.
- **La informática**: se desarrollan habilidades como el diseño por computador, trabajando en la diagramación del logotipo de la empresa y del producto, volante publicitario, el diseño del afiche, de la tarjeta personal, de los comerciales de radio y de televisión, del empaque del producto y en general con toda la organización de la información para la presentación final del proyecto.
- **Las ciencias naturales**: se analizan productos que tienen inmerso el proceso científico, biológico o químico y con la concientización del cuidado del medio ambiente con el acopio y reutilización de residuos sólidos.
- **Las ciencias sociales**: desde esta asignatura se trabaja con los estudiantes, procesos de pensamiento hacia el desarrollo de productos que sean útiles a la sociedad y que deben tener en cuenta para esto, un estudio sociocultural y regional, sin desconocer culturas, costumbres, expresiones sociales, etc.
- **Expresión**: se desarrollan habilidades como el diseño, las artes plásticas, creación de empaque y etiqueta, logotipo, volante, afiche, etc. usando la creatividad en la parte artística.
- **Área de humanidades**: desde esta asignatura se hace énfasis en habilidades de expresión oral y escrita, teniendo en cuenta estos aspectos para el planteamiento de la propuesta y la presentación final, formal y escrita del mismo.

El fundamento teórico de este proyecto toma como marco de referencia e hilo conductor, los fines de la educación para el siglo XXI: aprender a aprender; aprender a convivir; aprender a conocer; aprender a hacer y aprender a ser (Delors, 1996). Adicionalmente, se exponen y analizan los pilares del Aprendizaje Autónomo expuestos por Hans Aebli (2001) en su obra "Factores de la enseñanza que favorecen el Aprendizaje Autónomo": el saber, el saber hacer y el querer. En esta misma línea se resaltan la ventaja de los proyectos de aula como una estrategia metodológica mediante la cual es posible generar procesos de Aprendizaje Autónomo y lograr un aprendizaje significativo de la Gestión Empresarial.

Objetivo general
Explorar la aplicación y la utilidad de la tecnología y la informática en situaciones de la vida real, fortaleciendo el emprendimiento y la creación de microempresa.

Objetivos específicos

- Establecer en la comunidad educativa una transformación de las realidades de los estudiantes, con la renovación en el campo tecnológico, actualizando una parte educativa, y formando un recurso humano que pueda desempeñarse en forma eficiente y productiva de acuerdo con las demandas de la sociedad contemporánea.

- Contribuir en la formación de los estudiantes con una aptitud profesional, dinámica, sensible, humana, y comprometida con la necesidad de renovarnos permanentemente siguiendo la evolución del medio.

3. ANTECEDENTES

En esta perspectiva, se han encontrado otros trabajos que se han desarrollado en la misma línea de Innovación Tecnológica y Educación para el Desarrollo, a nivel internacional como se expone en los antecedentes relacionados a continuación.

En el trabajo de Olmedo y Expósito (2017) de la Universidad de Granada, los autores mencionan que la situación de profunda crisis económica que los países desarrollados han soportado en largos 9 años y hasta más, ha generado un mayor distanciamiento entre los sectores de pobres y ricos (Smyth, 2006),

> …creándose así bolsas de pobreza visible e invisible. En el último informe de la OCDE (2014) se ha registrado un salto de 5 puntos en la tasa de pobreza de nuestros adolescentes, que indica que la crisis no ha afectado a todos por igual, y que sus efectos se han hecho sentir con más fuerza en los grupos más vulnerables, creciendo rápidamente las desigualdades entre los sectores de la sociedad. (p.1).

El Premio Novel de Economía del año 2012, Alvin Roth, señala que el problema va más allá de tener o no riquezas, el problema es que cada vez hay menos familias que puedan conseguir para sus hijos una educación eficiente y de calidad en la denominada Smart Society. Lo que supone que será necesario poner el foco de atención en el acceso de todos y todas no sólo a la tecnología, sino al desarrollo de las prácticas pedagógicas donde se valora el uso y desarrollo de los denominados Entornos Personales de Aprendizaje (PLE, en adelante).

> Los siguientes autores soportan, que son estos (PLE), los que constituyen aprendizajes valiosos (Attwell, 2007; Waters, 2008; Downes, 2010; Buchem y otros), en las Smart Cities actuales y del futuro. De esta manera cada estudiante, en igualdad, podrá crear su propio entramado en la red, materializado en las herramientas, fuentes de información, conexiones y actividades, que utiliza asiduamente, para crear su propio PLE. (p.1).

Este PLE básico, desarrollado y aplicado de forma adecuada se irá enriqueciendo integrando las denominadas Redes Personales de Aprendizaje o Personal Learning Networks (PLN), esenciales para el aprendizaje eficaz y el desarrollo socioeducativo y laboral a lo largo de la vida (Tobin, 1998; Waters, 2008), aspecto fundamental para ser aplicado y así lograr una mejor calidad de vida personal y con su entorno y las personas que le rodean. En consecuencia, un PLE no lo forma sólo un entorno tecnológico, sino también un entorno de relaciones personales para aprender; nos relacionamos a través de objetos de información, comunicamos a otros seres humanos lo que hacemos y lo que aprendemos fuera del entorno, e interaccionamos comunicativamente con otros para aprender Adell y Castañeda (2010). El PLE es el resultado de la actividad individual del estudiante y de sus elecciones, preferencias y circunstancias, aspectos fundamentales que hacen crecer al estudiante de una forma integral, al igual que su formación en liderazgo y en gestión empresarial, les darán a los estudiantes, una visión del mundo que le permitirá ser más eficientes y productivos en el futuro.

Por tal razón, logro evidenciar que esta propuesta apunta también a fortalecer el PLE en el aula, ya que se mantiene con el cumplimiento de varios de los parámetros que hacen que una ciudad se valore como más inteligente que otra, y para ello se consideran algunas dimensiones que son clave, tales como: Gobernanza, planificación urbana, gestión pública, tecnología, medioambiente, cohesión social, capital humano y economía.

4. FUNDAMENTO TEÓRICO

El fundamento teórico de este proyecto tiene como hilo conductor los fines de la educación para el SIGLO XXI y el Aprendizaje Autónomo.

Los fines de la educación
El informe de la UNESCO de la Comisión Internacional sobre la educación para el siglo XXI, se expone la perspectiva de Delors (1996), quien determina los cuatro pilares de la educación: "aprender a conocer", "aprender a hacer", "aprender a vivir con los demás" y "aprender a ser", lo que permite hacer una lectura hermenéutica de la realidad que toca el desarrollo integral del currículo y de la persona misma que se educa.

Aprender a conocer: es el tipo de aprendizaje, que tiende menos a la adquisición de conocimientos clasificados y codificados que al dominio de los instrumentos mismos del saber, puede considerarse ala vez medio y finalidad de la vida humana… […] Aprender para conocer supone, en primer término, aprender a aprender, ejercitando la atención, la memoria y el pensamiento. (p.2)

Aprender a hacer: está estrechamente vinculado a la cuestión de la forma profesional: ¿cómo enseñar al alumno a poner en práctica sus conocimientos y, al mismo tiempo, como adaptar la enseñanza al futuro mercado del trabajo, cuya evolución no es totalmente previsible? (p.3)

Aprender a vivir juntos: este aprendizaje constituye una de las principales empresas de la educación contemporánea… […] La idea de enseñar la no-violencia en la escuela es loable, aunque solo sea un instrumento entre varios para combatir los prejuicios que llevan al enfrentamiento. Es una tarea ardua, ya que, como es natural, los seres humanos tienden a valorar en exceso sus cualidades y las del grupo al que pertenecen y a alimentar prejuicios desfavorables hacia los demás. (p.6)

Aprender a ser: la educación debe contribuir al desarrollo global de cada persona: cuerpo y mente, inteligencia, sensibilidad, sentido estético, responsabilidad individual, espiritualidad. Todos los seres humanos deben estar en condiciones, en particular gracias a la educación recibida en su juventud, de dotarse de un pensamiento autónomo y crítico y de elaborar un juicio propio, para determinar por sí mismos qué deben hacer en las diferentes circunstancias de la vida. (p.8)

Reconocer los pilares de la educación en el desarrollo de la propuesta contribuye de manera significativa en la calidad de la educación, propicia un cambio de paradigmas pedagógicos que involucra los roles de los estudiantes y del profesor, desde perspectivas diferentes a los que se contemplan en la clase tradicional.Los procesos de innovación a través del uso de la tecnología y la conciencia que se toma en relación con el medio ambiente contribuyen a que se transformen los procesos de aprendizaje de los estudiantes, obteniendo como resultado que el aprendizaje autónomo surja de manera natural.

El aprendizaje autónomo
Se parte de la idea de que el aprendizaje autónomo no se puede confundir con la libertad en el proceso de aprendizaje, no son los estudiantes quienes definen sus objetivos. Este tipo de aprendizaje debe propiciarse en el aula con la orientación del profesor. Debe estimularse desde el aprendizaje significativo, como lo menciona Marzano y Pickering (2005), en Las Dimensiones del Aprendizaje, provocando en el estudiante la necesidad de profundizar en la búsqueda de referentes para ampliar el conocimiento, Amaya (2008), reconoce "el aprendizaje autónomo como condición para continuar aprendiendo durante toda la vida, si bien se plantea dentro de los ideales formativos y dentro de los perfiles de los educandos", y en ese sentido es entendido desde su creación el desarrollo de la propuesta que se presenta.

5. PLANEACION DE LA PROPUESTA

Introducción de la propuesta
La propuesta que se presenta se desarrolla en el IED Colegio Cundinamarca, institución de carácter público, ubicado en la localidad de Ciudad Bolívar en la ciudad de Bogotá (Colombia). Metodológicamente, la propuesta se presenta inicialmente como proyecto a la coordinación académica y a los demás profesores del área de Tecnología. Una vez se conoció y aprobó la propuesta, se dio a conocer a los estudiantes de los grados seleccionados (séptimo y octavo), diciéndoles claramente el propósito; cómo se llevaría a cabo y qué se esperaba de ellos.

Intencionalidad
Explorar la aplicación y la utilidad de la tecnología y la informática en situaciones de la vida real y su relación con otras asignaturas.

Funcionalidad
Los avances en los campos de la ciencia y la tecnología han cambiado de manera significativa en los últimos tiempos, es por eso, que los procesos en el aula deben girar en torno a un currículo que desarrolle el pensamiento. Dicha propuesta pedagógica a nivel de ciencia y tecnología está fundamentada en la necesidad de establecer en la comunidad educativa una renovación en el campo tecnológico, formando un recurso humano que pueda desempeñarse en forma eficiente y productiva de acuerdo con las demandas de la sociedad contemporánea.

Criterios de Evaluación
Cada asignatura tiene en cuenta su hilo conductor propuesto, aplicando el conocimiento de la tecnología como eje transversal para utilizar, diseñar y construir. A cada hilo conductor de acuerdo con la asignatura se le desentraña su argumentación científica implícita y se pone al alcance del desarrollo de la inteligencia del estudiante.

Alcance del Proyecto
Que los estudiantes alcancen un aprendizaje significativo en relación con la administración, mercadotecnia, contabilidad, ciencias naturales, matemática y tecnología, a partir de la aplicación de esta asignatura de informática, en la situación de carácter real que se presenta y deben afrontar.

Metodología
Tal como está planteada la propuesta de acción pedagógica, los cuatro aprendizajes se fomentarán tomando como base la estrategia metodológica de Proyectos de Aula y el desarrollo de habilidad de toma de decisiones.

Valoración
A lo largo de los cuatro periodos académicos (que comprenden un año escolar), se empleará la evaluación de portafolio que permitirá identificar y determinar el avance de los distintos aprendizajes: autoevaluación, coevaluación y heteroevaluación.

5.1 Desarrollo de la Propuesta

Ficha de identificación del proyecto
En la tabla 1 Se describe esquemáticamente la Ficha del proyecto

5.2 Fases de la propuesta

A. Primera fase

Intencionalidades:
- Formular estrategias de selección y clasificación como textura, color, forma, tamaño, materiales, aroma, decoración, posible precio, etc.
- Relacionar las características del producto propuesto con las de la competencia.
- Sensibilizar a los estudiantes para que reconozcan la importancia de la habilidad de clasificar, para seleccionar y posteriormente escoger de acuerdo con las pertinencias necesarias para la elaboración de un producto teniendo en cuenta las necesidades del consumidor.
- Aplicar dichas estrategias en cualquier tipo de toma de decisiones.

B. Segunda fase

Intencionalidades:
- Reconocer acciones y eventos a través de la aplicación de una encuesta con el fin de lograr identificar las necesidades exactas del consumidor respecto al producto.
- Ejercitar las habilidades de comparación y contraste.
- Relacionar características propias del producto en mención, con el fin de establecer las pertinencias necesarias para la producción posterior en relación con los existentes en el mercado o la competencia.

FABRICACIÓN Y VENTA DE PRODUCTOS HECHOS CON MATERIAL DE RECICLAJE, UNA PROPUESTA PARA LA CREACIÓN DE PLANES DE NEGOCIO	
Institución	IED Colegio Cundinamarca, ubicado en la localidad 19 – Ciudad Bolívar, Bogotá - Colombia.
Área de actuación	Educación en Emprendimiento y Negocios
Desarrollos	Desarrollo Personal e Interdisciplinario
Población	Estudiantes de los grados de séptimo y octavo, de la educación básica. Estudiantes con edades entre 12 y 15 años.
Área del docente que guiará el proceso	Área de tecnología, énfasis en gestión empresarial.
Enfoque disciplinar	La interdisciplinariedad
Áreas vinculadas	Informática, Matemáticas, Ciencias Naturales, Tecnología, Dibujo Técnico, Ciencias Sociales y Expresión.
Tema	Lanzamiento de un producto al mercado elaborado con material de reciclaje.
Objetivo	Explorar la aplicación y la utilidad de la tecnología y la informática en situaciones de la vida real, fortaleciendo el emprendimiento y la creación de microempresa.
Justificación	Las necesidades del consumidor son el elemento prioritario en la Investigación de Mercados o Mercadotecnia, por tal motivo propicia en el estudiante la habilidad para poder identificar dichas necesidades a través de la utilización de un instrumento de recolección de datos y evaluación, posteriormente y con pensamiento crítico, se asume con responsabilidad la toma de decisiones, para el lanzamiento de un producto o artefacto tecnológico al mercado, elaborado con material de reciclaje, cubriendo así, las necesidades del consumidor.

Tabla 1. Identificación del proyecto
Fuente: Elaboración propia.

C. Tercera fase

Intencionalidades:
- Reconocer todos y cada uno de los pasos a seguir en el proceso de producción para poder concretar el producto.
- Jerarquizar así mismo los pasos de la producción teniendo en cuenta las pertinencias del producto.

- Calcular la cantidad de ingredientes necesarios para la elaboración del producto y diagramar el proceso de producción.
- Conceptualizar que todo proyecto tiene unos pasos a seguir y debe contener una planeación, programación de ejecución y control respectivo.
- Descubrir el punto de equilibrio de la producción para no tener pérdida en las ventas. Evaluar los costos directos e indirectos de producción para la comercialización del producto y calcular la utilidad a obtener con la venta de este.

Propuesta final

En la tabla 2 se ecuentra equematicamente resumidas la actividades que proponemos para la secección edinitiva del producto.

Intencionalidades

- Formular y responder preguntas de información específica.
- Confrontar la información como una estrategia de aprendizaje.
- Definir el producto final para ser lanzado al mercado.
- Promover en el estudiante, hábitos organizativos con respecto a la forma de presentar el producto final.
- Motivar a los estudiantes a relacionar diferentes datos, con el fin de Propiciar situaciones en donde el estudiante deba tomar decisiones.

6. EJECUCION DE LA PROPUESTA DE ACCION PEDAGOGICA

Reflexionar y pensar antes de actuar

Plantear una propuesta para aprender a aprender con la tecnología, significa romper con los esquemas tradicionales y tomar esta nueva asignatura no sólo como eso, una asignatura diferente, sino como un lenguaje, una forma de entender al mundo y una nueva posibilidad para los estudiantes de Ciudad Bolívar para enfrentarse al mundo laboral.

Desde esta perspectiva, la estrategia metodológica de proyectos de Aula permite que el estudiante además desarrolle tanto sus habilidades de pensamiento como sus habilidades cognitivas y metacognitivas (que hacen referencia a la capacidad de analizar, comparar, inferir/interpretar y evaluar); habilidades comunicativas, emocionales y habilidades sociales.

Tema: selección definitiva del producto
Contenido: Toma de Decisiones

Actividades iniciales: Se debe tener en cuenta todo el proceso de trabajo que se ha hecho desde el principio.
1. Selección de la muestra
2. Aplicación de la Encuesta
3. Tabulación de los datos
4. Análisis estadístico
5. Pertinencias del producto deducidas
6. Calculo de los costos de producción
7. Proceso de producción (Ciencias Naturales y Sociales)
8. Cálculo de la utilidad
9. Cálculo del precio de venta
10. Lanzamiento publicitario (Dibujo Técnico e Informática)

Instrucciones: Elaborar:
1. Diseño del logotipo de la empresa
2. Diseño del lema
3. Diseño de volante publicitario
4. Diseño de afiche
5. Diseño de tarjeta personal
6. Diseño de comercial de radio
7. Diseño de comercial de televisión
8. Diagrama de flujo de la elaboración del producto paso a paso, expresado con textos y dibujos.
9. Diseño del empaque y la etiqueta del producto

Actividades de aprendizaje: Tomando como referencia los principios teóricos del Aprendizaje planteados por Marzano (2005), en relación con las la dimensión de Adquisición y organización del conocimiento y la dimensión de Procesamiento de la información se han diseñado las siguientes situaciones:

- Una vez que sea recolectada la información, se procederá a tabularla, para así poder analizar ¿cuáles serán los cambios más considerables que se deberán tener en cuenta para la transformación del producto, para que más adelante llegue a ser aceptada por el consumidor la nueva propuesta de producto?
- Una vez identificadas las características a cambiar en el producto, los estudiantes comprenderán que el instrumento para recolección de datos (encuesta) es de bastante utilidad para la nueva propuesta de producto. y aprenderán que es un instrumento que si sirve y que es fácil de aplicar.
- Teniendo en cuenta dichas características, los estudiantes inician la búsqueda acerca del origen del producto, su elaboración y producción en serie, y su comercialización.
- Se inicia el trabajo de elaboración y producción, teniendo en cuenta la teoría de la planeación de proyectos.
- Se organiza el proceso de producción con un diagrama de flujo, planteando desde cantidades de ingredientes o materia prima y paso a paso todo el proceso de elaboración y preparación, proceso de producción teniendo en cuanta las características recomendadas en ciencias naturales o sociales o la asignatura pertinente.
- Posteriormente, lo llevan a la práctica, lo elaboran y producen, encontrando y enfrentando dificultades para darles los correctivos necesarios y así ser superados antes de la exposición final en la micro feria de la Ciencia y la Tecnología.

Actividades de elaboración de conocimiento e integración con otros saberes: Marzano (2005) en la cuarta dimensión propone que el fin que se busca en la educación es utilizar el aprendizaje significativamente, para que los estudiantes logren transferir el conocimiento, para ello se diseñan actividades donde puedan integrar recursos y medios de auto control, de tal manera que puedan profundizar su saber.

Actividades de expresión y socialización del conocimiento: Con respecto a las dimensiones 1 y 5 de Marzano (2005) se enseñan a los estudiantes a que activen el conocimiento que necesiten o deseen en cualquier momento o situación en forma consciente y habitual. Posteriormente, los estudiantes deben hacer el lanzamiento oficial del producto en el colegio, no solo con el apoyo publicitario, sino con la exposición en la Micro Feria Empresarial, ante todo el colegio, sacando a la venta el producto y sustentando todo el proceso que se llevó a cabo desde la idea de escogerlo, la investigación de mercados aplicada, el proceso de elaboración y producción y el lanzamiento al mercado con la venta y la utilidad adquirida. Finalmente, y después de la exposición en la Micro Feria Empresarial, los estudiantes deben sacar las conclusiones sobre el evento, sus utilidades adquiridas, las dificultades y los errores cometidos para ser superados.

Tabla 2. Propuesta final del proyecto
Fuente: Elaboración propia.

Adicionalmente, las actividades y el desarrollo de la propuesta, propician la transferencia de conceptos (tanto los previos como los nuevos) a situaciones de la vida real. Por último, esta estrategia metodológica favorece no sólo el avance conceptual sino la estimulación de un aprendizaje autónomo y significativo.

6.3 Puesta en marcha de la propuesta: Como punto de partida se trabaja con los estudiantes la habilidad de toma de decisiones como una motivación que rompe de entrada con el esquema tradicional de cualquier clase y adicionalmente, como una base para desarrollar el proyecto de aula.

De la segunda semana en adelante se desarrollan, paralelamente, diversas actividades que llevan intrínseco, parte del contenido sobre conceptos básicos de administración, contabilidad, español, matemáticas, ciencias naturales y sociales y tecnología que se ven durante el transcurso del año, incluso por el énfasis de Gestión Empresarial del Colegio. Las diferentes actividades de este proyecto están diseñadas con el fin de motivar el aprendizaje cooperativo y significativo de todo lo que implica la tecnología, Gestión Empresarial, y la gran idea de FORMAR EMPRESA, buscando su relación con otras asignaturas y proyectando su utilidad en una situación específica como lo es el lanzamiento de un nuevo producto al mercado propuesto por ellos y teniendo en cuenta las necesidades del consumidor.

En las diferentes fases ó semanas en que se lleva a cabo el proyecto es necesario calibrar el grado de aceptación por parte de los estudiantes ya sea con preguntas directas o con la observación en campo y de acuerdo con esta valoración hacer los correctivos del caso si fuera necesario.

6.4. Actividades de consejería académica: El docente como facilitador de aprendizaje, deberá ser claro al presentar el objetivo general de la propuesta e identificar en cada una de las fases del proyecto, aquellos estudiantes que tengan dificultades para seguir las instrucciones. Igualmente debe tener presente que con el aprendizaje cooperativo se busca dinamizar y fortalecer los vínculos afectivos y sociales que existen entre los estudiantes.

Recomendaciones: *Se debe tener en cuenta no solo los pasos del proceso referenciado, sino las diferentes opciones que se tienen en relación con la competencia, los materiales utilizados, la producción de este; el precio y la satisfacción del consumidor, para poder tener todos los elementos necesarios en el momento de la toma de decisiones.*

Todas las actividades de la última semana se centran en el propósito final del lanzamiento del producto al mercado, teniendo en cuenta todos los elementos trabajados en el proyecto y la presentación formal y escrita del mismo, como para el lanzamiento oficial en la "***Micro Feria Empresarial de la Ciencia y la Tecnología***" del colegio que se realiza al final del año, por tal motivo es importante resaltar que la diagramación de la presentación del producto final se hace en la clase de informática.

- Primero, los estudiantes seleccionan un producto que sea de agrado, de posibilidades de venta masiva y de alto consumo para el cliente o consumidor.
- Luego, crearan y seleccionaran unas preguntas que se refirieran a características especificas del producto para poderlo modificar de acuerdo con el gusto del consumidor.
- Los estudiantes aprendieran que son preguntas abiertas para poder contar con la opinión del consumidor, y además que son preguntas serradas para poder concretar sus gustos respecto al producto

.

6.5. Control valorativo: Al finalizar el proceso se evalúa:

Dimensión: Pensamiento relacionado con actitudes y percepciones positivas sobre el aprendizaje.

Propósito: promover en el estudiante, hábitos organizativos con respecto a la forma de presentar el producto final, mediante coevaluación de los portafolios en díadas, con una matriz que les entrega el asesor académico con los siguientes criterios: Calidad de la presentación, Innovación, Descripción de la innovación y Autoevaluación semanal. La matriz tiene tres niveles de desempeño con sus respectivas rúbricas. Se siguen haciendo tutorías con los estudiantes.

7. CONCLUSIONES

Como cierre del proceso los estudiantes presentan, por una parte, el trabajo escrito y diagramado, con todo lo consignado en el portafolio y hacen la exposición y lanzamiento del producto nuevo en la Micro Feria Empresarial, justificando sobre los costos y los beneficios del lanzamiento y la utilidad a recoger con la venta del producto, proyectando la capacidad empresarial que se logra desarrollar con los estudiantes

En la "Planeación de la propuesta de Acción Pedagógica centrada en el Aprendizaje Autónomo del estudiante", el avance conceptual, las habilidades cognitivas y metacognitivas, las habilidades emocionales y sociales y los hábitos académicos fueron evaluados según el caso por coevaluación de productos, por autoevaluación de procesos o por heteroevaluación de conceptos, lo que ha permitido que los estudiantes fueran críticos frente a su proceso de formación, en relación con el trabajo colaborativo.

El impacto en los estudiantes ha sido muy significativo, ya que, con el fortalecimiento del trabajo en equipo, sus niveles de tolerancia han aumentado, son más solidarios entre sí y su liderazgo en cada uno de los grupos del proyecto de gestión empresarial es muy notorio, asumiendo roles y responsabilidades dentro de la sociedad constituida cómo microempresa.

La transversalidad de las áreas reafirmó el trabajo interdisciplinario, y los estudiantes lograron comprender, cómo cada una de las áreas del conocimiento pueden llegar a converger en un solo proyecto para alimentarlo y poder llevar a cabo con los resultados esperados y planteados en los objetivos de este.

En relación con la institución, el Proyecto de Gestión Empresarial ya es de conocimiento y aceptación general entre los miembros de la comunidad educativa, dicha propuesta académica aparece como proyecto institucional y está plasmado con todo el fundamento teórico en el Proyecto Educativo Institucional y se encuentra descrito en la agenda estudiantil que se entrega a todos los estudiantes de la institución.

7. REFERENCIAS

[1] AEBLI, H. (2001). Factores de la enseñanza que favorecen el aprendizaje autónomo. NARCEA. Madrid.

[2] AMAYA, G. (2008). Aprendizaje Autónomo y Competencias. Congreso Nacional De Pedagogía. Recuperado de http://docplayer.es/19929963-Aprendizaje-autonomo-y-competencias.html

[3] ATWELL, G. (2007). Personal Learning Environments: the future of learning? eLearning papers 2(1).

[4] BARKLEY, E., CROSS, K. P., y HOWELL MAJOR, C. (2007). Técnicas de aprendizaje colaborativo. Madrid: Ministerio de Educación y Ciencia/Morata.

[5] CODEMARI M. Y Otras. Citada por Mabel Betancourt y María Eugenia Puche en: El proyecto pedagógico, facilitador de un aprendizaje significativo. Serie Publicaciones para Maestros. Bogotá: 1997. Ministerio de Educación Nacional.

[6] DELORS, J. y otros. (1996) La educación encierra un tesoro. Informe de la UNESCO de la Comisión Internacional sobre la educación para el siglo XXI. Disponible en: http://unesdoc.unesco.org/images/0010/001095/109590so.pdf. consultado el 17 de diciembre de 2012.

[7] DRUCKER, P. (1994). La Sociedad Postcapitalista. Editorial Norma S.A. En Módulo de Aprendizaje del Adulto. Convenio UNAD-CAFAM. 1998. Pág. 24. Bogotá.

[8] INSUASTY, L. (1999). Aprendizaje Autónomo. Documento de Apoyo Técnico. Convenio UNAD-CAFAM. P. 37. Bogotá.

[9] KAMII, C. (1998). La autonomía como finalidad de la educación. Implicaciones de la Teoría de Piaget. CAFAM. Bogotá.

[10] MARZANO, R. y PICKERING, D. (2005). Las Dimensiones del Aprendizaje. Recuperado de http://biblioteca.ucv.cl/site/colecciones/manuales_u/Dimensiones%20del%20aprendizaje.%20Manual%20del%20maestro.pdf

[11] MEN (2014). Lineamientos curriculares. Recuperado de www.mineducacion.gov.co/1759/w3-article-339975.html.

[12] OCDE (2014), La Organización para la Cooperación y el Desarrollo Económico.

[13] OLMEDO, M., y EXPÓSITO L. (2017). Entornos Personales de Aprendizaje en los Jóvenes de las Smart Cities Actuales y Futuras. University of Granada, 18071, Granada, España.

[14] PERILLA, L. (s.f). Proyectos de Aula: Una estrategia didáctica hacia el desarrollo de competencias investigativas. Recuperado de https://educrea.cl/proyectos-de-aula-una-estrategia-didactica-hacia-el-desarrollo-de-competencias-investigativas/

[15] SMYTH, G. (2006). Wireless Technologies Bridging the Digital Divide in Education, International Journal of Emerging Technologies in Learning 1, 1. Recuperado de www.mlearn.org.za/CD/papers/Smyth.pdf

[17] SUMARA, D. Y DAVIS, D. (2006). Complexity and Education. Inquiries into learning, teaching, and research. En Journal of Contemporary Issues in Education, nº1, vol. 11, pp.54-55.

[17] TOBIN, D. y WATERS. (1998). Building your Personal Learning Network. Corporate Learning Strategies. Recuperado de http://www.tobincls.com/learningnetwork.html

Innovación Tecnológica y Educación para el Desarrollo de Personas con Discapacidades

Dra. Deisy MOHR BÄUML

Ingeniería de Producción y Sistemas, Universidad Federal de Santa Catarina UFSC
Florianópolis SC CEP 88040-900, Brasil

RESUMEN

Los sistemas de Innovación Tecnológica y Educación para Personas con Discapacidad incluyen: desarrollo biológico y en sistemas sensoriales, con desenvolvimiento de la evolución cognitiva y lingüística, con variables bio-psico-sociales y educacionales, con apoyos y sistemas tecnológicos, interrelacionados con la comunicación interdisciplinária. La investigación es basada en acciones y soluciones inteligentes, en la realidad individual y grupal, en busca de desarrollo Humano y Tecnológico. Los dados son pesquisados en Instituciones públicas y privadas, de formación y cualificación, sistemas educacionales Inclusivos y Especiales, en Asociaciones, Institutos y Centros de Pesquisas, Ambulatorios, Clínicas, Universidades y organizaciones académicas, y instituciones empresariales, con características de desarrollo de trabajo continuo y de alta calidad, en colaboración integrativa, través de organizaciones con Tecnología innovadora, con lo segmento poblacional de Personas con Discapacidad. Es relevante, que los sistemas pesquisados, sean reconocidos por su competencia, con minimización de factores negativos y maximización de factores positivos, a través de las intervenciones Humanas y Tecnológicas. La investigación tiene como objetivo promover la aceptación de la Diversidad Humana, que es factor decisivo para conocer y reconocer que las Personas con Discapacidad, tienen potencialidades en diversas áreas humanas y tecnológicas, lo que determina un nuevo paradigma. Los parámetros en la investigación parten de la pesquisa bibliográfica, en conjunto con la observación, la comunicación e intervención práctica. Metodología con informaciones sobre datos de la cuantificación sobre la población estudiada, detección, evolución, observación, y sistemas participantes de los Programas especiales e inclusivos, que utilizan Tecnología innovadora organizacional.

La investigación cualitativa del estudio se complementa al articular el conocimiento de la realidad, con los fundamentos teóricos y prácticos en búsqueda de la interacción con los participantes, sistemas y herramientas tecnológicas, con los equipos profesionales multi e inter disciplinarios. Estructuración y complementación con Dinámicas, Cursos, Conferencias y Debates interrelacionados con divulgación de las informaciones en Medios televisivos, y electrónicos, escrito y oral, con la finalidad de minimización de los mitos, principalmente de que las Personas con Discapacidad solamente generan costos para la sociedad; sin embargo en la realidad generan posibilidades financieras y de negocios, empleos, capacitaciones, conocimientos, desarrollo humano y tecnológico para toda la sociedad.

Palabras claves: Innovación, Educación, tecnológica, negocios, organizacional.

1. INTRODUCCIÓN

En Brasil, los sistemas de Innovación Tecnológica en Educación, Salud, Trabajo y Sociedad, tienen que ampliar significativamente el nuevo paradigma inclusivo, sobre las posibilidades para la actuación y participación activa y en reconocimiento de las potencialidades, en diversas áreas humanas, profesionales y tecnológicas, de las Personas con Discapacidad.

En el área de Educación, necesitan destacarse los Programas de Escuelas Especiales e Inclusivas de los Sistemas Públicos y Privados, así como las Universidades de Brasil, que a través de Proyectos y acciones Inclusivas, con equipos multidisciplinarios e interdisciplinarios, en conjunto con varias Ciencias, vinculadas a Educación, Tecnología, Informática y otras, proporcionan oportunidades para el desarrollo de Personas con Discapacidad, con sus diferencias y necesidades individuales, con sus familiares y profesionales.

A manera de complemento se tiene que "Si consideramos estas diferencias en un sentido positivo, se destaca la importancia de la diferencia como una forma de enriquecer a todas las personas que viven en la misma comunidad. Por otro lado si consideramos las diferencias en el sentido negativo, tenemos que excluir y segregar aquellos que son diferentes". (DOWN ESPAÑA. The United Nations International Convention on the Rights of Persons with Disabilities commented by its Protagonists p.45).

Lamentablemente, en discrepancia, generalmente, las instituciones de los Sistemas de Salud en Brasil, presentan características similares, tienen acciones sin ninguna I.C. (Inteligencia Competitiva), pues no respetan a los usuarios que pagan costos muy altos, con total y excesiva burocracia, los exámenes tecnológicos y tratamientos de alta cualidad que no tienen autorización, por los sistemas de Salud, y los sistemas exigen repetición de los mismos, o no permiten equipos y aparejos tecnológicos que pueden mantener cualidad de vida y salvar vidas, de Personas sin Discapacidad, o principalmente de Personas con Discapacidad.

2. OBJETIVO

La investigación tiene como objetivo promover la aceptación de la Diversidad Humana, que es factor decisivo para conocer y reconocer que las Personas con Discapacidad, tienen potencialidades en diversas áreas humanas y tecnológicas, lo que determina un nuevo paradigma.

3. METODOLOGÍA

Los parámetros en la investigación parten de la pesquisa bibliográfica, en conjunto con la observación, la comunicación e intervención práctica. Metodología con informaciones sobre datos de la cuantificación sobre la población estudiada, detección, evolución, observación, y sistemas participantes de los Programas especiales e inclusivos, que utilizan Tecnología innovadora organizacional. La investigación cualitativa del estudio complementa, articular el conocimiento de la realidad, con los fundamentos teóricos y prácticos en búsqueda de la interacción con los participantes, sistemas y herramientas tecnológicas, con las equipos profesionales multidisciplinarios e interdisciplinarios. Los datos son pesquisados en Instituciones públicas y privadas, de formación y cualificación, sistemas educacionales Inclusivos y Especiales, en Asociaciones, Institutos y Centros de Pesquisas, Ambulatorios, Clínicas, Universidades y organizaciones académicas, y Empresas con características de desarrollo de trabajo continuo y de alta calidad, a través de organizaciones con Tecnología innovadora, con el segmento poblacional de Personas con Discapacidad.

4. RESULTADOS Y DISCUSIÓN

Estructuración y complementación con Dinámicas, Cursos, Conferencias, Debates interrelacionados con divulgación de las informaciones en Medios televisivos, y electrónicos, escrito y oral, con la finalidad de minimización de los mitos, principalmente de que las Personas con Discapacidad solamente generan costos para la sociedad, más en la realidad generan posibilidades financieras y de negocios, empleos, capacitaciones, conocimientos, desarrollo humano y tecnológico para toda la sociedad.

Es relevante destacar la actuación, del Empresa RECCO, localizada en la ciudad Maringá (PR) Brasil, que desarrolla acciones de I.C. (Inteligencia Competitiva) en el área de Inclusión Laboral, con Persona con Discapacidad Auditiva; ha recibido un Premio Nacional, en la Olimpíada del Conocimiento 2016, la mayor competición de Educación Profesional de las Américas reconocida por alta calidad de Educación Profesional.

Según Antonio Recco (2016), "el evento reúne alumnos que hacen cursos técnicos en todo el país. La edición de 2016 fue realizada en noviembre, en Brasília (capital de Brasil), con más de mil competidores de 26 estados del Brasil y aproximadamente 100 mil visitantes".

Durante la Olimpíada, los alumnos son evaluados de varias formas. Una de ellas por el Sistema de Evaluación de Educación Profesional (S.A.P.E.), que tiene el objetivo de analizar las capacidades de los alumnos formados por el Sistema SENAI e implementar medidas para mejorar la gestión, la calidad dos cursos ofrecidos o trabajo pedagógico de la institución. Los cursos optimizados son de Técnicos de Seguranza del Trabajo, Edificaciones, Mecánica, Logística y Electrotécnica, en los de cualificación de Panificación, Costura y Operador de Computadora.

También participarán de la evaluación de S.A.E.P, Personas con Discapacidad (PcD) de los estados de Santa Catarina, Maranhão, Alagoas, Rio de Janeiro, Mato Grosso, Espírito Santo, Pernambuco e Paraná.

Giseli Silvestre Palodeti (32 años) que hecho el curso de Cualificación Profesional en Costurera en SENAI de Maringá (PR), recibió óptima evaluación. Recibió oro por su desempeño en la confección y Giseli consiguió terminar el trabajo en menor tiempo que el exigido y con perfección "Yo estudiaba por la noche y trabajaba de día para realizar el sueño que tenía desde niña". Otro sueño que pretende realizar es ser Profesora de costura en el futuro. El Desarrollo en SENAI los cursos de Modela gen y Modela gen Informatizada.

Recibió apoyo de la familia y de ex-profesores, y el apoyo de la empleada que trabaja 12 años, la RECCO LINGERIE, establecida en Maringá (PR) desde año 1979, con cerca de 700 funcionarios y una media de 120 mil piezas producidas mensualmente. La fábrica tiene 24 tiendas en diversos estados y más de 2.500 puntos de venta en todo Brasil. Para el Presidente de la empresa inclusiva, Señor Antonio Recco, el oro de Giseli demuestra de forma clara como las grandes asociaciones promueven las mudanzas de que el mundo tanto necesita. "De un lado, nuestra Giseli dejando claro que el esfuerzo, compromiso y excelencia jamás fijarán límites enmedio de la colectividad. De otro las empresas que entre otras funciones sociales tienen el deber de facilitar caminos para que nuestra nación presente una evolución, por medio de una sociedad más capaz y con espíritu de ciudadanía. Y, para finalizar, el SENAI, con un capital intelectual de credibilidad, conquistó a lo largo del tiempo la confianza necesaria para que ese proyecto produzca resultados que impacten otros y acreditar una colectividad interdependiente" (Sistema Agencia F.I.E.P.-S.A.E.P. 2016).

Hace más de 30 años, Las APABBs (Asociación de Padres, Amigos e Personas con Discapacidad, de Funcionarios del Banco de Brasil y la Comunidad) pertinentes en 14 estados en Brasil, ofrecen oportunidades relevantes de orientaciones, en las áreas de Salud, Educación, Deportivas, Orientaciones Familiares y Profesionales, Informática con Sistemas y Programas de alta calidad y con I.C. (Inteligencia Competitiva).

En "el área de Salud Ocupacional y de la Seguranza del Trabajo, el Banco de Brasil, ofrece una acogida especial, para los recién empleados: exámenes de salud diferenciados, analisis ergonómico y sensibilización del equipo que recabará el funcionario(a) con Discapacidad. El análisis ergonómico observa y analiza el profesional en relación el puesto de trabajo que ocupará y las actividades que desempeñará, orientando las adaptaciones necesarias, como mobiliario y software".

El Banco de Brasil, ha mejorado y ampliado beneficios para funcionarios(as) con Discapacidad y/o que tengan hijos(as) con Discapacidad, con demandas divulgadas por las APABBs, por los funcionarios que trabajan en el Banco de Brasil, por la Ley de Cuotas y por aquellos con hijos con Discapacidad, como Grupo BB Azul, de funcionarios padres de niños con Síndrome de Autismo, así como las demandas de entidades sindicalistas, por razones de Acuerdos Colectivos de Trabajo. (APABBs,2016).

En la Región Nordeste de Brasil, destacan Instituciones, Asociaciones y Programas con acciones de alta calidad y de I.C.(Inteligencia Competitiva) y de pesquisas nacionales e internacionales, como ejemplo el CENTRO INTERNACIONAL DE NEUROCIENCIA (Natal-RN), fundado por el Ingeniero Neuro Dr. Miguel Nicolelis, brasileño de SP, que comanda en la Universidad Duke (EE.UU.), Laboratorio de pesquisa de interface entre cerebro y computadora. Recibió la mención como pesquisidor más relevante en la Ingeniería Biomédica por la Revista Scientific American (2004).

Creación del Neuro Ingeníero Dr. Miguel Nicolelis (Brasil) "ROBOT - VIDA PERSONAS CON LESIÓN MEDULAR" afirma: "Nosotros estamos pasando al tercer protótipo del EXOESQUELETO".
El proyecto "Andar de Nuevo", su iniciativa de rehabilitación motora con el "exoesqueleto", inició en 2012.

Se complementa afirmación del Dr. Miguel Nicolelis "que la conjunción entre los feedbacks virtuales y táctiles potencializó un proceso de plasticidad cerebral".

Según el Dr. Nicolelis, afirma "Tenemos varios colaboradores que comenzarán a desarrollar otras aplicaciones para el "exoesqueleto". Varias líneas de pesquisas se abrirán, la gente observa aplicaciones a futuro para las otras molestias neurológicas.

Nuestro "exoesqueleto" es instrumentado para una sensación táctil. Esto cambia mucho el juego, porque hace que el cerebro asimile el esqueleto como parte de su ser." (MARTAN, 2017).

El CENTRO DE ACTIVIDADES ESPECIALES HELENA HOLANDA (CAEHH HELENA HOLANDA, localizada en João Pessoa-PB, es "una organización de la Sociedad civil de interés público, persona jurídica de derecho privado, sin finalidad lucrativa".

Esta competente ONG, presenta un trabajo multidisciplinar e interdisciplinario, importante en cuya misión designa "Atender a las Personas con Discapacidad, Personas mayores y con secuelas de accidentes".

En la (CAEHH-HELENA HOLANDA) se ofrcen diversos servicios clínicos, educacionales, deportivos y artísticos, oficinas; incluyendo la "BANDA ACREDITE", compuesta por Personas con variadas Discapacidades y Personas sin Discapacidad, con sucesos musicales, reconocidos y divulgados nacionalmente.

C.A.E.H.H. CENTRO ACTIVIDADES ESPECIALES HELENA HOLANDA João Pessoa - PB – Brasil.
Fuente:Archivo C.A.E.H.H. Fundadora Helena Holanda

Actualmente, son atendidos cerca de 390 Personas, participantes de los atendimientos y procedimientos en los Programas, en las áreas de Educación, Salud (triagén y clínicas), Música y Artes, Trabajo, Informática y Tecnología.

También es relevante el Programa de Acceso

Ciudadano Social (Asesoría y Consultoría para Inclusión Social), en la ciudad de João Pessoa-PB, en la playa de Cabo Branco, con acceso y estructura de accesibilidad, con varias actividades deportivas y sociales, con segmento poblacional de participantes con diferentes Discapacidades, con participación muy activa e interesante, con los apoyos ergonómicos de sillas de ruedas con adaptación ergonómica, de acceso al mar.

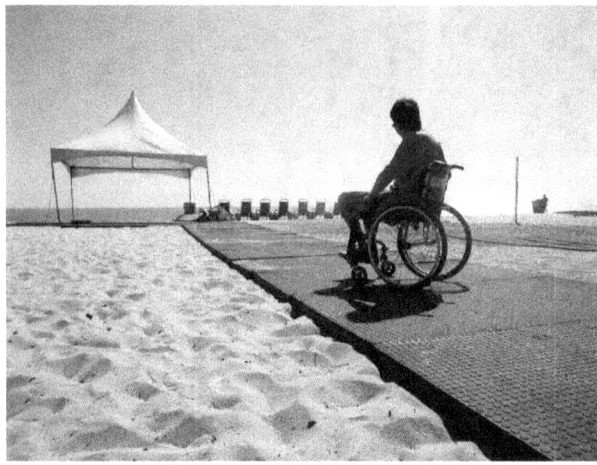

Proyecto Aceso Ciudadano João Pessoa – PB - Brasil Fundador
Cordinador: Genilson Machado
Photo:Babienn Veloso/Archivo Personal.

El Presidente de Acceso Ciudadano Social, Genilson Machado, divulga información inteligente y reflexiva "¡No soy deficiente, deficiente es lo sistema!" Se complementa en la ciudad de João Pessoa (PB) Brasil, en la playa de Cabo Branco el Proyecto.

"REMANDO ESPERANZA", desarrollado por el Fundador Alexandre Wagner, que hace orientaciones y enseñamientos prácticos, con un sistema inteligente, accesible, con seguranza de alta calidad tecnológica, a través de "kayac" para el segmento poblacional de la pesquisa, desarrollando capacitaciones de autoestima, estimulación motora, acciones inteligentes que demuestran las potencialidades, en general, desconocidas sobre capacidades de Personas con Discapacidad.

Personas con Síndrome de Down, utilizán variados sistemas, basado en la Innovación Tecnológica y Educación, debidamente capacitados y calificados, para las competencias.

Fuente: Archivo Personal: Alessander Bäuml Orlowski – Gislene Morais

Mesa Digital "(PLAY TABLE)" es herramienta de Inclusión en Brasil.

Personas con Discapacidad actuán con una relevante, Ludicidad para Actividades Pedagógicas, Lenguaje, Desarrollo motor, Cognitivo en colaboración integrativa con otras Ciencias, desarrollo emocional y interacción Social.

Fuente: PLAY MOVE Emplea Tecnológica y Educacional Programa Accesibilidad PLAY TABLE (Blumenau SC Brasil)
www.playmove.com.br

5. CONCLUSIONES

Las pesquisas bibliográfica y práctica, visualizan que las innovaciones tecnológicas, integradas con las estimulaciones, atención, procedimientos y atendimientos multidisciplinario e interdisciplinario, con acciones inteligentes y continuas, en las diferentes áreas de intervenciones humanas y tecnológicas, en conjunto con apoyo de la familia, proporcionan posibilidades y desarrollos para las Personas con Discapacidad.

Los sistemas inclusivos en la Familia, en la Educación, en Salud, Trabajo y en la Sociedad, se complementan integrados con las innovaciones tecnológicas y educacionales, compartiendo con los sistemas, para la minimización de dificultades y maximización de potencialidades para todas las Personas con Discapacidad.

6. REFERENCIAS

[1] ASOCIACIÓN BRASILEÑA DE NORMAS TÉCNICAS. NBR 6023: información y documentación: referencia – preparación. Río de Janeiro 2016.

[2] APABBs Asociación de Padres, Amigos e Personas con Discapacidad, de Funcionarios del Banco de Brasil y da Comunidad. Disponible:http://www.apabb.org.br.

[3] ARMSTRONG, T. El poder de la neurodiversidad. Paidós: Barcelona (2012).

[4] BÄUML, Deisy M.; CASSOU, Jussara. Fundación para Personas con Discapacidad Accesibilidad y Ambientación Estimuladora Competencias y Cualidad de Vida. CREA-PR, IV.

[5] DOWN ESPAÑA. The United Nations International Convention on the Rights of Persons with Disabilities commented by its Protagonists. Caja Madrid, February 2010.

[6] FEURSTEIN, R. et. Al. Es modificable la Inteligencia? Madrid: Bruño, 1997.

[7] FIALHO, Francisco Antonio Pereira. Ciencias de la Cognición 1. ed. Florianópolis: Insular, 2001.

[8] HOLANDA, Helena M.D. Metodo Helena Holanda. Adaptando e Recriando a Dança para a Superação. Ed. Michel Araújo. João Pessoa-PB, 2016.

[9] MARTAN, Fabio. Revista Super Interessante. ed.370 (ISSN 0104-1789).Artículo El Exoesqueleto vira el juego. Ed. Abril. 2017.

[10] OLIVEIRA, Raymond Seguin días.; BINS ELY, las condiciones de evaluación de la accesibilidad espacial de Vera Helena Live. En el Centro Cultural: estudios de caso. En: XI encuentro nacional de la tecnología en la construcción medio ambiente-tomografía axial computarizada 2006, Florianópolis, 23 al 25 de agosto de 2006.

[11] PARÁMETROS NACIONALES DE CUALIDAD PARA LA EDUCACIÓN INFANTIL/MINISTERIO DE LA EDUCACIÓN. Secretaría de Educación Básica. Brasília - DF, 2006.

[12] VALENTE, José Armando. Equipos y conocimientos: repensar la Educación. Campinas: Universidad Estadual de Campinas, núcleo de gráficos, 1993.

[13] VALENTE, José A. Diferentes usos de equipos en la Educación. http://www.nied.unicamp.br.

Estudio del Tipo y Grado de Compromiso Organizacional y su Relación con la Percepción de Apoyo Organizacional en la Industria Hotelera en la Ciudad de Tijuana, México

María E. OJEDA
FCA, Universidad Autónoma de Baja California,
Tijuana, Baja California, 22105, México.

Raquel TALAVERA
FCA, Universidad Autónoma de Baja California,
Tijuana, Baja California, México.

Marianna BERRELLEZA
FCA, Universidad Autónoma de Baja California,
Tijuana, Baja California, México.

ABSTRACT[1]

La innovación se ha convertido en uno de los principales pilares que sostienen a las organizaciones, llevándolas día a día a encaminar sus esfuerzos y orientar sus objetivos organizacionales a potenciar su capacidad de innovar, por consiguiente, se considera al cambio tecnológico uno de los principales impulsores del crecimiento sostenido y a la innovación tecnológica una condición esencial para el crecimiento organizacional.

Por ello, es importante que para poder innovar, se entienda no solo a los mercados y sus tendencias, sino también al capital humano al interior de las organizaciones, por ser uno de los principales actores involucrados en el proceso de innovación.

Con esta investigación se pretende identificar el tipo y grado de compromiso organizacional en la industria hotelera, sobre todo tratándose de organizaciones dedicadas a la prestación de servicios, como es el caso de este tipo de establecimientos.

Se menciona además, la conceptualización de la innovación, su evolución, algunas definiciones del compromiso organizacional, así como el análisis de estudios llevados a cabo en organizaciones de todo tipo con muestras de diferente tamaño y sus respectivos resultados.

Dentro de los resultados obtenidos en este estudio, se podrá observar cómo los empleados del sector hotelero muestran un compromiso organizacional alto

Palabras claves: Innovación tecnológica, Innovación organizacional, Compromiso organizacional, Compromiso afectivo, Percepción de Apoyo organizacional.

1. INTRODUCCIÓN

Sin duda alguna que innumerables publicaciones han iniciado haciendo mención sobre los efectos que la globalización ha generado en la economía mundial, éste no es la excepción, ya que a medida que la economía mundial se desarrolla, se ha propiciado una competencia internacional creciente, aunado a ello, el acelerado avance tecnológico, el cúmulo de información al que se tiene acceso, así como las llamadas sociedades del conocimiento, nos llevan a la búsqueda del entendimiento de los impulsores del desarrollo de los países, de sus empresas, y a la

---

[1] Este estudio es una adaptación del artículo original presentado en el Simposio sobre Innovación Tecnológica y Educación para el Desarrollo. ITED 2017, publicado en la Revista Iberoamericana de Sistemas, Cibernética e Informática, (Volumen 14 - Número 3 - Año 2017), el cual se adecua a los requerimientos solicitados para su inclusión en el número especial sobre Innovación Tecnológica y Educación para el Desarrollo.

búsqueda de nuevas formas de organización, ya que como resultado de estas grandes transformaciones, la capacidad de competir, crecer, desarrollarse y permanecer en los mercados, depende cada vez más de la capacidad de innovación.

Por consiguiente, como lo señala el Comité Intersectorial para la Innovación (2011) [1], Un país con mayores fortalezas en el ámbito de la innovación tendrá mayor capacidad para incrementar su productividad no sólo por el efecto directo que genera cualquier innovación, sino sobre todo porque estará mejor preparado para enfrentar las incertidumbres generadas por el actual entorno de competencia global y para adaptarse a las condiciones cambiantes de su entorno. De ahí, vemos cómo en todos los ámbitos del contexto mundial surgen con gran velocidad nuevas formas de identificar problemas y de plantear soluciones.

Esto hace imperiosa la necesidad de centrar especial atención en la forma en que las organizaciones gestionan los procesos de innovación hacia su interior, así como la importancia de identificar todos los actores involucrados en dichos procesos. Núnez y Gómez (2005) [2], señalan que la innovación tecnológica aparece como una condición esencial para la expansión organizacional, de forma que el cambio tecnológico viene a ser el impulsor que está detrás de un crecimiento sostenido y que en contraposición, aparece la resistencia al cambio, que resulta ser de mayor impacto social que tecnológico, teniendo que promover la ruptura de antiguos paradigmas de las personas que conforman la organización, puesto que esto conlleva un cambio en su rutina laboral.

En atención a lo expuesto anteriormente, y como menciona Mohr (2017) [3], cabe señalar que la innovación tecnológica, en combinación con el cambio tecnológico, en la medida que incorporen acciones inteligentes y continuas en los diferentes ámbitos de interacciones humanas y tecnológicas, y los sistemas se tornan más inclusivos en todos los sectores (en la Familia, en la Educación, en Salud, Trabajo y en la Sociedad) en conjunto, proporcionan posibilidades y desarrollos que maximicen potencialidades y disminuyan dificultades para las Personas con Discapacidad permitiéndoles incorporarse con menor dificultad a la fuerza laboral.

En definitiva, el papel del capital humano en la innovación es importante en todos los niveles, siendo uno de los principales actores del proceso.

De ahí la importancia de poseer un amplio conocimiento sobre los factores de satisfacción y motivación de la fuerza laboral de una compañía, el tipo y grado de compromiso organizacional, sobre todo si se trata de organizaciones dedicadas a la prestación de servicios, como es el caso de los establecimientos hoteleros.

Por consiguiente, de acuerdo a lo mencionado por Manpower (2010) [4], aunque una organización mantenga sus políticas, procesos y procedimientos alineados para generar un clima propicio para la innovación, no será suficiente si el talento que compone tal organización no está comprometido con ello.

El mismo concepto de innovación ha evolucionado a través de los años, que la misma OCDE a través del Manual de Oslo (OCDE 2005) [5] se vio en la imperiosa necesidad de redefinirlo, incorporando al concepto, la innovación en el sector servicios, o innovación no tecnológica. Para ello se incluyen dos nuevos tipos de innovación: *la innovación en mercadotecnia y la innovación organizacional,* destacando la importancia de la innovación organizacional ya que se asume que el cambio organizacional "es una respuesta ante el cambio tecnológico, cuando, de hecho, la innovación organizacional puede ser una condición necesaria para la innovación tecnológica".

Por lo tanto, y dado que uno de los elementos centrales de la innovación es la generación, difusión y utilización de todo conocimiento nuevo, un nuevo uso o la combinación de conocimiento ya existente, se enfatiza la importancia del papel que juega la investigación dentro de estos procesos innovadores. Por lo tanto, reconociendo al elemento humano como uno de los principales actores en el proceso antes mencionado, se lleva a cabo este estudio sobre compromiso organizacional.

Son numerosas las perspectivas desde las cuales se ha abordado el estudio del compromiso organizacional; desde su relación con prácticas y estilo de liderazgo, satisfacción con la comunicación, satisfacción laboral, ambiente organizacional, percepción de apoyo organizacional, e intención de permanencia, entre otras.

Las pruebas aportadas por dichos estudios indican que la falta de compromiso puede reducir la eficacia y competitividad de la organización y dada su importancia, se ha realizado un estudio tecnológo con el objetivo de conocer el tipo y grado de compromiso organizacional de Gerentes y empleados de la Industria Hotelera en la Ciudad de Tijuana, B.C. y si existe relación alguna con la percepción de apoyo organizacional y algunas variables demográficas.

Como se menciona anteriormente el capital humano constituye el recurso más valioso que poseen las organizaciones, es por ello que se plantea la pregunta ¿Qué tipo de capital humano requieren las organizaciones? Capital humano no sólo con las aptitudes necesarias, sino con capacidad de análisis y síntesis, capacidad de coordinarse en trabajo en equipo, capacidad de adaptarse al cambio y sobre todo dispuestos a comprometerse con la organización.

Teóricamente este estudio proporciona conocimiento en el campo general del compromiso organizacional, es por ello que se asume que será de gran interés para administradores, gerentes de recursos humanos, y empresarios, los cuales han comenzado a prestar atención a este tipo de estudios y teorías en el sector servicios, el cual se caracteriza por un contacto permanente con los clientes. Por tanto, su satisfacción constituye un componente de vital importancia en la competitividad de las organizaciones que pertenecen a este sector.

Objetivo general
Determinar el tipo y grado de Compromiso organizacional de los Gerentes y empleados de la Industria Hotelera en Tijuana México, y su relación con la percepción de apoyo organizacional.

Objetivos específicos
a) Identificar el tipo y grado de compromiso organizacional de los gerentes y empleados de la Industria Hotelera en Tijuana, México.
b) Identificar el grado de apoyo organizacional percibido por parte de los gerentes y empleados de la Industria Hotelera en Tijuana, México.
c) Determinar si la variable compromiso organizacional se relaciona con el apoyo organizacional percibido.
d) Determinar si el compromiso organizacional se relaciona con el número de dependientes económicos, estado civil, antigüedad en la organización, y salario.

Hipótesis
H1: Los empleados de la Industria hotelera en Tijuana, México, se encuentran altamente comprometidos con la organización.
H2: Los empleados de la Industria hotelera en Tijuana, México, se perciben apoyados constantemente por su organización.
H3: El Compromiso Organizacional se relaciona significativamente con la variable percepción de apoyo organizacional.
H4: El Compromiso Organizacional se relaciona con las variables edad, género, antigüedad en el puesto, dependientes económicos, estado civil e ingreso.

2. REVISIÓN DE LITERATURA

En 1992 surge la primera edición del Manual de Oslo por la OCDE en la cual trata esencialmente de la innovación tecnológica de productos y procesos en el sector manufacturero, convirtiéndose en referente para los estudios a gran escala orientados a examinar la naturaleza y el impacto de la innovación en las empresas. Como resultado de estas encuestas, emerge la necesidad de precisar aún más el marco del Manual de Oslo (OCDE, 2005) [5] en cuanto a los conceptos, las definiciones y la metodología, surgiendo de ahí la publicación de una segunda edición en 1997, en la cual se amplía el ámbito de aplicación al sector servicios.

La segunda mejora y tercera edición del mencionado manual se publica en el año de 2005 por la necesidad de incorporar en el concepto de innovación de una forma adecuada la innovación en el sector servicios, o innovación no tecnológica, para ello se amplía el campo de lo que se considera innovación, incluyéndose dos nuevos tipos: la innovación en mercadotecnia y la innovación organizacional.

En la nueva edición del Manual de Oslo (2005), se definen los cuatro tipos de innovación de la siguiente forma:

Principales tipos de innovación.
1. Innovaciones de producto. Se refiere a la introducción de un bien o servicio nuevo, o significativamente mejorado, en cuanto a sus características o en cuanto al uso al que se destina.
2. Innovaciones de procesos. Es la introducción de un nuevo o significativamente mejorado, proceso de producción o distribución. Ello implica cambios significativos en las técnicas, los materiales y/o los programas informáticos.
3. Innovaciones de mercadotecnia. Es la aplicación de un nuevo método de comercialización que implique cambios significativos del diseño o el envasado de un producto, su posicionamiento o su promoción.
4. Innovaciones Organizacionales. Es la introducción de un nuevo método organizativo en las prácticas, la organización del lugar de trabajo, o las relaciones exteriores de la empresa. Pueden tener como objeto mejorar los resultados de una empresa reduciendo los costos administrativos, mejorando el nivel de satisfacción y compromiso en el trabajo y por consiguiente aumentar la productividad.

La Innovación en México
En las últimas décadas, los gobiernos han puesto un gran interés por lograr ventajas competitivas en sus economías de tal forma que éstas les permitan alcanzar un crecimiento económico sustentable.

México no es la excepción, y en aras de lograr esta competitividad consideró la necesidad de establecer políticas de Estado a corto, mediano y largo plazo que permitan fortalecer los vínculos entre educación, ciencia básica y aplicada y tecnología e innovación.

El 12 de junio de 2009 se publicó en el Diario Oficial de la Federación el Decreto que modifica diversas disposiciones de la Ley de Ciencia y Tecnología (LCyT), contemplando a la innovación como el vínculo que permitirá a los diferentes sectores, el incremento de la productividad y competitividad. Surge además, el Comité Intersectorial para la Innovación (CII) (Art. 41 LCyT), el cual tiene entre una de sus facultades, aprobar el Programa Nacional de Innovación.

El Programa Nacional de Innovación (PNI) tiene como objetivo establecer políticas públicas que permitan promover y fortalecer la innovación en los procesos productivos y de servicios para incrementar la competitividad de la economía nacional en el corto, mediano y largo plazo.

Ecosistema de la innovación
El PNI se basa en un modelo de ecosistema que cuenta con seis pilares y cuatro premisas, tal como puede observarse en la figura 1.

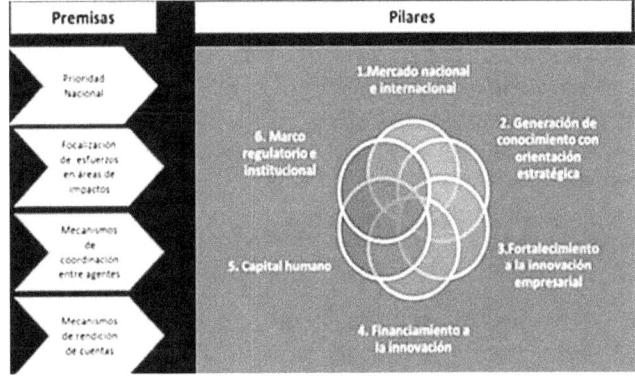

Figura 1. Ecosistema de innovación. Obtenida del Programa Nacional de Innovación (2010).

Este ecosistema contempla a la innovación como un proceso en el que las instituciones de educación superior, centros de investigación, gobierno, entidades financieras y empresas deben interactuar y participar de manera coordinada, bajo las siguientes premisas:

1. La innovación es una *prioridad nacional* debido a que sólo a través de ella se puede incrementar la competitividad de nuestra economía y lograr las tasas de crecimiento y generación de empleos de calidad que México requiere.
2. Como los recursos disponibles son escasos, se requiere una *focalización de esfuerzos en áreas de mayor impacto.*
3. Para desarrollar una estrategia integral, es necesario establecer *mecanismos de coordinación entre agentes.*
4. *Los mecanismos de rendición de cuentas* permiten revisar y mejorar continuamente las políticas públicas.

Además, el ecosistema se sostiene sobre los siguientes pilares:
1. Mercado nacional e internacional
2. Generación de conocimiento con orientación estratégica
3. Fortalecimiento a la innovación empresarial
4. Financiamiento a la innovación
5. Capital humano
6. Marco regulatorio e institucional

Líneas de acción
Cada uno de los pilares de este mencionado ecosistema, cuenta con líneas de acción las cuáles se asocian a una serie de actividades que le permitirán alcanzar el objetivo. Asimismo, cada pilar contará con indicadores y metas a corto, mediano y largo plazo que le permitirán medir el desempeño y avance en la ejecución del programa, cuya principal función es reducir la brecha con respecto a los mejores sistemas de innovación a nivel internacional, llegando a eliminarla por completo en 2020.

Compromiso organizacional
Hay quienes afirman que el compromiso organizacional es un mejor predictor de desempeño y contribución del personal, considerándolo como una respuesta más completa y duradera hacia la organización, que la propia satisfacción en el puesto. De ahí, se dice que un empleado puede estar insatisfecho con un puesto determinado, y, sin embargo, no sentirse insatisfecho con la organización en general. Pero cuando el estado de insatisfacción de una situación particular se convierte en insatisfacción hacia la organización, es muy probable que el rendimiento de los individuos baje o consideren abandonarla.

Según Ruiz (2013) [6], las empresas valoran y persiguen elevar el nivel de compromiso de sus stakeholders. Sin el compromiso de los empleados es difícil llevar a la empresa a cumplir con su estrategia. Sin el compromiso de sus accionistas tampoco. Y qué decir del compromiso de los proveedores que aseguran el suministro con la calidad requerida. Si se habla del compromiso de los clientes hacia la empresa, también se observa la importancia que tiene. Sin el compromiso de los inversores es complicado que los proyectos empresariales sean sostenibles.

Edel et al. (2007) [7], mencionan cómo dentro de la propuesta de Meyer y Allen con respecto a la conceptualización del compromiso organizacional lo dividen en tres componentes: Afectivo (apego emocional, la identificación y la participación del empleado en la organización), de continuidad (se basa en los costos que el empleado relaciona con dejar la organización. Puede deberse a la pérdida de antigüedad para promoción o prestaciones) y normativo (supone los sentimientos de obligación de los empleados para permanecer con la organización solo por deber; esto es hacer lo correcto); sosteniendo que la naturaleza del compromiso es, respectivamente, el deseo, la necesidad o el deber de permanecer en la organización.

Asimismo, según Meyer y Allen (1990)[8], los tres componentes antes mencionados, describen y representan la situación del componente actitudinal; es decir, los empleados pueden experimentar cada uno de estos estados psicológicos en mayor o menor medida. Algunos empleados, por ejemplo, pueden sentir la necesidad y la obligación de permanecer en la organización mas no el deseo; otros pueden no sentir la necesidad ni la obligación pero si el deseo. Por lo tanto el compromiso que siente cada persona, refleja el estado psicológico de ella.

Este enfoque conceptual-multidimensional toma tres perspectivas teóricas de forma simultánea por Mayer y Allen (1991) [9]: la perspectiva de intercambio, la perspectiva psicológica y la perspectiva de atribución.

Ojeda, Bernal y Ramírez (2009)[10] llevaron a cabo una investigación en una Universidad pública con una población de 450 estudiantes de maestría de los que se tomó una muestra de 147. En esta investigación se pretendió determinar la relación que existe entre el compromiso organizacional y la relación que muestra con algunas variables demográficas. Las variables demográficas utilizadas fueron edad, género, estado civil, antigüedad en el puesto, número de dependientes económicos y nivel de ingresos. Los resultados arrojaron que las variables demográficas género, edad, e ingresos, se pueden considerar como predictores o diferenciadoras del compromiso organizacional, ya que tienen influencia significativa sobre la variable dependiente.

En 2016, Ojeda, Talavera y Berrelleza [11] mostraron los resultados de una investigación en la que se aplicó una encuesta a 265 docentes de una universidad pública cuyo objetivo es conocer el tipo de compromiso organizacional y si este se relaciona con la percepción de apoyo organizacional y algunas variables demográficas.

Los resultados que arrojó ésta fueron:

- La mayoría de los docentes se encuentran en una categoría media de compromiso organizacional.
- La mayoría de los docentes se encuentran en una categoría media-alta de la variable percepción de apoyo organizacional.
- Que la percepción de apoyo organizacional si se relaciona positivamente con el compromiso organizacional.
- Que todas las dimensiones del compromiso organizacional se relacionan entre sí, y la variable de compromiso afectivo se puede considerar como predictor del compromiso organizacional.
- Las variables demográficas género, edad, e ingresos, no se pueden considerar como predictores o diferenciadoras del compromiso organizacional, ya que tienen no influencia significativa sobre la variable dependiente.

Compromiso organizacional e Innovación

Los estudios en relación con el compromiso organizacional y los factores que pueden condicionar la innovación son escasos pudiendo igualmente estar limitados a experiencias particulares en un país. Así lo determinaron Amaguaya, L., Llamuca, S., Ramos,J. (2017) [12], quienes buscaron a través de un estudio, identificar la literatura publicada en revistas de alto impacto en relación con poder establecer las relaciones correspondientes que se derivan de la pregunta central de investigación que se planteó: ¿Cómo inciden el compromiso organizacional y el comportamiento laboral del empleado en el desarrollo de los distintos tipos de Innovación? Centrando su investigación en revistas indexadas en Scopus.

De acuerdo con el estudio bibliográfico realizado se puede considerar que las revistas relacionadas con el tema de la investigación fueron:
a) Decision Support Systems
b) European Management Journal
c) International Business Review
d) Procedia - Social and Behavioral Science
e) Journal of Business Research
f) Procedia Economics and Finance

Todas las revisiones se circunscribieron al periodo 2000-2016 y se determinaron 449 artículos que fueron analizados detectando aquellos que pudieran servir de acuerdo con los objetivos de este estudio.

Particularmente tomándose como punto de partida el papel de la Cultura Organizacional en el desarrollo de la innovación como idea central, analizando dos aspectos fundamentales, como son el compromiso organizacional y el comportamiento laboral, toda vez que el problema tiene gran significación práctica para las empresas latinoamericanas obligadas a enfrentar el reto de la globalización a partir del desarrollo de la innovación.

En relación con el Compromiso Organizacional se encontró que este ha sido estudiado por numerosos autores pero no existe un consenso en cuanto a los instrumentos a emplear. La revisión realizada permitió concluir que la determinación de los factores que inciden en la Innovación es un problema actual tanto de significación teórica como práctica y el problema objeto de investigación de este estudio se enmarca por tanto en la necesidad de determinar los factores que inciden en la misma, como en relación al posible análisis de estos en los distintos tipos de Innovación (Productos, Procesos y Servicios).

Se reveló igualmente un vacío en la literatura en relación con estudios de tipo cuantitativo que puedan analizar la relación entre satisfacción laboral, compromiso organizacional y la Innovación.

Percepción de Apoyo Organizacional

De acuerdo a Eisenberger (1986) [13], citado por Littlewod, H. (2000), la percepción de apoyo organizacional (PAO) es considerada como uno de los antecedentes inmediatos del compromiso organizacional y se entiende como la interpretación general de los empleados sobre el grado en que la organización valora las contribuciones del personal y se preocupa por su bienestar.

Es decir, un alto nivel de (PAO) satisface la necesidad de los individuos, en cuanto a estima y pertenencia se refiere, y generar la expectativa de que un aumento en el esfuerzo a favor de la organización puede ser objeto de reconocimiento y recompensa.

Por lo tanto, se puede inferir que la (PAO) involucra el conjunto de intercambios que se dan entre el individuo y la organización. Tomando en cuenta el constructo de (PAO) como un antecedente, según Eisenberger (1986), citado por Littlewod, H. (2000) [14], sugiere que el compromiso es una consecuencia congruente con la Teoría del Intercambio Social. Un empleado que percibe apoyo por parte de la organización, incrementa su nivel de compromiso con ella, fortaleciendo la expectativa de recompensa para desarrollar un mayor esfuerzo.

En base a lo anterior se formuló lo que el definió como Teoría de la Percepción de Apoyo Organizacional, a partir de la cual estableció, la importancia de identificar los factores determinantes de la percepción de apoyo brindado por la organización, entre los cuales incluye: las necesidades emocionales de los empleados, la lista de refuerzos efectivos para recompenzarlos, las creencias globales de los mismos, concernientes a cómo la organización valora su contribución, la preocupación que tiene ésta sobre su bienestar, y como estos factores inciden en el mantenimiento del compromiso del empleado con su empresa, y en consecuencia, en la calidad de su desempeño.

3. METODOLOGÍA

Para efectos de esta investigación, se consideró como universo de 78 hoteles, una muestra de 19, la selección de la muestra fue probabilística y se estratificó de la siguiente forma: 8 hoteles de cinco estrellas, 7 hoteles de 4 estrellas y 4 de tres estrellas, de entre los cuales, se aplicó una encuesta a 464 empleados.

Las variables demográficas que se analizaron en relación a la muestra tomada, tales como género, edad, estado civil, antigüedad en la organización y en el puesto, así como el nivel de ingresos brutos mensuales, mostraron las siguientes características:

Se destaca que en cuanto a género se refiere, el 50.2 % pertenecen al género masculino y el 49.8% al género femenino. Se encontró que en su mayoría los empleados son jóvenes dado que el grueso de la muestra no es mayor de 40 años. El 38.6% se encuentra entre los 21 y 30 años de edad, seguido por un 31.9% entre los 31 y 40 años. En relación al estado civil, se puede observar que predominan los sujetos Casados con un 50.22% y el 49.78% restante se encuentran en la categoría de solteros.

Con respecto a la antigüedad en la organización, se puede apreciar que es una planta relativamente nueva dado que el 44.20% tienen entre 1 y 5 años, el 19.8% entre 11 y 20 años y el 19.4% entre 6 y 10 años de antigüedad. Por lo que respecta a la antigüedad en el puesto, el 50.4 % tiene entre 1 y 5 años en su puesto actual, el 16.2 % entre 11 y 20 años, el 15.3% entre 6 y 10 años y el 13.4 % menos de un año. Por el nivel de ingresos, la muestra presenta que el 28.4% perciben entre $4,001 y $10,000, el 20.5% entre 10,001 y 16,000, el 16.4% entre 16,0001 y 22,000 y sólo un 10.1% se encuentran entre las 3 categorías más altas de ingresos.

Instrumento
Se utilizó como método de recolección de datos el cuestionario, con un tiempo promedio de aplicación de 15 minutos, se utilizaron 2 escalas: la variable compromiso organizacional la cual se midió de forma global con la versión reducida desarrollada por Mowday, Steers y Porter (1979 y 1982), está integrada por 18 ítems y se divide en tres dimensiones, compromiso afectivo, compromiso de continuidad y compromiso normativo. El nivel de confiabilidad que presenta la versión aplicada en esta investigación es la siguiente:
- 0.89 para la escala de compromiso afectivo
- 0.79 para la escala de compromiso de continuidad
- 0.70 para la escala de compromiso normativo
- 0.83 para la escala global Apoyo Organizacional Percibido reducida, traducida y adaptada del Survey of Perceived Organizational Support. Conformada por 16 ítems.

Procedimiento
Con la finalidad de alcanzar los objetivos propuestos se realizó un estudio descriptivo-correlacional, de corte transversal con diseño no experimental. Primeramente se procedió a pedir autorización a los gerentes de cada hotel para la aplicación del instrumento. Los datos obtenidos de cada uno de los cuestionarios fueron transferidos y analizados mediante el Programa Estadístico SPSS 22.0, para

tratar los datos, se utilizó la estadística descriptiva, con la técnica de frecuencias e inferencial aplicando la Ji cuadrada.

4. RESULTADOS

4.1. Tipo y Grado de Compromiso organizacional.

Tabla 1. Tipo y Grado de Compromiso Organizacional.				
	CATEGORÍAS			
	≤Q1 Bajo	>Q1 y ≤Q3 Medio	>Q3 Alto	Total
Compromiso Organizacional	132 28.45%	121 26.08%	211 **45.47%**	464 100
Compromiso Afectivo	44 9.48%	180 38.79%	240 **51.72%**	464 100
Compromiso de Continuidad	128 27.59%	186 **40.09%**	150 32.33%	464 100
Compromiso Normativo	128 27.59%	102 21.98%	234 **50.43%**	464 100
Percepción de Apoyo Organizacional	116 25.00%	154 **33.19%**	194 41.81%	464 100

Como puede observarse en términos generales en la tabla 1, el mayor porcentaje de personas se ubica dentro de una categoría alta de compromiso organizacional con un 45.47%, seguido de un compromiso bajo de 28.45% y un compromiso organizacional medio con un 26.08% de participantes.

Compromiso afectivo. En la tabla 1 se muestra que el mayor porcentaje de personas se ubica en una categoría alta de compromiso afectivo con un 51.72%, seguida de un compromiso afectivo medio de 38.79% y un compromiso afectivo bajo con un 9.48%.

Compromiso de continuidad. De acuerdo a la tabla 1, se observa que la mayoría de los sujetos se encuentran ubicados en la categoría media (40.09%), seguido de un alto compromiso de continuidad (32.33%) y un compromiso bajo solo en un 27.59% de los participantes.

Compromiso normativo. Como se observa en la tabla 1, el mayor número de participantes se ubica en una categoría altas de compromiso normativo con un 50.43%, seguida de un compromiso normativo bajo de 27.59% y un compromiso medio de 21.98%.

De las tres dimensiones del compromiso organizacional en la que más participantes se ubicaron en la categoría alta fue en la dimensión de compromiso afectivo con un 51.72%, por lo cual se le considera la dimensión de compromiso predominante, seguida del compromiso normativo, con un número de participantes de 50.43%.

Compromiso organizacional y algunas variables demográficas

Compromiso organizacional y género: Se encontró que el 59.31% de las mujeres se ubica en la categoría media de compromiso organizacional, así mismo el 60.94% de los hombres; en cuanto al nivel alto de compromiso lo muestran el 22.08% de las mujeres y el 23.18% de los hombres; y finalmente en relación al nivel bajo, el 18.61% de las mujeres se encuentran en ese rango, así como el 15.88% de los hombres.

Compromiso organizacional y edad: En cuanto al nivel de compromiso organizacional con respecto a la edad, se encontró que el 61.45% de los que tienen entre 21 y 30 años de edad muestran un nivel medio de compromiso organizacional, el 22.35% muestra un nivel alto de compromiso y por último los que se encuentran en la categoría más baja son el 16.20%. En cuanto a los que tienen entre 31 y 40 años de edad en relación al compromiso organizacional, el 56.76% muestran un nivel medio compromiso, el 22.97% % un nivel alto de compromiso y el 20.27% un compromiso bajo. De quienes tienen entre 41 y 50 años, el 58.14% muestra un nivel medio de compromiso, el 23.26% un nivel alto y el 18.60% restante, muestran un compromiso organizacional bajo. El 70.73% en aquellos que tienen entre 51 y 60 años muestran un nivel alto de compromiso, el 19.51% un nivel alto y el 9.76% restante se encuentran en la categoría más baja de compromiso organizacional. Por último el 55.56% de los participantes que tienen entre 61 y 70 años de edad se encuentran en la categoría media de compromiso organizacional y el 32.33% se encuentra en la categoría más alta.

Compromiso organizacional y estado civil: Por lo que respecta al nivel de compromiso organizacional en cuanto al estado civil, se encontró que de los empleados solteros, el 62.34% se encuentran en el nivel medio, el 19.05% muestra un nivel alto y el

18.61% se encuentra en el nivel más bajo. El 57.94% de los casados presentan un nivel medio de compromiso organizacional, el 26.18% de estos se encuentran en un nivel alto de compromiso y el 16.02% presentan un bajo compromiso.

Compromiso organizacional y dependientes económicos: El nivel de compromiso organizacional que hay con respecto al número de dependientes económicos se encontró que el 60.77% de los que tienen entre 0 y 2 hijos tienen un nivel medio de compromiso, el 223.47% de estos, un nivel alto, y el 15.76% restante se encuentran un nivel bajo de compromiso organizacional. Quienes tienen entre 3 y 5 hijos muestran un nivel medio de compromiso en un 58.09%, el 21.32% de estos en un nivel bajo y el 20.59% un alto nivel de compromiso. De quienes tienen entre 6 y 8 hijos, el 70% muestran un nivel medio de compromiso organizacional, el 20% un nivel alto y el 10% un nivel bajo.

Compromiso organizacional y antigüedad en la organización: En el análisis del nivel de compromiso organizacional en cuanto a la antigüedad en la organización se encontró que en aquellos que tienen menos de un año de antigüedad, hay un 66.67% con un nivel medio de compromiso, un 19.3% de nivel alto y un 14.04% de bajo compromiso organizacional. Con respecto a quienes tienen entre 1 y 5 años en la organización, el 61.95% de estos muestra un nivel medio de compromiso, el 20.98% siente un alto nivel de compromiso y el 17.07% se muestran con un nivel bajo de compromiso organizacional. El 55.56% de quienes tienen entre 6 y 10 años, sienten un nivel medio de compromiso organizacional, el 27.78% refleja un nivel bajo de compromiso y el resto (16.67%) se encuentran en un nivel alto de compromiso.

En quienes tienen entre 11 y 20 años de antigüedad en la organización, el 60.87% muestra un nivel medio de compromiso, el 30.43% un nivel medio y el restante 8.70% presenta un nivel bajo de compromiso. En aquellos que tienen entre 21 y 30 años en la organización, el compromiso organizacional se muestra alto para el 44.44%, medio para el 33.33% y bajo para el 22.22%. Por último, de los empleados participantes con una antigüedad mayor a 30 años, el 100% presentan un compromiso organizacional alto.

Compromiso organizacional ingresos: En el nivel de ingresos de $4,000 a $10,000, el 57.58% siente un compromiso medio y el 27.27% un compromiso medio. En aquellos que ganan entre $10,001 a $16,000, el 55.79% sienten un medio compromiso organizacional, el 24.21% un compromiso a nivel alto y el resto (20%) en un nivel bajo de compromiso organizacional. En el nivel de $16,001 a 22,000, el 64.47% opina que siente un medio compromiso, con un compromiso a nivel alto están el 18.42% y el 17.11% con un compromiso bajo. En quienes reciben un nivel de ingresos de entre $28,001 y $34,000, el 53.33% se siente compromiso medio. Entre los que ganan entre $34,001 y $40,000, el 70% siente un medio compromiso, el 26.67% un compromiso alto y el resto (20%) un compromiso organizacional bajo. Finalmente en el nivel de ingresos de más de $40,000, el 66% con un compromiso medio y el 26.67% con un alto compromiso organizacional. De lo anterior se concluye que la mayoría de la muestra refleja un compromiso organizacional de medio a alto en todos los niveles.

4.2 Relación entre Compromiso organizacional y algunas variables demográficas

Relación entre Compromiso organizacional-Género: De acuerdo a la tabla 2, puede observarse que no hay una relación significativa entre el género y el compromiso organizacional con aproximadamente el 89% de confianza.

Tabla 2. Relación entre compromiso organizacional-género.					
		COI			Total
		1.00	2.00	3.00	1.00
G	"femenino"	43	137	51	231
	"masculino"	37	142	54	233
Total		80	279	105	464

Relación entre compromiso organizacional- edad
De acuerdo al análisis de los resultados mostrados en la tabla 3, no hay una relación significativa entre la edad y el compromiso organizacional con aproximadamente el 82% de confianza.

Tabla 3. Relación entre Compromiso organizacional- Edad.

		COI			Total
		1	2	3	1
ER	1.00	29	110	40	179
	2.00	30	84	34	148
	3.00	16	50	20	86
	4.00	5	35	11	51
Total		80	279	105	464

Relación entre Compromiso organizacional- Dependientes económicos: De acuerdo al análisis de los resultados no hay una relación significativa entre número de dependientes económicos y el compromiso organizacional con aproximadamente el 65% de confianza.

Tabla 4. Relación entre Compromiso organizacional- Dependientes económicos.

		COI			Total
		1	2	3	1
DER	1.00	161	117	33	311
	2.00	78	53	22	153
Total		239	170	55	464

Relación entre Compromiso organizacional- Estado civil: Como se observa en la tabla 5, no hay una relación significativa entre estado civil (1 solteros, 2 casados) y el compromiso organizacional, con aproximadamente el 49% de confianza.

Tabla 5. Relación entre Compromiso organizacional- Estado civil.

		COI			Total
		1	2	3	1
ECR	1.00	43	144	44	231
	2.00	37	135	61	233
Total		80	279	105	464

Relación entre Compromiso organizacional- Antigüedad en la organización: De acuerdo al análisis de los resultados los cuales pueden observarse en la tabla 6, no hay una relación significativa entre la antigüedad en la organización y el compromiso organizacional, con aproximadamente el 73% de confianza.

Tabla 6. Relación entre Compromiso organizacional- Antigüedad en la organización.

		COI			Total
		1	2	3	1
AOR	1.00	8	38	11	57
	2.00	35	127	43	205
	3.00	25	50	15	90
	4.00	8	56	28	92
	5.00	4	8	8	20
Total		80	279	105	464

Relación entre Compromiso organizacional- Ingresos: De acuerdo al análisis de los resultados mostrados en la tabla 7, no hay una relación significativa entre el salario y el compromiso organizacional, con aproximadamente el 87% de confianza.

Tabla 7. Relación entre Compromiso organizacional- Ingresos.

		COI			Total
		1	2	3	1
INGR	1.00	12	37	3	52
	2.00	20	76	36	132
	3.00	19	53	23	95
	4.00	13	49	14	76
	5.00	12	34	16	62
	6.00	4	30	13	47
Total		80	279	105	464

4.3 Grado de Apoyo organizacional percibido
Como puede observarse en la tabla 1, el 41.81% de los empleados muestra una percepción de apoyo organizacional alta, el 33.19% se encuentra ubicado en el nivel medio, y el 25% restante, se encuentra en el nivel más bajo de la variable percepción de apoyo organizacional.

4.4 Relación entre Compromiso organizacional- Apoyo organizacional percibido:
De acuerdo al análisis de los resultados que pueden observarse en la tabla 8, hay una relación significativa entre el compromiso organizacional percibido y el compromiso organizacional, con aproximadamente el 99.9% de confianza.

Tabla 8. Relación entre Compromiso organizacional- Apoyo organizacional percibido.

		COR			Total
		1.00	2.00	3.00	1.00
AOPR	1.00	23	28	35	86
	2.00	28	59	73	160
	3.00	47	75	96	218
Total		98	162	204	464

4.4 Contraste de los resultados con las hipótesis planteadas

H1. *Los empleados de la Industria Hotelera de Tijuana México se encuentran altamente comprometidos con la Organización.*

Derivado de los hallazgos en la investigación se encontró que en términos generales el mayor porcentaje de personas se ubica dentro de la categoría alta de compromiso organizacional, por lo tanto, se acepta la primera hipótesis. Tabla No. 1.

H2. *Los empleados de la Industria hotelera en Tijuana, México, se perciben apoyados constantemente por su organización.*

Los datos de la Tabla 1 permiten confirmar la hipótesis dado que en la investigación se encontró que en la variable percepción de apoyo organizacional el porcentaje más alto de empleados se encuentra ubicado en la categoría más alta, por lo tanto, la segunda hipótesis se acepta.

H3 *El Compromiso Organizacional se relaciona significativamente con la variable percepción de apoyo organizacional.* Se puede afirmar que existe una correlación positiva y moderada- alta (.555**) entre el compromiso organizacional y el apoyo organizacional percibido, por lo tanto, se acepta la tercera hipótesis.

H4. *El Compromiso Organizacional se relaciona con las variables edad, género, antigüedad en la organización, dependientes económicos, estado civil e ingreso.*

La cuarta hipótesis no se confirma ya que la relación de los índices obtenidos para la relación entre el compromiso organizacional y las variables demográficas no resultó significativa. Con respecto a la variable ingresos, el compromiso organizacional muestra una relación positiva pero moderada (.133**).

5. CONCLUSIONES

La presente investigación aporta dos elementos a la discusión: a) en primer lugar, los trabajadores presentan un compromiso organizacional alto, asimismo, se reafirma la prevalencia de la dimensión afectiva del compromiso organizacional, y b) en segundo lugar, se sigue presentando una relación poco clara y con alta variabilidad entre la variable compromiso organizacional y las variables demográficas, por lo que se hace necesario continuar la investigación al respecto.

En cuanto al rol del apoyo organizacional se refiere, en el entorno laboral, los empleados consideran que las acciones que realiza la organización enfocadas a su bienestar y valoración de su contribución a las metas son satisfactorias y aumentan la satisfacción con el trabajo y la intención de permanencia. Por un lado, el apoyo de la organización contribuye a que el trabajador se considere una parte importante de la empresa, favorece que se sienta con mejor estado de ánimo y perciba su trabajo como una actividad más agradable lo que resulta en beneficio para su desempeño laboral.

En función de los resultados obtenidos se derivan las siguientes conclusiones:

a) Un importante porcentaje (71.55%) de los trabajadores de la industria hotelera se encuentra en las categorías media y alta del compromiso organizacional, indicando que tienen una actitud favorable hacia él, lo que muestra que existe un comportamiento comprometido con su organización. Sin embargo, hay un porcentaje de empleados a los que hay que prestar atención dado que su compromiso con la organización es bajo. (28.45%).
b) La dimensión del compromiso organizacional que se manifiesta con mayor fuerza en los trabajadores de la industria hotelera es el afectivo, mientras que la que se manifiesta con menor intensidad es el de continuidad.
c) En términos generales el 75% de los trabajadores se ubica dentro de las categorías media y alta en lo que respecta al variable apoyo organizacional percibido, lo que indica que los trabajadores de la industria hotelera se perciben altamente apoyados por su organización. Es decir, desde la perspectiva de intercambio, todo trabajador proporciona lealtad y compromiso a cambio de aspectos tales como salarios, prestaciones, así como reconocimiento, respeto y apoyo.

d) En cuanto a la relación con el Apoyo organizacional percibido y Compromiso organizacional, se encontró que la relación obtenida fue positiva y significativa, explicándose ello, como que a un elevado nivel de Apoyo organizacional percibido por los trabajadores de la industria hotelera, el compromiso organizacional también lo será.
e) Respecto a la relación del compromiso organizacional con algunas variables demográficas (género, edad, dependientes económicos, estado civil y antigüedad) se puede decir que no presentan relación significativa, lo que indica que no se consideran un elemento diferenciador cuando se trata del compromiso organizacional, por lo que se recomienda seguir investigando al respecto.

En cuanto al papel de la innovación se refiere, se pueden concluir varias cosas:

a) Promover un cambio cultural en cualquier organización implica siempre innovar, llegando a la conclusión de que para que un proceso de innovación se desarrolle de forma exitosa, requiere de ciertas prácticas y criterios para su implementación efectiva, de tal forma que puedan propiciarse tanto la integración y el compromiso de los individuos, así como de los equipos de trabajo.
b) En resumen, las innovaciones organizacionales representan un apoyo sustancial para las innovaciones de producto y proceso, teniendo como consecuencia un impacto importante en los resultados de la empresa, ya que éstas pueden mejorar la calidad y la eficiencia del trabajo, fomentando el compromiso organizacional, al cual se le reconoce como una fuerza complementaria que genera seguridad y confianza, convirtiéndose en un importante factor de estabilización de los empleados en cuanto a la intención de permanencia se refiere.
c) En consecuencia, toda organización que lleve a cabo prácticas que sean capaces de reconocer que el principal activo que posee es el talento humano, y por ende, se enfoque a potenciarlo, cruzará sin ningún problema las fronteras de la innovación.
d) Se propone ampliar la investigación que sirva de base para analizar la relación entre el compromiso organizacional, sus componentes, y el desarrollo de los distintos tipos de innovación.

6. REFERENCIAS

[1] Comité Intersectorial para la innovación. Programa Nacional de Innovación. México, 2011, http://www.economia.gob.mx/files/comunidad_negocios/innovcion/Programa_Nacional_de_Innovacion.pdf.

[2] Núnez, M.; Gómez, O. , 2005, El factor humano: resistencia a la innovación tecnológica. http://www.revistaorbis.org.ve/pdf/1/1art3.pdf.

[3] Mohr, D. 2017, Innovación tecnológica y educación para el desarrollo. Tecnología innovadora organizacional. Personas con discapacidades. Revista Iberoamericana de Sistemas, Cibernética e Informática (RISCI), pp. 95-99. http://www.iiisci.org/Journal/RISCI/.

[4] Man Power Talento para la Innovación: Una nueva cultura De Negocios. https://www.manpowergroup.com.mx/uploads/estudios/Innovacion.pdf. 2010.

[5] OCD, 2010, The Measurement of Scientific and Technological Activities. Proposed guidelines for Collecting and Interpreting Technological innovation data. OSLO MANUAL. European Commission. Eurostat.

[6] Ruíz, J., . 2013, El compromiso organizacional: un valor personal y empresarial en el marketing interno. Revista Estudios Empresariales. Segunda época. 1 (13), 67 – 86

[7] Edel, R.; García, A. & Casiano, R. Clima compromiso organizacional, riqueza, producción práctico. Edición electrónica gratuita. Disponible en: www.eumed.net/libros/2007c/340/.2007.

[8] Meyer, J. & Allen, N., 1990, Commitment in the Workplace. Theory, research and application. *Sage Publications.*

[9] Allen, N. J. y Meyer, J. P., 1991., The measurement and antecedents of affective, continuance, and normative commitment to the organization. *Journal of Occupational Psychology*, 63, 1-18.

[10] Ojeda, E.; Bernal, B. & Ramírez, 2009., Identificación con los objetivos organizacionales y su relación con algunas variables demográficas. http://congreso.academiajournals.com/downloads/Volumen%20III%20Educacion%20C.pdf.

[11] Ojeda, E.; Talavera, R.; Berrelleza, M. ; Análisis de la relación entre compromiso organizacional y percepción de apoyo organizacional en docentes universitarios, Revista Iberoamericana de Sistemas, Cibernética e Informática (RISCI), pp - 66-71. http://www.iiisci.org/Journal/RISCI/Contents.asp?var=&Previous=ISS1301. 2016.

[12] Amaguaya, L., Llamuca, S., Ramos,J. 2017, Dependencia de los distintos tipos de innovación del compromiso organizacional y del comportamiento laboral. Revista publicando Inicio . Vol. 4, Núm. 10.

[13] Eisenberger, R., Vandenberghe S., Vandenberghe, C. & Sucharski, I., 2002, Perceived supervisor support: Contributions.

[14] Littlewod, H., 200, Compromiso organizacional: Un estudio comparativo entre seis universidades. *Investigación al día.* Disponible en: http://www.cem.itesm.mx/dacs/publicaciones/proy/n6/investigacion

Innovación Frente al Nuevo Paradigma en las Universidades Ecuatorianas: la Experiencia de la Universidad Técnica de Ambato

José M. LAVÍN
Facultad de Jurisprudencia y Ciencias Sociales. Universidad Técnica de Ambato.
Ambato. Tungurahua. 180103. Ecuador.
josemaria.lavin@uta.edu.ec

Julio E. BALAREZO-LÓPEZ
Facultad de Ingenieria en Sistemas, Electrónica e Industrial. Universidad Técnica de Ambato.
Ambato. Tungurahua. 180103. Ecuador.
je.balarezo@uta.edu.ec

Galo O. NARANJO-LÓPEZ
Facultad de Ciencias Humanas y de la Educación. Universidad Técnica de Ambato.
Ambato. Tungurahua. 180103. Ecuador.
gnaranjo@uta.edu.ec

Víctor H. MOLINA- DUEÑAS
Dirección de Innovación y Emprendimiento
Facultad de Ingeniería y Ciencias de los alimentos. Universidad Técnica de Ambato.
Ambato. Tungurahua. 180103. Ecuador.
vh.molina@uta.edu.ec

RESUMEN

Los cambios requeridos para aumentar la calidad de las universidades ecuatorianas durante el gobierno de la Revolución Ciudadana –en los diez años de gestión de Rafael Correa- han dejado a las instituciones de educación superior frente al dilema de (a) intentar mejorar siguiendo de manera estricta los requerimientos del Consejo de Evaluación, Acreditación y Aseguramiento de la Calidad de la Educación Superior (CEAACES) sin alterar la organización o (b) reestructurarse a través de la innovación, especialmente en la parte tecnológica, para construir un nuevo modelo de universidad de calidad que dé respuesta a esos requerimientos y a los que puedan surgir en el futuro.

En el presente trabajo, se muestra como la Universidad Técnica de Ambato ha transformado su estructura tradicional napoleónica de facultades a una organización con cuatro dominios de conocimiento, adaptándose a las necesidades de la provincia de Tungurahua y de la región central del Ecuador, a través del sistema de triple hélice: gobierno, empresa y academia -a la que se le añade el aspa de los sectores sociales, convirtiéndola de manera innovadora en una tetra hélice- para liderar el desarrollo sostenible de su zona de influencia. El esquema seguido es una fórmula que contiene Docencia, Investigación y Desarrollo, Innovación y Emprendimiento $[d+[I+D]+i+E]$ como elementos esenciales de la transformación.

Palabras clave: Innovación educativa, Innovación organizacional, Triple hélice, Cambio organizacional

1. INTRODUCCIÓN

A partir de las décadas de los años 80 y 90, casi todos los países han creado mecanismos de evaluación de calidad para sus universidades ya sea en América, Asia, Europa u Oceanía, véase [1] y [2], entre otros. Una de las razones principales de esta preocupación ha sido la toma de conciencia por parte de las instancias gubernamentales de la importancia de la educación, especialmente de la educación superior, en una economía cada vez más globalizada, ya que el talento humano juega un papel fundamental en el desarrollo económico de un país, como puede verse en [3] y [4].

Esta razón ha hecho que además de las dos misiones tradicionales de la Academia, educar e investigar, se fortalezca la vinculación con la sociedad para contribuir el desarrollo socio-económico y cultural, convirtiéndose en una segunda revolución académica [5]. Esta contribución pasa por fortalecer los lazos entre empresa y universidad, y los tomadores de decisiones públicas; es decir, los gobiernos esperan que se produzca un flujo de nuevos productos y procesos con gran impacto económico desde las universidades y que se vea una huella positiva en el mercado laboral, transformando ese bien público latente que es la educación en uno explícito [6]. Así buscan que se estrechen aún más las formas de colaboración entre ambas esferas mediante contratos de investigación, supervisión y creación conjunta de programas de posgrado, patentes, publicaciones, licencias de uso, consultorías, formación de spin-off, mejora de bibliotecas universitarias y laboratorios o alianzas para uso compartido, entre otras muchas. Toda esta exigencia y adecuación no puede darse al margen de una profunda renovación tecnológica en la universidad que ayude en la innovación a la hora de manejar docencia, investigación y la relación con el main stream local.

No solamente eso: se exige una adecuación de los planes curriculares a las exigencias económicas del país, estableciendo una orientación empresarial y/o emprendedora [7] que también fuerza que la investigación y la innovación generadas por la universidad tengan un impacto casi inmediato en la sociedad, acelerando y variando el modelo lineal clásico: Investigación básica, investigación aplicada, desarrollo e innovación.

El Ecuador no es una excepción y, sobre todo, con la entrada del siglo XXI, los esfuerzos en mejorar la calidad de la universidad han sido constantes. Con la llegada de Rafael Correa y la instauración de la Constitución de Montecristi en 2008, el panorama de la educación en la República del Ecuador experimentó una transformación profunda, a tal punto que hizo variar los pilares que, durante años, habían sostenido el paradigma de la educación ecuatoriana, desde el nivel preescolar hasta el universitario. Este nuevo modelo alcanzó a las instituciones públicas, especialmente a las universidades, que ofertaban todo tipo de estudios de grado y posgrado - especialmente programas de maestría profesionalizantes y de modalidad semipresencial- a cambio de una cuota de mercado suficiente que pudiese costear las reducciones en los presupuestos financieros debidas al ajuste gubernamental, en las cuentas públicas.

La Revolución Ciudadana rompió con esta situación. En la nueva constitución de 2008, la educación toma un rol destacado y concede al Estado un poder y una capacidad de intervención en la educación no visto desde los gobiernos de Gabriel García Moreno de 1861-65 (transformaciones en educación básica y media) y de 1869-75 (transformaciones en educación superior).

La razón de esta intervención en los aspectos educativos era la idea de la Educación como potenciadora del desarrollo económico, especialmente en biotecnología y nanotecnología, que deberían alentar un despegue de la economía ecuatoriana lejos de la tradicional dependencia de la exportación de bienes primarios como petróleo, cacao, banano o flores.

Como reflexión y en el contexto de la Revolución Ciudadana, se entendía que la Universidad Ecuatoriana debería cumplir tres funciones principales: formar excelentes profesionales en carreras que estén acordes con el desarrollo científico y tecnológico mundial; fomentar la investigación científica y tecnológica permanente y creciente; y, contribuir solidariamente al desarrollo nacional y global. Todo ello en consonancia con esta introducción de la tercera misión de la Academia.

Particularmente, se establecía una relación directa entre el aumento de las publicaciones científicas por parte de las universidades ecuatorianas con el desarrollo de la sociedad. Para ello, se hacía énfasis en la investigación aplicada en campos de conocimiento aplicado que tenían que ver con los puntos fuertes económicos de cada una de las regiones del país, a lo que se denomina la matriz productiva ecuatoriana. En ese aspecto, se buscaba primar aquellos estudios que tuviesen un impacto rápido en el desarrollo económico de cada región. Así cada universidad pública debía especializarse en aquellas áreas que tuviesen una repercusión directa e inmediata en la zona geográfica donde estuviese asentada.

Además, y siguiendo con las políticas gubernamentales, se decidió priorizar la investigación dirigiéndola a la consecución de los objetivos del Plan Nacional del Buen Vivir, principio rector del mandato político de Rafael Correa, es decir, alcanzar la equidad social en el periodo que va desde 2008 a 2012, y reforzar la matriz productiva del Ecuador desde 2013 a 2017.

Basado en esta premisa, y para lograr todos estos fines, el gobierno decidió establecer tres instituciones para que planifiquen y regulen, establezcan política pública, y refuercen la calidad de la educación superior. Así, se creó el Consejo de Educación Superior (CES), la Secretaria de Educación Superior, Ciencia y Tecnología (SENESCYT) y el Consejo de Evaluación, Acreditación y Aseguramiento de la Calidad de la Educación Superior

(CEAACES). A partir del trabajo de estas tres instituciones, existe un cambio de paradigma en la educación superior ecuatoriana. Ante este panorama, las universidades ecuatorianas enfrentaron el desafío de renovarse profundamente para poder llevar a cabo las intenciones del gobierno. Confirmando las tesis de [8], una vez más, un impulso externo fue el que hizo variar al modelo educativo.

Así, las instituciones gubernamentales centrales promovían la investigación, aprobaban los nuevos grados, asignaban fondos y regulaban la admisión de alumnos. Además, se establecía en la Transitoria Decimotercera de la Ley Orgánica de Educación Superior que, a partir de 2017, el 100% de los profesores principales en las universidades públicas deben tener grado de doctor, cuestión que fue descartada en 2016 por la imposibilidad de su cumplimiento.

Como colofón a toda esta estrategia fue la creación de cuatro universidades por parte del gobierno. Estas cuatro universidades, la Universidad Regional Amazónica (Ikiam), la Universidad de las Artes (Uniartes), la Universidad Nacional de Educación y la Universidad de Investigación de Tecnología Experimental (Yachay), han sido parte fundamental del discurso del gobierno acerca de los esfuerzos por innovar y mejorar la calidad educativa e investigativa.

En esta misma situación, la Universidad Técnica de Ambato (UTA) se vio abocada a cumplir con las exigencias gubernamentales en cuanto a calidad, que se reflejaron en dos evaluaciones distintas y, en ocasiones, poco consistentes la una con la otra: por un lado, una evaluación institucional y por otro, una evaluación, más o menos particularizada de cada una de las carreras o grados que se ofertaban desde la universidad.

La rigidez y la, quizás, poca adecuación al contexto ecuatoriano y particular de las instituciones de los modelos evaluativos, contenidos en unas matrices de evidencias que debían ser presentadas por las universidades, hacía que esa lógica de la tercera misión quedase en el papel, debido a un encorsetamiento que no dejaba a las universidades integrarse con su medio ambiente [9]. Además, los modelos evaluativos eran fuertemente criticados por académicos y universidades debido a sus posibles consecuencias perversas en el futuro [10]. Sin embargo y, a pesar de estas críticas, la evaluación establecida por el gobierno continúa de la misma manera.

En este dilema, en el año 2014, además de acatar los lineamientos del CEAACES ante la posibilidad de una sanción por parte de las autoridades educativas, la UTA decidió dar un paso adelante. La idea de trabajo planteada era establecer un nuevo paradigma de universidad, más allá de los criterios evaluativos de excesivo enfoque cuantitativo que, por otra parte, podían ser removidos con la llegada de un nuevo gobierno, donde se buscase mejorar la calidad, rompiendo con inercias que, durante décadas, habían impedido el desarrollo de la academia ecuatoriana.

Para ello, se decidió apostar por la innovación en todos sus ámbitos, especialmente en el tecnológico, donde se comenzaron a informatizar una serie de procesos, administrativos y académicos, que, generalmente, se habían realizado de forma manual. Estos procesos han sido desde la elaboración de sílabos y currículos docentes, evaluación a docentes en las modalidades de autoevaluación, coevaluación y evaluación por pares y la recolección de las evidencias requeridas por el CEAACES, de asegurar la calidad educativa. Este último software utilizó una base de BPM para procesos, asignando tiempos y responsabilidades en un intento de mejorar la calidad de las evidencias solicitadas y de establecer un calendario real que impidiese retrasos perjudiciales, véase [11].

En el presente trabajo, se describe en primer lugar, cuál era la situación de la Universidad Técnica de Ambato en el año 2014. En segundo lugar, se explica cuál fue el modelo de innovación elegido ante la necesidad de transformación hacia el exterior. Más adelante, se analiza cuál fue el proceso de transformación utilizado para dar respuesta responsable y proactiva a las exigencias de la sociedad. Por último, se establecen algunas recomendaciones de la experiencia en la discusión.

2. LA UNIVERSIDAD TÉCNICA DE AMBATO Y SU ENTORNO INMEDIATO

La Universidad Técnica de Ambato, creada en 1968, ha sido durante años, la referencia principal en la zona centro de la sierra ecuatoriana. Está enclavada en la provincia de Tungurahua, la más céntrica del país, caracterizada por por una economía basada en la agricultura (26,94% del Producto Interno Bruto Provincial), manufacturera (18%), comercial (16%), servicios (14%), transporte (5%), construcción (5%) y otros 12%, según [12]. La provincia es la primera productora del país de productos avícolas, hortofrutícola, calzado y carrocerías, además de ser la primera provincia del país en autoempleo con un 39,46% de la población activa [12].

La estructura de la Universidad respondía a la establecida por el modelo napoleónico de universidad [13] contando con las autoridades centrales, Rectorado, Vicerrectorado académico y Vicerrectorado administrativo y una serie de direcciones académicas: Académica, Investigación y Desarrollo, Evaluación y Aseguramiento de la Calidad, Vinculación con la Sociedad, Posgrado, Educación Virtual y a Distancia, e Innovación y Emprendimiento, entre otras.

La formación se imparte en diez facultades que actúan como compartimentos estancos y con poca conexión formal entre las mismas: Administración; Jurisprudencia y Ciencias Sociales; Ingeniería de Sistemas, Electrónica e Industria; Ingeniería Civil y Mecánica; Salud; Ciencias Humanas y de la Educación; Auditoría y Contabilidad; Ciencias Agropecuarias; Artes, Diseño y Arquitectura y por último, Ingeniería y Ciencias de los Alimentos. Bajo este modelo, su misión principal es la de formar profesionales con una concepción práctica de la educación, es decir orientada a la formación de profesionales para el mercado laboral, al igual que en el modelo napoleónico.

Estas facultades, direcciones y autoridades centrales se asientan en tres campus distintos (Ingahurco, Huachi y Querochaca); y, un nuevo campus para educación continua, así como un edificio para el centro cultural, estos dos últimos en el centro de la ciudad de Ambato.

Al replicarse en cada una de las facultades, una serie de unidades correspondientes a las direcciones antedichas, cubriendo todos los aspectos de la vida académica se ha creado un sentimiento de autosuficiencia, donde cada facultad trabaja de manera aislada en sus relaciones internas y externas. Se ha intentado corregir esta situación a través de las acciones conjuntas de las autoridades centrales y las direcciones, especialmente del Honorable Consejo Universitario, máxima autoridad de la Universidad, pero no es suficiente.

Este problema se hace evidente en el currículo, en la investigación, en la vinculación con la sociedad, en la gestión, así como en los procesos de evaluación. El funcionamiento interno de las facultades hacía difícil, por no decir imposible, una coordinación adecuada del trabajo. Unido a ello, existía una integración desigual de las facultades, dificultando el cumplimiento adecuado de la misión institucional, en la zona de influencia.

También este problema es clave a la hora de difundir la investigación generada por la UTA. Las estrategias de transmisión de la innovación generada a través de la investigación no estaban funcionando adecuadamente, con lo que el trasvase de conocimiento al tejido económico de la provincia se daba de manera dispar, lo que hacía caer en el peligro advertido por [14] de que la UTA se quedase relegada de las instituciones de educación superior relevantes. En ese mismo sentido, Tether [15] advierte que la transferencia del conocimiento debe hacerse desde un modelo distribuido e interorganizacional, más allá de los encapsulamientos de las facultades.

En el año 2014, desde el Rectorado de la universidad, y a través de la Dirección de Evaluación y Aseguramiento de la Calidad (DEAC) y de la Dirección de Innovación y Emprendimiento (DINNOVA), se impulsa la idea de transformar, en la teoría y la práctica, la universidad con los objetivos de, entre otros, (a) conseguir un resultado final exitoso desde una estrategia integral que abarcase a todas las facultades y direcciones de la universidad, acabando con la disgregación de las facultades, tanto en el ámbito docente como en el investigativo, y propiciando el desarrollo económico de la región; (b) la creación de una institución de alta calidad en la generación y transmisión de conocimientos, sostenible en el tiempo y sin estar en función únicamente de los modelos evaluativos gubernamentales; y, (c) la integración definitiva de la Universidad Técnica de Ambato dentro de la provincia de Tungurahua, como socio principal y estratégico de la industria provincial; de las autoridades tanto locales, municipio, como regionales, gobierno provincial; y de las organizaciones sociales.

Alcanzar estas metas obliga a abrir dos vías de trabajo: para las dos primeras motivaciones, es necesario una estrategia de transformación interna, que pasa por la concentración de dominios de conocimiento y el aumento de las redes de comunicación dentro de las facultades comprendidas en estos dominios, tanto a la hora de crear cuerpos de investigación y docencia transdisciplinares como a la hora de concebir una nueva distribución física de los lugares de trabajo de parte de las autoridades centrales, especialmente del Vicerrectorado académico como de las Direcciones. Para la segunda vía, hay que buscar una interacción constante y sostenida con el medio ambiente social y empresarial de la provincia y la ciudad.

Para alcanzar estas dos metas, se optó por el modelo de la Triple Hélice, desarrollado en [5], [16] y [17]. Este modelo se explicará con detalle en la sección siguiente.

Ambas transformaciones fueron simultáneas, abarcando los aspectos externos e internos. La meta final de esta estrategia dual era que, aprovechando la reforma conceptual de la universidad en los ámbitos académicos, se lograse una inserción definitiva en la matriz productiva provincial y, en lo posible, nacional, ayudando a conseguir esta tercera misión, abandonando posiciones reactivas y pasando a convertirse en un paradigma de acciones proactivas.

3. EL MODELO DE LA TRIPLE HÉLICE

El modelo de la Triple Hélice está centrado en cómo se articulan las relaciones y las redes de trabajo entre universidad, industria y gobierno [8], que componen las tres aspas de la hélice y cómo estas relaciones van transformando las tres esferas buscando un bien común [5] que sería el desarrollo económico. Antes de seguir, hay que tener en cuenta que uno de los factores de éxito de este modelo se basa en que se aplique en un espacio geográfico acotado [18] y que existan unos nichos específicos de rendimiento económico sostenido en ese espacio geográfico [19].

La idea principal es que la Academia juega un rol fundamental en la innovación empresarial, especialmente en un momento, en el que está aumentado el tamaño de la sociedad del conocimiento. Y, además, el tejido empresarial y las instituciones políticas no pueden olvidar que la inversión en I+D repercute directa y provechosamente en el desarrollo regional [20]. Pero además, la interacción de los tres agentes, esferas o subsistemas, como se quiera decir, hace que la propia esencia de ellos se vaya moldeando según las necesidades del entorno.

Esa transformación también afecta a los sistemas de conocimiento tradicionales del Modo 1 [21], que se mantenía en el ámbito teórico y/o de laboratorio, pasando a crear el Modo 2 de conocimiento, basado en propuestas pluri-, inter- y transdisciplinarias y su aplicación práctica en ambientes fuera del laboratorio [5]. Este Modo 2 apuesta por una salida de los aislamientos institucionales y aún más, ya que propugna el abandono de mecanismos de transferencia tradicionales, basados en patentes cerradas, que no dejan fluir libremente el conocimiento alcanzado por la investigación. A su vez, el modo 2 también insiste en las bondades de la investigación científica universitaria. Este punto es relevante a la hora de construir el nuevo paradigma, y no solo porque según [17], la investigación dentro de la Triple Hélice debe ser llevada a cabo en un contexto de aplicación, es decir, escuchando las necesidades sociales para que tengan un impacto directo en el nicho económico, sino porque no hay modo de realizar una aproximación estratégica a nivel universitario sin tener en cuenta la influencia de la investigación [22].

Este modelo de desarrollo afecta a la generación de conocimiento ya que lo convierte en pluri-, inter-, y transdisciplinario, que se organiza en formas más horizontales y menos jerarquizadas y que es socialmente responsable. Para ello, se establece desde la DINNOVA una ecuación en la que se engarcen Docencia, Investigación, Innovación, y Emprendimiento [d+(I+D)+i+E] como elementos esenciales de la transformación.

4. LA TRANSFORMACIÓN DE LA UTA. EL PASO DE LAS FACULTADES A LOS DOMINIOS DE CONOCIMIENTO

Ya se ha comentado anteriormente que la UTA respondía a un férreo patrón de facultades, independientes las unas de las otras a la hora de trabajar. Aunque la normativa interna de la universidad está generada principalmente por el Consejo Universitario y el Consejo Académico, en el momento de aplicar dicha reglamentación, las pretendidas particularidades de cada facultad han hecho que esta aplicación sea dispar e irregular. Esto hacía que, además, los procesos académicos y administrativos de la universidad fueron reinterpretados en cada facultad según las capacidades de las autoridades con lo que no existía ni un manual de funciones de administrativos y docentes.

Por último, las facultades carecían de canales de comunicación entre ellas, con dificultades de establecer proyectos conjuntos sostenibles en el tiempo y lo que aún agravaba más la situación, estableciendo competiciones entre ellas, donde una facultad alcanzaba todos los réditos, quedando las demás sin recompensa, lo que empobrecía el resultado final.

Teniendo en cuenta todo este panorama, se decidió realizar una aproximación conceptual, procedimental, y actitudinal -en espacios transformados para obtener el efecto deseado- sin modificar en primera instancia el marco normativo; para que así pudiera dar cabida a los elementos necesarios para el cambio. Sin embargo, la aproximación debía también estar de acuerdo con los lineamientos del gobierno para educación y con el plan Nacional del Buen Vivir.

Esta aproximación debía, además, cumplir de modo conveniente con los presupuestos de [23] para una transformación estratégica universitaria:

- Implicación de todos los estamentos universitarios.
- Redefinir los valores esenciales de la institución.
- Crear sistemas de socialización para compartir la misión y visión.
- Redefinir objetivos y metas.
- Adecuar los procesos y lugares de trabajo de la institución para el nuevo paradigma.

En esta situación, por disposición de Rectorado se trabajan en paralelo (a) una iniciativa estratégica interna llamada Plan de Reconversión de Campus para la Investigación, Innovación y Emprendimiento (IDEAS) cuya responsable sería la DINNOVA; y, (b) desde la DEAC el proyecto del Plan Estratégico de Desarrollo Institucional (PEDI) correspondiente al periodo 2015-2019 de la institución, basándose en la creación de dominios académicos y de conocimiento, siguiendo los requerimientos del Consejo de Educación Superior, plasmados en [24]. Estos dominios académicos eran definidos como "sistemas complejos de conocimientos científicos y tecnológicos, que se integran a cosmovisiones, saberes y prácticas sociales y culturales de las Instituciones de Educación Superior, para posibilitar la unidad de las funciones universitarias articuladas a los ejes y sectores estratégicos del Plan Nacional del Buen Vivir a nivel nacional, regional y a los planes sectoriales y locales, cuya pertinencia está orientada a dar respuestas en redes prospectivas e innovadoras, a los problemas y tensiones que presenta la realidad" según el mismo documento. Además, en el propio documento, se hablaba directamente de la necesidad de incorporar el Modo 2, ya incluido en la Triple Hélice, a la hora de crear los dominios del conocimiento.

Asimismo, las otras dos instituciones encargadas de la educación superior ecuatoriana, SENESCYT y CEAACES, establecían cuál era la fórmula de asignación de recursos financieros estatales y los criterios de calidad respectivamente, por lo que debía tenerse en cuenta estos aspectos en el PEDI. Así, por un lado, se tendría una de las aspas de la hélice, la universidad y otra, la institucional, pero hay que tener en cuenta que para el modelo teórico no son tan definitivas las instituciones políticas nacionales, como lo son las regionales y locales.

La DEAC, establece una prospectiva de la Universidad a cuatro años, teniendo en cuenta diversos factores, en colaboración de la DINNOVA y además, en función del modelo de la Triple Hélice, incorpora en el PEDI una serie de aspectos de desarrollo local considerados en la Agenda Tungurahua, que nace de la Asamblea Provincial, donde se hallan representados distintos agentes de la comunidad provincial que involucra desde grupos sociales locales hasta las cámaras de comercio y asociaciones empresariales que, previamente habían aceptado mediante documento, adoptar el modelo de Triple Hélice [25]. La tercera aspa, la económica, ya estaba incluida en el plan.

Pero, además, en ese momento se impulsa con la colaboración de Arizona State University, una conferencia internacional entre los días 14 y 17 de octubre de ese 2014, denominada "La Universidad del Futuro y el Futuro de la Universidad: una visión desde los 5 continentes", donde se recogen insumos de las experiencias de otras universidades como Arizona State (EEUU) o Universidad Carlos III (España), entre otras.

El PEDI institucional de la Universidad Técnica de Ambato 2015-2019 reestructuró conceptualmente la Universidad, creando los dominios de conocimiento, aunando en ellos a las facultades que, deberán ya a empezar a trabajar de manera coordinada en los dominios. Se redefine así el papel de las facultades, anteriormente cerradas en sí mismas, ya que cada dominio exige que las facultades que en él existen trabajen de modo conjunto en las áreas de docencia, investigación, innovación y vinculación con la sociedad. El nuevo esquema de dominios incluirá del siguiente modo a las facultades y sus carreras:

- Fortalecimiento Social y Democrático: Incluye a las carreras de la Facultad de Jurisprudencia y Ciencias Sociales y de la Facultad de Ciencias Humanas y de la Educación.
- Optimización de Sistemas Tecnológicos, Diseño y Desarrollo Urbanístico: Incluye a las carreras de la Facultad de Ingeniería Civil y Mecánica, de la Facultad de Ingeniería en Sistemas, Electrónica e Industrial y de la Facultad de Artes, Diseño y Arquitectura.

- Desarrollo Económico Productivo y Sostenible en PYMES y MICROPYMES: Incluye a las carreras de la Facultad de Administración y de la Facultad de Auditoría y Contabilidad.
- Sistemas Alimentarios, Nutrición y Salud Pública: Incluye a las carreras de la Facultad de Salud, de la Facultad de Ciencias Agropecuarias y de la Facultad de Ingeniería y Ciencias de los Alimentos.

De manera simultánea al nuevo enfoque conceptual, se plantea la readecuación física de los campus universitarios de la UTA: El Campus de Sistemas Alimentarios y Nutrición en Querochaca, el Campus de Sistemas Económicos, Tecnológicos y Productivos en Huachi, el Campus de Medicina y Salud Pública en Ingahurco, y el Campus de Educación Continua en el centro de la ciudad. Ocho de las diez facultades están situadas en el Campus urbano de Huachi además del Vicerrectorado académico, incluidas las más estratégicas: Académica, Investigación y Desarrollo, Vinculación con la Sociedad e Innovación y Emprendimiento., mientras que la Facultad de Ciencias Agropecuarias se localiza fuera de la ciudad de Ambato, en Querochaca. En el otro campus urbano, Ingahurco se sitúa la facultad de Salud y las autoridades centrales, Rectorado y el Vicerrectorado administrativo, así como casi todas las direcciones administrativas.

Con el nuevo dibujo institucional, se entendió que las direcciones y el vicerrectorado académico no podían quedarse al margen de esta acción conjunta, por lo que fueron recolocados en el campus de Huachi, siguiendo las pautas de [26], en cuanto a la necesidad de redistribuir los espacios físicos, especialmente los laborales, por la necesidad de comunicación entre los recursos humanos.

5. CONCLUSIONES

Desde la experiencia de esta transformación innovativa de la Universidad Técnica de Ambato, y a pesar de que solo se llevan menos de dos años de implementación real, se pueden sacar algunas primeras conclusiones.

En primer lugar, el trabajo previo de interacción con las autoridades políticas y el tejido empresarial local debe ser planificado sólidamente y plasmado en proyectos conjuntos, con metas e hitos, que se transformen en un documento final con fines concretos. También deben integrarse aquí a los responsables de las facultades y de las carreras. En el presente estudio, la Universidad Técnica de Ambato demuestra que es posible generar la sinergia adecuada para que el modelo de la Triple Hélice se ponga en marcha.

En segundo, la variación de las políticas públicas nacionales se contrarresta con una sólida inserción de la Universidad en su contexto, así como en sus valores esenciales.

En tercero y al interior de la universidad, el mayor peligro existente es la inercia de la institución. Que durante décadas, se haya concebido una única manera de pensar acerca de cómo debe ser la estructura de la universidad, hace que cualquier movimiento de cambio sea visto con desagrado ya que existe un área de confort para autoridades de las facultades, profesores y administrativos. Es imprescindible un trabajo que implica: sensibilización, concienciación y compromiso, capacitación, y elaboración, priorización y ejecución exitosa de proyectos transformadores, así como también su monitoreo y evaluación.

En cuarto lugar y aunque no se ha mencionado en el trabajo, es necesario abordar una reforma en el currículo con miras a la internacionalización. En el caso de Ecuador, esta reforma se ve mediatizada por la necesidad de que las instituciones gubernamentales educativas la aprueben, pero sería más que conveniente que la reforma tuviese el aval del tejido empresarial y de las instituciones sociales y políticas locales y para el contexto global. Por tanto, debe hacerse una prospectiva para las necesidades de la zona de influencia actual y futura.

En quinto lugar, la UTA promovió que la investigación y la innovación tecnológica en la universidad se hiciesen con pertinencia. Es necesario un trabajo en común entre investigadores y representantes de las otras dos aspas para conseguir una mejor integración de los intereses de las partes. La necesidad de enfrentarse al futuro de la educación en América Latina pasa, ineludiblemente, por una catarsis innovadora que debe llevar aparejada el uso masivo de la tecnología, o más bien, hacer de la tecnología casi la única herramienta posible ya sea para las clases o para la investigación. Nuestros alumnos nacen en un medio ambiente donde la tecnología es parte natural del mismo por lo que su aprendizaje es natural, a diferencia de la necesidad de capacitación en ese ámbito por gran parte de los docentes, que deben someterse a labores de reciclado casi continuamente.

Por tanto, la transformación tecnológica de las universidades está transformando la manera de aprender y enseñar [27], por lo que todos los esfuerzos realizados en esta dirección son necesarios.

Las instituciones que se encuentran en continuo proceso de aprendizaje no dependen de un liderazgo centralizado y concentrador de poderes, al estilo del modelo napoleónico de universidad, sino más bien un liderazgo ejercido desde todos los niveles de la organización.

6. AGRADECIMIENTOS

Este trabajo ha sido posible gracias al proyecto de investigación de la Universidad Técnica de Ambato "Universidad Colaborativa: Atlas de redes de gestión de conocimiento en la Universidad Técnica de Ambato como herramienta para revelar las redes comunicacionales de la organización" con Resolución de aprobación 1577-CU-P-2017.

7. REFERENCIAS

[1] T. Taylor, J. Gough, V. Bundrock y R. Winter, "A bleak outlook: Academic staff perceptions of changes in core activities in Australian higher education, 1991–96"., Studies on High Education, Vol 23, No. 3, 1998, pp 255-268.

[2] T. Agasistia y C. Pérez-Esparrells, "Comparing efficiency in a cross-country perspective: the case of Italian and Spanish state universities", High Education, Vol 59, 2010, pp 85–103.

[3] T. Agasistia y C Pohlb, "Comparing German and Italian Public Universities: Convergence or Divergence in the Higher Education Landscape?", Management Decision Economics, Vol 33, 2012, pp 71–85.

[4] H. Aboites, "Latin American universities and the Bologna Process: from commercialisation to the Tuning competencies project", Global Society Education, Vol 8, No. 3, 2010, pp 443-455.

[5] H. Etzkowitz y L. Leydesdorff, "The dynamics of innovation: from National Systems and ''Mode 2'' to a Triple Helix of university–industry–government relations", Research in Politics, Vol 29, 2000, pp 109–123.

[6] P. Ahrweiler, A. Pyka, y N. Gilbert, "A New Model for University-Industry Links in Knowledge-Based Economies", Journal of Production and Innovation Management, Vol 28, 2011, pp 218-235.

[7] C. Sam y P. Van der Sijde, "Understanding the concept of the entrepreneurial university from the perspective of higher education models", High Education, Vol 68, 2014, pp 891.

[8] B. R. Martin, "Are universities and university research under threat? Towards an evolutionary model of university speciation", Cambridge Journal of Economics, Vol 36, 2012, pp 543–565.

[9] A. Villavicencio. Universidad, conocimiento y economía. Pre-textos para el debate, 1. 2014.

[10] A. Villavicencio. Evaluación y Acreditación en Tiempos de Cambio: la política pública universitaria en cuestionamiento. Quito: Instituto de Altos Estudios Nacionales. 2012.

[11] J.M. Lavín, S. López-Zurita, C. Manzano-Martínez y A. Calle-Gómez, "SEGIC: Un Sistema Electrónico para Mejorar la Calidad en las Universidades Ecuatorianas", Proceedings de la Décima Sexta Conferencia Iberoamericana en Sistemas, Cibernética e Informática, CISCI 2017. Orlando; Estados Unidos; 8 -11 julio de 2017

[12] Dirección de Planificación del Honorable Gobierno Provincial de Tungurahua. Agenda Tungurahua 2015-2017. Ambato: Honorable Gobierno Provincial de Tungurahua. 2015.

[13] D. M. Arredondo Vega, "Los modelos clásicos de universidad pública", Odiseo, Revista Electrónica de Pedagogía, 8:16. 2011.

[14] R. Buckland. "Private and public sector models for strategies in universities", British Journal of Management, Vol 20, No. 4, 2009, pp 524-536.

[15] B.S. Tether, "Do services innovate (differently)? Insights from the European Inn barometer survey", Industrial Innovation, Vol 12, 2005, pp 153–184.

[16] H. Etzkowitz, "The evolution of the entrepreneurial university", International Journal of Technology Globalisation, Vol 1, 2004, pp 64-77.

[17] L. Leydesdorff, H. Etzkowitz, I. Ivanova y M. Meyer, "The Measurement of Synergy in Innovation Systems: Redundancy Generation in a Triple Helix of University-Industry Government Relations". SPRU Working Paper Series (ISSN 2057-6668).2017.

[18] N. Hewitt-Dundas, "Research intensity and knowledge transfer activity in UK universities", Research in politics, Vol 41, 2012, pp 262– 275.

[19] A. Didriksson. Universidad, Sociedad del Conocimiento y Nueva Economía. En: Conocimiento y Necesidades de las Sociedades Latinoamericanas. H. Vessuri (Ed.), Caracas: Instituto Venezolano de Investigaciones Científicas – IVIC. 2006

[20] M. Pianta, "Technology and growth in OECD countries, 1970–1990", Cambridge Journal of Economics, Vol 19, No. 1, 2005, pp 175–187.

[21] M. Gibbons, C. Limoges, H. Nowotny, S. Schwartzman, P. Scott y M. Trow. The new production of knowledge: The dynamics of science and research in contemporary societies. Londres: SAGE Publications Ltd. 1994

[22] D.S. Siegel, D. Waldman y A.N. Link, "Assessing the impact of organizational practices on the relative productivity of university technology transfer offices: an exploratory research", Research in Politics, Vol 32, No. 1, 2003, pp 27-48.

[23] L. Tischler, J. Biberman y A. Alkhafajii, "A new strategic planning model for universities undergoing transformation", International Journal of Communications Management, Vol 8, No. 3, 1998, pp 85-101.

[24] E. Larrea de Granados. Modelo de organización del conocimiento por dominios científicos, tecnológicos y humanísticos. Documento electrónico. Quito: Consejo de Educación Superior. 2015.

[25] Honorable Gobierno Provincial de Tungurahua. Profundización de la matriz productiva. Ambato: Honorable Gobierno Provincial de Tungurahua. 2014.

[26] B. Hillier. Space is the Machine: A Configurational Theory of Architecture. Cambridge: University Press. 1999.

[27] J.C. González Mariño, M.L. Cantú Gallegos, H.E. Camacho Cruz y J. A. Maldonado Mancillas, "Prácticas innovadoras de aprendizaje emergentes en el siglo XXI", Proceedings de la Décima Sexta Conferencia Iberoamericana en Sistemas, Cibernética e Informática, CISCI 2017. Orlando; Estados Unidos; 8 -11 julio de 2017

Modelo Estratégico de Innovación para Medir la Colaboración entre las Instituciones de Educación Superior en el Clúster de Educación de Puebla

Susana Pérez MILICUA MENDOZA
Universidad Popular Autónoma de Puebla
Puebla, Puebla. 72410. México.

Rodrigo URCID PUGA
Universidad Popular Autónoma de Puebla
Puebla, Puebla. 72410. México.

José P. NUÑO DE LA PARRA
Dirección General de Internacionalización
Universidad Popular Autónoma de Puebla
Puebla, Puebla. 72410. México.

RESUMEN

En el siguiente artículo se presenta un modelo basado en la planeación estratégica que reúne una serie de elementos de valor compartido sustentable para determinar la colaboración que existe en el clúster de instituciones de educación superior (IES), en la ciudad de Puebla, México, para determinar la importancia de la Innovación en la Educación para el Desarrollo, se utilizan distintos indicadores para la medición del modelo como son: en el plano empresarial; la productividad en la cadena de valor, la innovación de productos y servicios, y el desarrollo del clúster, por otro lado en el plano humano se toma en cuenta la colaboración, solidaridad y generosidad. Se determina si las empresas pertenecientes a este aglomerado tienen una filosofía orientada a la creación de valor tanto interna como externa; dicho modelo muestra ciertos indicadores los cuales son medidos y comparados entre sí para determinar la relación que existe entre ellos así como su influencia en la conformación del clúster, una vez que se recolectan los datos se comparan con ciertos indicadores, como son: certificaciones de las IES, programas en el padrón nacional de posgrados de calidad, programas sociales, convenios de colaboración con otras instituciones (dobles grados, programas de internacionalización, etc.), centros de investigación, y alianzas con empresas entre otras.

Palabras Clave: Planeación estratégica, valor compartido, desarrollo sustentable, clúster, colaboración, solidaridad, generosidad.

1. INTRODUCCIÓN

La ciudad de Puebla es la segunda del país en número de universidades tanto Públicas como Privadas, con un total de 422 registradas, entre el 30 y 40% de los estudiantes provienen del centro y sureste de la república esto se debe tanto a la oferta educativa, como a la seguridad que ofrece la ciudad en relación a otras, el gasto per cápita por alumno de nivel superior va de los $20,000 a los $250,000 por año, aunado a esto se debe incluir la derrama económica que genera el gasto en transporte, vivienda, comida, material didáctico, recreación, etc. Por lo tanto, la actividad universitaria es la tercera actividad económica más importante del estado, después de la comercial y manufacturera [4].

El desarrollo de este proyecto radica en una serie de cuestiones que al conjuntarlas se puede concebir como la necesidad de crear modelos de innovación que promuevan la educación para el desarrollo, así como la falta de un modelo que de manera estratégica vincule el valor compartido (*shared value*), con el desarrollo sustentable; y es que si bien el conocimiento que se desprende del valor compartido, es amplio, es imprescindible señalar que los programas de responsabilidad social corporativa -una reacción a la presión externa- han surgido principalmente para mejorar las reputaciones de las empresas y son tratados como un gasto necesario [8].

En cualquier giro de la organización, no todas las compañías ven a la responsabilidad social con el mismo enfoque y le dan la importancia necesaria; son los mismos autores quienes a partir de estas necesidades presentan la teoría de que el valor compartido es una visión que involucra la creación de valor económico y social para las empresas y para las comunidades en las cuales se insertan [12]. Por otra parte, todas las organizaciones compiten por obtener recursos, mercados, clientes, personas, imagen y prestigio. Actúan como agentes activos dentro del contexto dinámico e incierto que generan los cambios que sufren las sociedades, los mercados, las tecnologías, el mundo de los negocios y el medio ambiente [12].

Todo lo anterior exige que los administradores de tales organizaciones, por un lado, comprendan las dinámicas y las tendencias de sus respectivos sectores de actividades y, por otro, formulen estrategias creativas que motiven a las personas y aseguren un desempeño superior a fin de garantizar la sustentabilidad de la organización en un mundo de negocios en constante cambio [12].

De esta forma, es importante rescatar las respuestas a los problemas que la planeación estratégica resuelve. Por ello, se debe considerar que el cambio es una cuestión de supervivencia para las organizaciones, y éstas deben ser proactivas. El proceso de planeación estratégica la conduce al desarrollo y a que formulen lineamientos que aseguren su evolución continua y sostenible.

En este sentido, la estrategia significa elegir una vía de acción para ocupar una posición diferente en el futuro, la cual ofrece ganancias y ventajas en relación con la situación presente. Es un enfoque de la competencia tan viejo como la propia vida en este planeta [3].

Cuando se estudia el fenómeno de la competencia en las diferentes dimensiones donde se manifiesta, se comprende mejor la relación íntima y estrecha que existe entre estrategia y competencia. Por ello, la elaboración de las estrategias es el resultado de la aplicación del pensamiento estratégico por parte de una estrategia, o sea, un tipo de reflexión sofisticada y compleja que implica imaginación, discernimiento, intuición, iniciativa, fuerza mental e impulso para acciones emprendedoras. Es algo que no se transfiere a otros y que incluso se puede explicar, pero que no siempre se puede enseñar con precisión y detalle dada su notable característico de abstracción, intangibilidad, aleatoriedad y ambigüedad, sea en el espacio o en el tiempo.

2. MARCO TEÓRICO

Es importante comenzar a plantearlo como el proceso que sirve para formular y ejecutar las estrategias de la organización con la finalidad de insertarla, según su misión, en el contexto que se encuentra [3].

Peter Drucker afirma de la planeación estratégica: Es el proceso continuo, basado en el conocimiento más amplio posible del futuro considerado, que se emplea para tomar decisiones en el presente, las cuales implican riesgos futuros en razón de los resultados esperados; es organizar las actividades necesarias para poner en práctica las decisiones y para medir, con una reevaluación sistemática, los resultados obtenidos frente a las expectativas que se hayan generado [5].

Estos elementos conducen a la renovación y revitalización de las organizaciones y necesariamente implica su transformación. Es cuestión de supervivencia, si el entorno se modifica para funcionar, entonces es preciso que la organización, por lo menos, esté atenta a los cambios que se registran a su alrededor para mantenerse actualizada y lista para competir [3]. Lo más conveniente es que se tomen iniciativas, sea proactiva y se anticipe a los desafíos que surgen a cada instante. Incluso, se recomienda que sea la propia empresa la que propicie el cambio, en vez de adaptarse a él por reacción.

No existe una fórmula o un patrón para crear una organización exitosa y de alto desempeño. No hay fórmulas secretas, el proceso de planeación estratégica guía a la organización en su desarrollo y en la formulación de estrategias que aseguren su evolución continua y sostenible [3].

Es aquí precisamente donde se encuentra un problema, en cómo las empresas se han convertido en seres reactivos, en que lejos de tener una planeación deciden tomar acciones al "instante", no previnen el futuro, y esto les puede significar serios problemas. Sin importar el giro comercial, las organizaciones deben planear, y más aún si es del giro educativo, pues es en los estudiantes –futuros profesioncitas- en quienes debe influir y propiciar el cambio.

Durante décadas, las organizaciones utilizaron el proceso estratégico para alcanzar diversos fines, lo que hizo que sufrieran modificaciones y se complicaran de manera gradual con el transcurso del tiempo, a medida que evolucionaba el pensamiento estratégico. Así, la estrategia, el futuro de dicho proceso, se convierte en el camino que usan las organizaciones para alcanzar con éxito los objetivos que previamente habían definido.

La estrategia incorpora una serie de "pasos" o "secciones" que ayudan a que ésta sea efectiva de acuerdo al negocio o sector en el cual se incursiona, sin embargo, tampoco existe una estrategia única que sirva como fórmula para todos los giros comerciales, los denominados modelos, se presentan como una gráfica para representar "la selección de un conjunto de variables y la especificación de sus relaciones mutuas" [6].

El principio del valor compartido involucra crear valor económico de una manera que también cree valor para la sociedad al abordar las necesidades y desafíos de las empresas, se trata de generar progreso social. El valor compartido no es entendido como responsabilidad social, filantropía o sustentabilidad, sino que se desarrolla como una nueva forma de éxito económico ya que no está en el margen de lo que hacen las empresas, sino en el centro de las mismas [8].

En nuestra sociedad el capitalismo es la manera idónea para satisfacer las necesidades humanas, crear trabajo, mejorar la eficiencia y generar riqueza. Pero al generarse una concepción escasa del capitalismo ha impedido que las empresas exploten todo su potencial para satisfacer las necesidades más amplias y apremiantes de la sociedad.

El valor compartido puede ser definido como "las políticas y las prácticas operacionales que mejoran la competitividad de una empresa a la vez que ayudan a mejorar las condiciones económicas y sociales en las comunidades donde opera. La creación de valor compartido se enfoca en identificar y expandir las conexiones entre los progresos económico y social" [8].

Es decir que las empresas deben enfocarse en la creación de valor la cual no debe ser solo entendida como creación de bienes económicos, sino en un cúmulo de creación de valores económicos y sociales, centrando las estrategias de la empresa en este tipo de acciones.

La creación de valor compartido puede formar parte de una estrategia efectiva para las empresas que buscan mantener su ventaja competitiva en un mundo globalizado, a través de desarrollar la capacidad de aprender a valorar con el uso de la razón y la voluntad, las acciones que buscan lo bueno, justo, noble y valioso, para la sociedad y empresa [10].

Así las empresas pueden crear valor económico creando valor social. Hay tres formas diferentes de hacerlo: re concebir productos y mercados, redefinir la productividad en la cadena de valor y construir clusters de apoyo para el sector en torno a las instalaciones de la empresa, lo cual crea un círculo virtuoso de valor [8].

Re concebir los productos y mercados se refiere a las necesidades de la sociedad a nivel global tales como: sistemas de salud, vivienda, educación, seguridad social y financiera, apoyo a la tercera edad, daño ambiental entre otras; el punto se encuentra en identificar todas las necesidades, beneficios y males de la sociedad que están o podrían estar asociados con los productos de la firma [8].

Las oportunidades suelen cambiar constantemente a medida que se desarrollan las economías, evoluciona la tecnología, y cambian las prioridades de la sociedad. Para satisfacer necesidades en los mercados mal atendidos a menudo se requieren productos rediseñados o métodos diferentes de distribución. Estos requerimientos pueden detonar innovaciones fundamentales que también podrían tener una aplicación en los mercados tradicionales y que pueden generar valor [9].

Permitir el desarrollo de los clústeres locales va orientado a que ninguna empresa es autosuficiente, el éxito depende muchas veces de la infraestructura y el apoyo que es rodea, la innovación y productividad están altamente relacionadas con los clústeres, (empresas relacionadas, proveedores, servicios, infraestructura, logística, en un área en particular), los clústeres se sirven de todos los recursos que ofrece la región como programas académicos, organizaciones estandarizadoras, escuelas, universidades, recursos energéticos, y bienes públicos por mencionar algunos [7].

Por otro lado, cuando el clúster no cuenta con las herramientas de desarrollo necesarias esto genera un costo para las empresas como la mala capacitación, educación deficiente, poca infraestructura, pobreza, seguridad etc., este tipo de cuestiones entorpecen el desarrollo la innovación, y la productividad, ya que representa un costo para las empresas por lo tanto las firmas deben fomentar el desarrollo de estas áreas de oportunidad, creando valor [11].

La colaboración depende del interés que presentan distintas instituciones o individuos de trabajar en un proyecto conjunto, es la necesidad de compartir o destacar; entre algunos de los aspectos importantes para la colaboración destacan los económicos, ya que mediante la misma se pueden compartir costos de material y equipo, así como los políticos que dependen de los apoyos que se ofrece ya sea de gobierno o de organismos regionales o hasta internacionales [2].

En síntesis, la creación del valor compartido, dará lugar a nuevos enfoques que generarán mayor innovación y crecimiento para las empresas, generando mayores beneficios para la sociedad por medio de redefinir la productividad en la cadena de valor. Siendo para ello necesario incluir los impactos sociales, ambientales y económicos que impactan directamente a las compañías.

3. METODOLOGÍA

Se opta por una investigación de tipo documentada. Es decir, previo a la elaboración de este modelo se realiza una profunda lectura a la literatura correspondiente a los temas de valor compartido, colaboración y planeación estratégica, así como otros tópicos que involucran el esquema elaborado.

4. MODELO

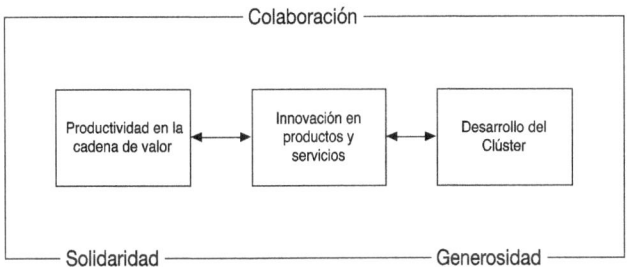

Figura 1. Modelo de Valor Compartido y Colaboración
Fuente: Elaboración propia

4.1 Descripción del modelo

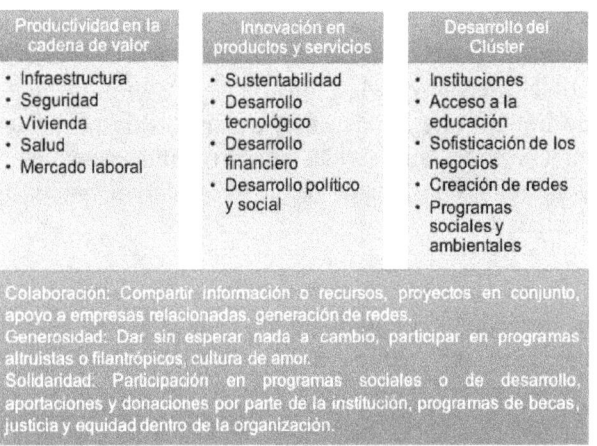

Figura 2. Descripción del modelo de Valor Compartido y Colaboración
Fuente: Elaboración propia

5. RESULTADOS

El presente modelo toma en cuenta como ejes centrales, los tres campos en los cuales el valor compartido incide; la productividad en la cadena de valor, la innovación en los productos y servicios, y el desarrollo del clúster; cada uno de ellos está representado por ciertos indicadores.

En el caso de la cadena de valor, se toma en cuenta la infraestructura ya que es básica para proporcionar un buen servicio que incida en todos los grupos de interés, por otro lado la seguridad, ya que de esta depende la satisfacción de las personas que prestan sus servicios a la empresa, por su parte, la vivienda se refiere al estilo de vida que pueden alcanzar los empleados a través de la cadena de valor, debido a que de esta manera se puede garantizar que se cumplan con las necesidades básicas de todos los colaboradores de la institución, así mismo la salud es un elemento imprescindible el cual se debe garantizar dentro y fuera de la organización, dicho indicador representa la calidad de vida que se espera de los colaboradores y grupos de interés.

Dentro de la innovación de los productos y servicios cabe señalar la importancia de la sustentabilidad y de todas las estrategias involucradas para garantizar que las acciones de la empresa sean ecológicas y sostenibles, lo cual va acompañado del desarrollo tecnológico, financiero, político y social; ya que la innovación permea todas las ramas de la industria.

El desarrollo del clúster abarca a las instituciones que dan soporte al mismo, así como el acceso a la educación y a la profesionalización en las áreas de interés, la sofisticación de los negocios comprende la tecnificación de la industria, la creación de redes de trabajo que incide en el desarrollo de proyectos en conjunto, sin olvidar los programas sociales y ambientales los cuales influyen directamente en la sociedad.

Como eje trasversal se encuentra la colaboración, la generosidad y solidaridad: estos indicadores inciden en todo el modelo de valor compartido; la colaboración contempla todas las formas de compartir, información, recursos, capital humano, etc., así mismo los proyectos en conjunto son parte importante de la estrategia ya sea para bajar costos o para mantener competitivo al clúster, por otro lado el apoyo a empresas relacionadas se refiere a la interacción cooperativa con otras industrias, la generación de redes es la manera por la cual, la colaboración se puede mantener y llevar a cabo.

El concepto de solidaridad, junto con libertad, igualdad y justicia, se ha convertido en un concepto clave del progreso social y del cambio estructural de la sociedad y de las relaciones internacionales [1]. En este sentido se toma en cuenta si las instituciones de educación superior poseen programas sociales o de desarrollo, así como su involucramiento en aportaciones o donaciones a la sociedad, además de programas de becas dentro de la institución, tomando en cuenta si se vive un ambiente justo y equitativo dentro de la organización.

Por otra parte, se llama generosa a aquella persona que no solo se desprende de bienes materiales, sino que se da a sí misma, de un modo desinteresado, para la consecución del bien ajeno; por lo tanto, en este apartado, se mide que tanto la organización, da a los demás, sin esperar nada a cambio, se determina si la institución participa en programas altruistas o filantrópicos, así como, si se vive una cultura de amor dentro de la organización.

Para fines de este modelo, cada concepto cuenta con ciertas preguntas relacionadas, las cuales son respondidas por personas calificadas dentro de cada IES, con dichos datos se realiza una ponderación mediante la cual se obtiene el índice de colaboración tanto interna como externa, dentro de cada institución, y posterior a esto se realiza una correlación con distintos indicadores dentro de las organizaciones, que tienen que ver con el desempeño del clúster, como son: certificaciones, posgrados en el PNP, programas sociales dentro de la universidad, centros de investigación dentro de las instituciones o empresas, convenios con otras universidades, dobles grados, programas internacionales y alianzas con empresas, esto con el fin de determinar la relación que existe entre una IES colaborativa con las certificaciones y alianzas que posee, ya que como lo explica autores como Lavín, Balarezo, Naranjo y Molina, una de las razones principales para la mejora de la calidad educativa ha sido la toma de conciencia por parte de las instancias gubernamentales de la importancia de la evaluación de la educación, especialmente la superior, en una economía cada vez más globalizada, ya que el talento humano juega un papel fundamental en el desarrollo económico de un País [7].

6. CONCLUSIONES

Mediante este análisis, se busca investigar las posibilidades y caminos que tiene el futuro de los clústeres en México, la colaboración es parte esencial de la creación de valor para las empresas, la competitividad ha dado un giro, ya que en la actualidad varias instituciones, comprenden que necesitan de otras para aumentar su participación en el mercado.

En México la colaboración en los clústeres no es un tema el cual haya sido desarrollado enteramente, por lo tanto, mediante este estudio se pretende dar a conocer los indicadores que permitan determinar el nivel de compromiso que muestran las empresas para el desarrollo dentro de la industria en la que se encuentran.

Cabe señalar que el presente estudio se enfoca el clúster de la educación ya que este forma parte del futuro de la comunidad como una fuerza reactora, es decir, civilizatoria y transformadora, a través de la cual la sociedad forma personas no solamente capacitadas, o capaces de colaborar y vivir de manera armoniosa, además, se forjan las competencias necesarias para que puedan desarrollarse en el mercado laboral de manera exitosa.

En la medida que las empresas dentro del clúster colaboren entre sí, se permeará en la filosofía de las organizaciones, lo cual puede presentar un impacto directo en todos los grupos de interés de dichas instituciones, ya que, al ser más colaborativas, pueden llegar a ser más productivas a largo plazo.

Finalmente se necesita la coperación de las IES para poder tener acceso no solamente a sus planes curriculares, si no a sus procesos y planes, para poder determinar que tanto interés presentan en colaborar, así como el desarrollo de la solidaridad, y la generosidad que presentan.

REFERENCIAS

[1] Amengual, G. (2003), La solidaridad como alternativa. Notas sobre el concepto de solidaridad, Dimensiones Críticas de la Filosofía Política, 135-151.

[2] Beaver, D. de B. (2001). Reflections on scientific collaboration (and its study): past, present
and future. Scientometrics, 52 (3), pp. 365-377.

[3] Chiavenato, I. y Sapiro, A. (2011). Planeación estratégica. Fundamentos y aplicaciones. México: McGraw Hill.

[4] Damian, T. (2011). Puebla aprovecha el sector universidtario. El Economista. Recuperado de: http://eleconomista.com.mx/estados/2011/08/24/puebla-aprovecha-sector-universitario Consultado: Mayo-2017.

[5] Drucker, P. (2014) La administración en una época de grandes cambios. Debolsillo: México

[6] Kotler, P., y Armstrong, G. (2005). Mercadotecnia. México: Prentice Hall.

[7] Lavín, J. Balarezo, J. Naranjo, G. y Molina, V. (2017). Innovación Frente al Nuevo Paradigma en las Universidades Ecuatorianas: la Experiencia de la
Universidad Técnica de Ambato. Memorias de la Décima Sexta Conferencia Iberoamericana en Sistemas, Cibernética e Informática (CISCI 2017). Vol. 14 - Núm. 3. 41-46

[8] Porter, M., y Kramer, M. (2011). La Creación de Valor Compartido. Harvard Business Review America Latina. Págs. 1-18.

[9] Maltz, E., y Schein, S. (2012). Cultivating Shared Value Initiatives. JCC, 47, 56-74.

[10] Morales, H., Garnica, J., y Nuño, P. (2013). La creación de valor compartido y la Innovación Social como detonantes del desarrollo económico ante la competitividad global. Recuperado de: http://www.uaeh.edu.mx/investigacion/productos/5920/la_creacion_de_valor_compartido_y_la_innovacion_social_como_detonantes_del_desarrollo.pdf Consultado : Marzo-2017

[11] Pfizer, M., Bockstette, V., y Stamp, M. (2013). Innovating for Shared Value. Harvard Business Review. 101-107.

[12] Wagner, Ma. (2011). Creación de Valor Compartido. Acción RSE. Empresas por un Desarrollo Sustentable. Recuperado de: http://comunicarseweb.com.ar/download.php?tipo=acrobat&view=1&dato=1319586756_CreacionValorCompartido.pdf Consultado: Octubre-2015.

AUTORES

 **Profesor José María Lavín** es Doctor por la Universidad Rey Juan Carlos (España). Máster en Ciencias de la Decisión por la Universidad Rey Juan Carlos. Máster en Cooperación Internacional por el Instituto Mora (México) y Licenciado en Ciencias Políticas y Sociología por la UNED (España). Trabajó en la Universidad Rey Juan Carlos (España) como profesor y miembro de varios proyectos de investigación. Becario del programa Prometeo Viejos Sabios del gobierno de Ecuador, ha sido Investigador de la Universidad Técnica de Ambato (Ecuador). Actualmente, es Director Académico del Grado de Publicidad, Relaciones Públicas y Marketing de CESINE University (Santander, España).

 **Profesora Susana Pérez Milicua Mendoza es** licenciada en Mercadotecnia por la Universidad Iberoamericana, maestra en Comunicación Estratégica por parte de la Benemérita Universidad Autónoma de Puebla y candidata a Doctor en Planeación Estratégica y Dirección de Tecnología, por la Universidad Popular Autónoma de Puebla, investigador en temas de planeación estratégica, clústeres y valor compartido, profesor de cátedra del Instituto Tecnológico de Monterrey y de la Universidad del Valle de México campus Puebla.

 **Profesor Julio César González Mariño es** investigador adscrito al programa Ingeniería en Sistemas Computacionales de la Facultad de Medicina e Ingeniería en Sistemas Computacionales de Matamoros, dependencia de la Universidad Autónoma de Tamaulipas, México. Doctorado en Educación, Maestría en Tecnología Educativa y Licenciatura en Informática. Certificado como profesor de perfil deseable, por el programa para el desarrollo profesional docente (PRODEP). Fundador y líder del cuerpo académico *Competencias Tecnológicas* (UAT-CA-129). Autor principal de artículos en revistas arbitradas, capítulos de libro, ponencias y conferencias en congresos internacionales. Sus publicaciones cuentan con más de trescientas citas, por investigadores de diferentes países del mundo.

 Profesora Gabriela Vilanova es licenciada en Ciencias de la Computación (UNPSJB- 1997). Tesista Master en Educación en Entornos Virtuales Universidad Nacional de la Patagonia Austral. Prof. Asociada por concurso ordinario. Ingeniería de Software. Universidad Nacional de la Patagonia Austral. Sus áreas de interés son Modelos pedagógicos emergentes de enseñanza en Entornos virtuales. Directora del grupo GIEAVA. Directora de Proyectos de investigación área Educación y Tic. Instituto de Educación y Ciudadanía. (IEC). Universidad Nacional de la Patagonia Austral (UNPA)- Unidad Académica Caleta Olivia. Ha participado como organizadora, expositora y evaluadora e integrante de comité en eventos nacionales e internacionales, cuenta con publicaciones varias.

 **Profesor Jorge Varas** es Adjunto en el Área Ergonomía y Psicosociología del Trabajo (Antigüedad en docencia universitaria, 20 años). Tesista de Maestría en Educación en Entornos Virtuales UNPA. Co-Director de Proyectos de Investigación de proyectos relacionados a Educación en Entornos Virtuales de Aprendizaje de la Universidad Nacional de la Patagonia Austral - Patagonia Argentina. Es asimismo, Co-Director del Grupo de innovación de enseñanza en ambientes virtuales de aprendizaje (GIEAVA - http://www.unpa.edu.ar/cecyt/1876/grupo/gieava) Áreas de interés: Diseño Instruccional aplicado a Organizaciones Laborales, Tic's aplicadas a la Educación, Modelos de Enseñanza en Entornos Virtuales de Aprendizaje. Cuenta con publicaciones en eventos nacionales e internacionales.

 **Profesora Adriana Monica Gandolfi** enseña Matemática. Recibida en el I.F.D. N° 41, provincia de Buenos Aries, en el año 2004. Actualmente redactando la tesis de la Licenciatura en Enseñanza de la Matemática cursada en la U.T.N.-Buenos Aires. Con 21 años de experiencia en distintas escuelas de nivel secundario, preuniversitarias de la U.B.A. y en el nivel terciario. Realizó cursos de: Neurosicoeducación, en Asociación Educar para el desarrollo humano, Circuitos Neuronales Computacionales, en U.B.A. Ingeniería. Participó en varios congresos, seminarios y talleres, incluyendo ponencias y la publicación "Entrenemos el cerebro para un mejor aprendizaje" para la Asociación Educar.

 **Profesora Fabiana Dolores Rodera** enseña Filosofía y Ciencias de la Educación. Licenciatura en Educación con orientación en la Gestión Institucional en la Universidad de Quilmes. 2002 y Profesora de Filosofía y Ciencias de la Educación. Instituto Sáenz. 1989. Tiene un curso de postgrado en Identidades y Pedagogía. FLACSO 2006 y ha sido profesora en nivel Superior, ponente en Congresos Nacionales e internacionales, capacitadora para la reconversión docente, examinadora en la medición y evaluación de la calidad educativa, Unesco Argentina, capacitadora en el Programa de Reformas e Inversiones en el Sector Educación, con expereincia en el Banco Mundial, Jurado Olimpíadas Argentina de Filosofía, etc. Es tambén co-autora de un libro de la enseñanza de Portugués como lengua extranjera.

 **Dra. María Elizabeth Ojeda Orta** es catedrática de la Universidad Autónoma de Baja California desde hace 24 años, con nombramiento de tiempo completo, estudios de posgrado de maestría en Administración General y doctorado en Psicología Organizacional, Líder del cuerpo académico Administración y Gestión del Conocimiento en Entornos Globalizados, fundadora de la Asociación Internacional de Investigación en Educación Superior, Editora de la Revista electrónica de Investigación en Educación Superior durante el periodo comprendido entre 2013-2016.

Profesora Nancy Esperanza Castro Cortes es docente del Área de Informática y Tecnología del Magisterio (Secretaría de Educación de Bogotá), desde 1997, Jefe de Área Magister en Educación con Énfasis en Dirección Universitaria, Pontificia Universidad Javeriana. Especialista en Diseño y Desarrollo de Productos Metalmecánicos. Especialista en Pedagogía para el Desarrollo del Aprendizaje Autónomo. Licenciada en Docencia del Diseño Tecnológico. Docente y directivo administrativo (Decana, Rectora) en varias instituciones de Educación Superior, durante el periodo comprendido entre 1996-2017.

Érica Maria Toledo Catalani é Graduada em Matemática e mestre em Educação Matemática (Unicamp). Atuou como professora, coordenadora, supervisora e especialista em avaliação na Secretaria Municipal de Educação da cidade de São Paulo. Colabora com o banco nacional de itens do Inep (MEC), contribuindo na elaboração de itens, escalas de proficiência e matrizes de especificações. É membro do GEPAVE (Grupo de Estudos e Pesquisa em Avaliação Educacional), onde desenvolve a pesquisa de doutorado e assessora escolas, editoras e secretarias de educação, no Brasil, e o Ministério da Saúde, em Moçambique, formando professores e gestores nos temas Avaliação e Currículo.

La Dra. Fátima Dolz De Moreno fue: Decana la Facultad de Ciencias Puras y Naturales; Rectora a.i. de la Universidad Mayor de San Andrés, Bolivia; Directora del Instituto de Investigaciones en Informática, Fundadora de Unidad de Postgrado de la Carrera de Informática de la Universidad Mayor de San Andrés. Ella es Dra. En Informática por la UPM, Mg. en Educación Virtual por la UASB y Mg. en Ciencias de la Computación por UNICAN. Ha sido Tutora de 145 trabajos de investigación (65 tesis de grado y 80 proyectos de grado), (http://fdolz.informatica.edu.bo).

Dra. Deisy Mohr Bauml: tiene un doctorado Ingeniería Producción Sistemas. Universidade Federal Santa Catarina: UFSC (2003) en "Síndrome de Down: Intervención Humana y Tecnológica, Lenguaje y Lectura Escrita". Tiene maestría en Ingeniería Producción Sistemas. UFSC (Alfabetización de Personas con Discapacidad Intelectual) Profesora y Conferencista en eventos nacionales e internacional. Es investigadora en el área de Ingeniería de Producción y Sistemas y postgraduada en Educación Especial e Inclusiva e investigadora en Sexualidad-Alfabetización Informática, asi como en Disturbios Comportamentales, Pedagogía (Administración Escolar) estudios en Accesibilidad/Sexualidad/Alfabetización/Informática/Fundación para Personas con Discapacidad/Casas Lares/Medio Ambiente Estimulador/Microcefalia y Correlación con ´Zika Vírus´. Es Cofundadora de la Asociación Reviver Down-Curitiba-PR-Brasil.

Profesor Ubiratam de Nazareth Costa Pereira, Tiene una graduación en Tecnólogo en Procesamiento de Datos por la Universidad de Taubaté (UNITAU - 1988). Posgrado en Administración Hotelera (Facultades Senac - SP, 2002), Posgrado en Calidad y Productividad (UNIFEI - MG, 2005) y Maestría Profesional en Gestión y Desarrollo Regional, por la Universidad de Taubaté (UNITAU, 2016). Actualmente es profesor del Centro Universitario Senac campus Campos do Jordão. Con experiencia en el área de Informática, con énfasis en Sistemas de Gestión Hotelera, además de actuar con los siguientes temas: tecnología de la información, análisis de inversiones, costos en gastronomía, Revenue Management (RM), turismo y emprendedorismo.

Professor José Maldifassi: Doctorado en Administración por el Instituto Politécnico Rensselaer, Estados Unidos en 1992, donde fue premiado como la mejor tesis. Es profesor asociado de la Facultad de Ingeniería y Ciencias de la Universidad Adolfo Ibáñez. Se desempeña en actividades docentes de pregrado, en las áreas de Energía Nuclear, y de postgrado, en Desarollo de Nuevos Productos, Energía Nuclear y otros. Es miembro del Consejo Editorial del International Journal of Entrepreneurship and Innovation Management, Reino Unido. Es autor de los libros "Defense Industries of Latin American Countries: Argentina, Brasil, and Chile", y "La Nueva Empresa Chilena". Además ha publicado trabajos en congresos y journals, en Chile y en el extranjero.

El profesor Nagib Callaos obtuvo su doctorado (Ph.D) en la Universidad de Texas en Austin. En su disertación resolvió matemáticamente el problema de la Paradoja de Condorcet que tenía, para ese entonces (1975), 165 años sin solución y mostró, en la misma tesis, las inconsistencias de los axiomas de los que partió Kenneth Arrow (premio Nobel) para demostrar que ese problema no tenía solución, mediante su famoso Teorema de Imposibilidad. Fue Decano De investigación de la Universidad Simón Bolívar (USB) y presidente fundador, de la Fundación de Investigación y Desarrollo de la USB, del Fondo de Innovación Tecnológica (por nombramiento del presidente de la Republica), de Callaos y Asociados, Ingenieros Consultores, del International Institute of Informatics and Systemics y del International Institute of Informatics and Cybernetics, EUA. Fue asimismo Presidente de la IEEE/Venezuela y "Director at Large" de la International Society for The Systems Sciences (ISSS)

Miembros del Consejo Editorial de este Número Especial

Dr. Álvaro Jiménez-Sánchez (España), es Licenciado en Psicología y Doctor en Comunicación por la Universidad de Salamanca, España. Actualmente imparte docencia en la carrera de Comunicación y está contratado como investigador por la Dirección de Investigación y Desarrollo de la Universidad Técnica de Ambato (Ecuador). Dirige un proyecto de investigación sobre la reducción de violencia y sexismo utilizando estrategias en edu-entretenimiento.

Profesora Josefina Guzmán Acuña (México), ostenta el grado de Doctora en educación Internacional por el Centro de Excelencia de la Universidad Autónoma de Tamaulipas. Maestra en Estudios Humanísticos por la Universidad Virtual del Tec de Monterrey, Maestría en Educación Superior por la Universidad Valle de Bravo y Licenciatura en Letras Españolas por el Tecnológico de Monterrey. Fue Ganadora el premio Natividad Garza Leal a la mejor tesis de Doctorado. Es miembro del Sistema Nacional de Investigadores nivel 1. Profesora de tiempo completo adscrita a la Unidad Académica Multidisciplinaria de Ciencias, Educación y Humanidades de la Universidad Autónoma de Tamaulipas.

Dr. Juan Manuel López Oglesby (México), Director de Posgrados en Ciencias de la Ingeniería Biomédica de la UPAEP en Puebla, México. Miembro fundador de dos fundaciones de investigación y académicas, y la Oficina de Transferencia de Tecnología de la UPAEP. Es Consejero de Investigación UAPEP, coordina las relaciones internacionales de investigación para el Director General de Internacionalización de la UPAEP, y sirve como un representante de ciencias externo para el Comité de Investigación del Estado de Puebla (COFEPRIS). B.S. Ingeniería (2002) de la Universidad LeTourneau, en Longview, TX EE.UU., M. S. Ingeniería (2007) y Ph.D. en Ingeniería Biomédica (2010) de Louisiana Tech en Ruston, LA EE.UU.

Profesora Marta Lasso (Argentina), es Ingeniera en Sistemas (UNPA, 2003). Analista universitaria en sistemas (UTN, 1984). Profesora asociada ordinaria, carrera Ingeniería en Sistemas. Responsable de Asignaturas Fundamentos de informática, Organización de las computadoras, Modelos y simulación. Universidad Nacional de la Patagonia Austral. Argentina. Miembro titular instituto de investigación de Tecnología Aplicada (ITA). Directora de proyectos de investigación desde 2004. Responsable de coordinación de carreras área informática. Responsable de Proyecto institucional UNPA. Fundación Sadosky. (actualmente). Representante institucional en Redes de universidades con carreras de informática en Argentina (RedUNCI, RIISIC). Cuenta con publicaciones varias, participación y organización de congresos en el área de informática, sistemas inteligentes.

Profesora Luciana Terreni (Argentina), es Ingeniera en Sistemas de Información (UTN FRCU). Especialista en educación y TIC (Ministerio de Educación Argentina). Diplomada y especialista en educación y tecnología (FLACSO). Profesora de enseñanza superior en sistemas de información (UCU). Gerente de administración y sistemas Laboratorio Pyam S.A . Profesora en Instituto de Profesorado Sedes Sapientiae en Practica Profesionalizante II y Análisis y diseño de sistemas I. Integrante de grupos de investigación grupo

GIEAVA(UNPA UACO). Ha participado en jornadas, congresos y seminarios nacionales e internacionales en carácter de expositora y autora.

Pos-Doc Marcelo Soares (Brasil), posee graduación en Diseño Industrial de la Universidad Federal de Pernambuco (1986). Graduado en Letras en la Universidad Católica de Pernambuco (1982), Maestrado en Ingeniería de Producto en la Universidad de Rio de Janeiro (1990), Doctorado en Ergonomía en Loughborough University (1998) y pos doctorado en Ergonomía en la University of Central Florida, USA. Actualmente es Profesor Asociado 1 en la Universidad Federal de Pernambuco y Profesor Asociado en Hunan University, China.

Profesora Laura Fabiana Piccone (Argentina), es docente de portugués, formada en el I.E.S. Lenguas Vivas de la ciudad de Bs. As. Argentina en el año 2008. Con experiencia en el dictado de clases de lengua extranjera en la UNLZ (Universidad de Lomas de Zamora) durante 15 años y en diferentes institutos de formación docente de lenguas inglesa y portuguesa. Co-autora de un libro para la enseñanza del portugués como lengua extranjera para hispano-hablantes, próximo a ser publicado en 2018. En la actualidad realizando una especialización en educación con orientación en la investigación educativa – dictado en la UNLa (Universidad Nacional de Lanús) 2018.

Dra. Blanca Estela Bernal Escoto (México), catedrática de la Universidad Autónoma de Baja California desde hace 20 años, con nombramiento de tiempo completo, estudios de posgrado de maestría en Administración General y doctorado en Planeación Estratégica para la Mejora del Desempeño, miembro del cuerpo académico Empresarialidad social y microfinanzas, docente a nivel licenciatura y posgrado. Autora compiladora del libro Análisis exploratorios de las MIPyMES en Latinoamérica.

Dr. Wolney Candido de Melo (Brasil), é Mestre em Ensino de Física, Doutor em Educação e Pedagogo com habilitação em Direção e Supervisão Escolar. Participou da elaboração da proposta do INEP para inclusão de Ciências no Saeb.. Em 2010 e 2011, trabalhou como consultor pedagógico do Curso de Formação de Professores da Secretaria de Educação de São Paulo, desenvolvido pela Fundação Padre Anchieta (TV Cultura) em parceria com a Fundação Getúlio Vargas. Participou do Programa "Como Será? (Rede Globo) e da série "Enem nota 10" (Canal Futura), falando sobre o ENEM. Membro do GEPAVE (Grupo de Estudos e Pesquisa em Avaliação Educacional)

Profesor Enrique Canessa (Chile), es Ingeniero Naval Electrónico de la Academia Politécnica Naval. Obtuvo su Magíster y Doctor en Management Information Systems por la Universidad de Michigan, Estados Unidos en 2002. Posee un Certificado de estudios de Postgrado en Sistemas Complejos de la misma Universidad. Es Profesor Asociado e Investigador de la Facultad de Ingeniería y Ciencias de la Universidad Adolfo Ibáñez, donde dicta cursos sobre sistemas multiagentes en programas doctorales. Se especializa en el análisis de sistemas complejos usando simulación basada en agentes. Lo anterior ha derivado en dos áreas principales de investigación: Algoritmos Genéticos aplicados a Diseño Robusto y el desarrollo de la Teoría del Acuerdo Conceptual. Ha ganado tres proyectos Fondecyt regular para financiar dicha investigación. También imparte clases en la Universidad Técnica Federico Santa María.

Francisco Antonio Pereira Fialho (Brasil), possui graduação em Engenharia Eletrônica pela Pontifícia Universidade Católica do Rio de Janeiro (1973) e em Psicologia pela Universidade Federal de Santa Catarina (1999), Mestrado em Engenharia de Produção, Ergonomia, pela Universidade Federal de Santa Catarina (1992) e Doutorado em Engenharia de Produção, Engenharia do Conhecimento, pela Universidade Federal de Santa Catarina (1994). Atualmente é professor Titular da Universidade Federal de Santa Catarina. Tem experiência na área de Engenharia e Gestão do Conhecimento, atuando principalmente nos seguintes temas:engenharia do conhecimento, mídias do conhecimento, eco-ergonomia, gestão do conhecimento e ergonomia cognitiva. Líder do Núcleo de Estudos e Desenvolvimentos em Conhecimento e Consciência - NEDECC. Líder do Núcleo de Pesquisas em Complexidade e Cognição - NUCOG. Participante do Núcleo da Engenharia da Integração e Governança do Conhecimento para a Inovação - ENGIN da Universidade Federal de Santa Catarina - UFSC e do LGR - Laboratório de Gestão Responsável.

Dra. Carla Maffei (Brasil), atualmente é professora titular junto ao Curso de Especialização e Residência em Otorrinolaringologia do Hospital da Cruz Vermelha do Paraná e Universidade Positivo. Possui graduação em Fonoaudiologia pela Pontifícia Universidade Católica do Paraná (1985). Especialista nas áreas de Voz (Centro de Estudos da Voz-CEV/SP) e Motricidade Orofacial (UTP) com área de concentração em Disfagia. Mestre em Distúrbios da Comunicação pela Universidade Tuiuti do Paraná (2002) e Doutora em Odontologia, com área de concentração em Estomatologia pela Pontifícia Universidade Católica do Paraná (2010). Atualmente é fonoaudióloga clínica, hospitalar e pesquisadora atuando nos Hospitais São Vicente (HOSVI) e Hospital da Cruz Vermelha do Paraná (HCV). Tem experiência em reabilitação mioterápica de cabeça e pescoço voltada ao tratamento das disfagias, disfonias, disfunção temporomandibular, cirurgias ortognáticas, alterações craniomaxilofaciais e câncer de cabeça e pescoço. Fonoaudióloga responsável pelo Serviço de Motilidade Digestiva (HSV e HCV)e Ambulatório de Motricidade Orofacial e Disfagia (HCV e HOSVI) junto ao SUS. Fellowship junto ao Departamento de Foniatria Kyoto Seika University/Japan.

Dra. Patricia S. San Martín (Argentina), es doctora en Humanidades y Artes (Universidad Nacional de Rosario – UNR). Investigadora del Consejo Nacional de Investigaciones Científicas y Técnicas (CONICET, Argentina). Vicedirectora del Instituto Rosario de Investigaciones Ciencias de la Educación (CONICET-UNR). Profesora Titular de la Facultad de Humanidades y Artes (UNR). Docente-Investigadora Categoría I (UNR). Directora de Programa y Proyectos de Investigación, Desarrollo e Innovación en "Dispositivos Hipermediales Dinámicos". Sus proyectos actuales se relacionan al campo de la Educación patrimonial mediatizada por TIC y a la formación de maestros en Ciencias de la Computación para el nivel primario de escolaridad.

Dr. Ing. Guillermo Luján Rodríguez (Argentina), es Ingeniero Mecánico y Doctor en Ingeniería. También Profesor en Filosofía y he cursado estudios en el área de la música. He realizado mi posdoctorado en la Universidad Paris 8 en Francia. Ha dedicado gran parte de su actividad profesional a la docencia universitaria y a la investigación. Desde hace varios años colabora activamente en proyectos acreditados de I+D en el área de Nuevas Tecnologías Educativas. Posee publicaciones en diversas revistas y congresos tanto nacionales como internacionales, y desarrollos de software libre. En la actualidad es Profesor

Titular Dedicación Exclusiva de la Universidad Nacional de Rosario, e Investigador asociado al Instituto Rosario de Investigaciones en Ciencias de la Educación (IRICE: CONICET-UNR).

Dra. Ma. Dolores García Perea (México), es Investigador Educativo del ISCEEM, Investigador Nacional, Nivel I, del SNI y certificación en Competencias docentes. Libros: El investigador educativo en las sociedades del conocimiento y de la información, Tomo I y II (Gestión del conocimiento y Teleformación), Aprender a aprehender la esperanza, Las nociones de formación en los investigadores, Formación, concepto vitalizado por Gadamer y El concepto de percepción en Georg Berkeley. Comité Científico de REDIPE, CIIE, CIIECh, CONISEN, CIIEE y UAEMEX. Consejo Editorial Consultivo de RISCI), Registro CONACyT de evaluadores acreditados y Evaluador de las Propuestas Académicas. Redes de investigación: COMIE, AFIRSE, REDUVAL, REDMIIE, ANACI, REDIPE, REDEM y SMGEEM.

Mtra. Marcelina Rodríguez Robles (México), es Maestra en Ciencias de la Educación, docente investigadora de la Universidad Autónoma de Zacatecas con 43 años de experiencia académica desde preescolar hasta posgrado. Miembro del Cuerpo Académico UAZ150, Cultura Currículum y Procesos Institucionales (consolidado) participa en programas de formación de profesores, en procesos de evaluación, reestructuración y diseño curricular de programas de licenciatura y posgrado. Coordinadora académica de la UAZ 2012-2016. Integrante de la Red Mexicana de Investigadores de la Investigación Educativa (REDMIIE), Miembro de la Asociación Interuniversitaria de investigación en Pedagogía (AIDIPE). Participa en la Red Temática "Formación y asesoría de tesis en programas de posgrado en Latinoamérica". Perfil PRODEP desde 2007. Participa en eventos académicos nacionales e internacionales.

Profesor Edgar Serna M. (Colombia), Ingeniero de Sistemas, Magister en Ingeniería del Software, Doctor en Pensamiento Complejo y Científico Computacional Teórico. Se ha desempeñado como líder de proyectos en Sistemas de Información y como Arquitecto de Sistemas. Sus áreas de investigación son las Ciencias Computacionales, la Gestión del Conocimiento y la Innovación Educativa. Actualmente, es investigador en la Universidad Autónoma Latinoamericana y Director científico del Instituto Antioqueño de Investigación, en Medellín, Antioquia.

Profesora Marilsa Sá Rodrigues (Brasil), tiene una graduación en Psicología por la Facultad de Filosofía Ciencias y Letras (1975), maestría y doctorado en Administración de Empresas por la Universidad Presbiteriana Mackenzie. Profesora Asistente III de la Universidad de Taubaté. Coordinadora de la línea de investigación en gestión de recursos socioproductivos. Líder del grupo de investigación en Planificación, Gestión y Desarrollo de Carreras en el campo Regional. La experiencia en el área de Psicología Organizacional y Gestión de Personas, enfocándose principalmente en los siguientes temas: habilidades sociales, carrera y diagnóstico organizacional. Participa del GT-Relaciones Interpersonales y Competencia Social de la ANPEPP.

Dra. Natalia Monjelat (Argentina), es Investigadora Asistente en IRICE (CONICET-UNR) en las áreas de la Educación, la Psicología y la Comunicación. Sus investigaciones articulan el enfoque sociocultural de la educación y el socio técnico. Desde estos enfoques, estudia situaciones de enseñanza y aprendizaje mediatizadas por diferentes tecnologías en contextos educativos, especialmente en el nivel primario y en la formación de docentes.